知识驱动的产品协同设计与创新

于国栋　张雪峰　陈　倩　著

科学出版社

北京

内 容 简 介

产品协同设计已成为企业提高产品创新能力，适应市场多样化需求的有效方式，特别是在复杂产品研发中，由于技术复杂性，协同创新更是成为其中的必要组织模式。知识作为产品创新中的重要资源，在现代逐渐智能化、数字化的产品设计中发挥着越来越重要的作用。本书从知识驱动的视角，首先针对一般协同创新过程关键问题展开深入分析和研究，如模糊知识获取及表达、协同伙伴选择、任务分解、创新评价等四项关键内容；然后，面向复杂协同过程中的设计变更问题，研究变更响应决策、产品再配置、任务再分配以及资源再调度等方法。首次系统地形成了一套知识驱动下的产品协同设计与创新理论、方法、技术和应用实例，为智能创新的实现奠定坚实的理论基础，也进一步丰富拓展了产品设计领域方法体系，为企业科学应对市场竞争和需求变化提供支持。

本书可用作高校和科研院所工业工程、机械设计与制造、智能制造工程等领域的本科、硕士和博士研究生教学与研究用书，对研究学者以及企业研发人员也有较高参考价值。

图书在版编目(CIP)数据

知识驱动的产品协同设计与创新/于国栋，张雪峰，陈倩著. —北京：科学出版社，2024.3
　ISBN 978-7-03-075810-1

Ⅰ. ①知… Ⅱ. ①于… ②张… ③陈… Ⅲ. ①产品设计 Ⅳ. ①TB472

中国国家版本馆 CIP 数据核字(2023)第 109129 号

责任编辑：陈会迎／责任校对：贾娜娜
责任印制：张　伟／封面设计：有道设计

科 学 出 版 社 出版
北京东黄城根北街 16 号
邮政编码：100717
http://www.sciencep.com

北京中科印刷有限公司印刷
科学出版社发行　各地新华书店经销
*
2024 年 3 月第 一 版　开本：720×1000　1/16
2024 年 3 月第一次印刷　印张：17
字数：342 000
定价：176.00 元
（如有印装质量问题，我社负责调换）

前　言

在市场竞争日益激烈，客户需求多样化和个性化的背景下，更好、更快地开发出创新性产品成为企业获得市场竞争优势和快速发展的重要途径。然而产品及其创新技术的复杂度不断增加，使得企业难以仅依靠自身拥有的资源开发新产品，需要高效获取和利用外部资源。客户、科研院所等作为企业重要的外部资源，由其协同产品创新已逐渐成为一种新型且具发展潜力和应用前景的产品创新方式，被许多企业采用。然而，在协同产品创新过程中存在着诸多难题，如协同创新客户选择、产品创新任务与客户匹配以优化等，而企业缺乏有效的理论与方法，影响着该种产品创新方式的顺利应用。

此外，在复杂产品协同创新设计过程中，客户需求变更更是时常发生且难以避免，在此情形下，企业准确回答客户"是否接受需求变更请求""产品再配置方案如何""何时可完成设计任务""变更成本如何"等一系列关键问题对于保证客户及企业的双方利益至关重要。然而，由于复杂产品组成零部件及其设计任务之间存在复杂的关联关系，加之普遍存在的变更传播现象，基于当前的大多数技术方法，难以准确评估需求变更对设计过程的影响，难以实现需求变更的准确决策。这样一来，基于变更决策结果形成的产品再配置、设计任务再分配以及资源再调度等方案的合理性便会受到影响。如果在产品再设计过程中才发现响应方案不合理，可能会降低客户对企业满意度，甚至导致设计任务拖期、成本增加，进而影响企业效益。因此，当客户需求变更时，如何对其影响做出准确评估，以快速科学实现产品再配置、设计任务再分配以及设计资源再调度，进而形成科学准确的需求变更响应方案是企业必须面对的问题。

为此，本书基于产品创新、协同工程、模糊数学、运筹优化、项目管理等理论与方法，在综合现有客户协同产品创新研究成果的基础上，首先从一般协同创新维度，重点研究客户协同产品创新过程中的协同创新客户选择、产品创新任务分解与分组、产品创新任务与协同创新客户匹配以及协同创新客户贡献度测度等四项关键内容；其次面向可能发生需求变更，研究需求变更响应决策、任务再分配以及资源再调度等问题，以期形成一套可用于指导企业客户协同产品创新方式应用的理论、方法和技术。

本书内容来源于科技部创新方法工作专项"基于机器学习的智能创新方法关键技术研究与应用示范"（2018IM020200）、国家自然科学基金项目"知识密集型任务的众包参与者特征建模及其绩效预测研究"（71802002）以及"安徽省高校优秀青年人才支持计划重点项目"（gxyqZD2022045）等的研究成果。相关成果已累计支持培养三位工业工程领域博士研究生，且发表在 *International Journal of Production Research*、*Journal of Intelligent Manufacturing*、*International Journal of Advanced Manufacturing Technology*、《计算机集成制造系统》、《系统工程理论与实践》、《计算机辅助设计与图形学学报》等国内外权威期刊，并在多家企业实现应用。

　　本书包括四篇共十一章内容，由山东大学工业工程研究所于国栋教授、安徽工程大学张雪峰副教授、清华大学陈倩博士共同完成。第一篇由于国栋和张雪峰撰写，第二篇由张雪峰、于国栋和陈倩撰写，第三篇由于国栋和张雪峰撰写，第四篇由于国栋和张雪峰撰写。全书统稿由于国栋完成。在研究过程中，本书成果得到了我国现代制造系统工程权威专家、重庆大学刘飞教授以及杨育教授的倾心指导，在此表达最诚挚的感谢。同时衷心感谢团队成员及所有合作者在项目研究中所做的学术创新和贡献。山东大学许泰毓、王灏亦对工作做出了重要贡献，在此一并表达谢意。

作　者
2023 年 1 月

目　录

第一篇　绪　论

第二篇　产品协同创新中的知识与任务管理

第三篇　产品协同创新中的变更响应

第四篇　本 书 总 结

第一篇
绪　　论

第 1 章　知识驱动的产品协同设计与创新概述

1.1　研　究　背　景

1.1.1　产品协同创新已成为提高创新能力的关键途径

在市场竞争愈发激烈、客户需求多样化和个性化背景下，如何更好、更快地进行产品创新以满足市场需求，已经成为企业产品创新亟须解决的重要问题[1-7]。据波士顿咨询公司的一项调查，70%的企业认为产品创新对企业未来的发展非常重要，并且有71%的企业将产品创新作为企业的三大战略重点。由此可知，产品创新对企业发展具有重要作用。然而，产品及其创新技术的复杂度不断增加，企业的产品创新活动面临的环境发生了根本性变化，主要表现在以下方面。

1. 客户需求多样化和个性化趋势愈加明显

产品市场为客户不断地提供越来越好和越来越多的新产品，促使客户对新产品的需求标准不断提升，且这种需求日趋呈现多样化和个性化[8]。客户需求的变化，一方面导致企业产品创新的任务量和复杂度不断增加[9]；另一方面，企业需要不断地创新新产品或改进现有产品的质量、功能以及服务等，以满足客户对新产品提出的要求[10]。

2. 产品生命周期日益缩短

产品创新技术的进步和市场需求的快速变化，使得产品生命周期不断缩短[11]。据统计，自 20 世纪 90 年代以来出现的新产品远多于以往出现的新产品数量之和，过去生命周期约为 70 年的产品，现在的生命周期缩短至几个月[12]。然而，新产品功能的多样性、结构的复杂性以及所需技术的综合性，导致企业产品创新所需时间又在不断增加。因此，如何解决产品创新所需时间不断增加和产品生命周期日益缩短之间的矛盾，是企业需要解决的难题之一。

3. 产品创新技术复杂性不断提高

客户需求的变化、产品生命周期的缩短、企业对新产品高附加值的追求以及技术的快速发展，促使企业在产品创新过程积极利用新的创新技术和知识，提升新产品的技术水平和知识含量[13]。这些产品创新技术和知识大多具有跨领域和多学科交叉的特点。该特点使得产品创新所需技术的复杂性不断增加，而企业难以全面掌握产品创新所需的知识和能力等资源，导致单个企业已难以独立完成整个产品的创新工作[14]。

上述产品创新环境的变化，使得传统的由单一企业主导的产品创新模式已难以适应客户需求快速变化、产品生命周期缩短以及产品创新技术和知识愈加复杂的新形势[15]，企业迫切需要新的产品创新模式。为满足客户需求，提升产品创新的效率和效果，企业逐步将产品创新活动延伸到组织外部，将外部的资源和创新思想融入企业内部的产品创新活动中。由外部组织协同的产品创新方式在提升整体产品创新能力和实现知识与能力互补的同时，有助于分散风险、降低产品创新成本、缩短产品创新周期和新产品导入市场的时间[16]。在此背景下，企业的产品创新从传统的封闭式产品创新模式向开放和协同创新模式 (open and collaborative innovation) 转变[17]。近年来大量研究和实践表明，企业与客户、科研院所构成的多主体协同产品创新模式有助于提升新产品的客户满意度、缩短产品创新周期以及降低产品创新成本等。图 1.1 给出了企业产品创新模式转变的示意图。

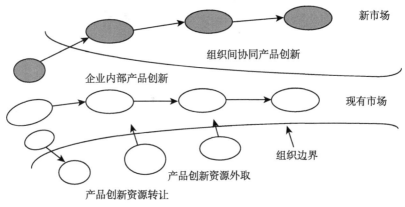

图 1.1　企业产品创新模式转变的示意图

产品协同创新是指两个或两个以上的创新主体基于共同的目标，充分利用资源和能力等方面的不对称性，发挥互补优势，相互协同设计或开发创新性产品[16]。协同产品创新方式改变了传统的企业独立开发产品和参与市场竞争的方式，在更大范围内寻求合作伙伴，以实现资源的优化配置和优势互补。在不同的环境下，企业之间的协同产品创新有不同的组织形式，主要包括网络化协同 (networked collaboration)[18]、虚拟企业联盟 (virtual enterprise alliances)[19]、客户–供应商协同 (customer-supplier collaboration)[20]、战略联盟 (strategic alliances)[21]、合资企业 (joint ventures)[22] 等。以客户参与的协同产品创新为例，客户作为企业重要的外部资源之一，将其融入产品创新过程中，既是对上述长期存在的企业或组织之间协同产品创新模式的补充，也能够取得相对于传统的封闭式产品创新模式的多种优势,主要表现为:其一,产品创新来源于客户需求,由于客户相对于企业对自身的需求更为了解,由其协同产品创新,比企业投入大量的人力和物力获取、分析、映射和转化客户需求更能够节约时间和成本[23],同时能够降低"粘滞"信息的不利影响[24];其二,客户拥有产品使用知识、经验、创新知识和能力等[25],其参与产品创新有助于企业专业人员开发出更能满足市场需求和新颖的新产品[26]。正因为客户协同对企业的产品创新具有积极的促进作用,客户协同产品创新 (customer collaboration in product innovation, CCPI) 逐渐成为一种具有发展潜力和应用前景的产品创新方式[27],并得到了广泛的应用。表 1.1 给出了客户协同产品创新在多个领域的应用。

表 1.1   客户协同产品创新在多个领域的应用

类别	创新产品	参与客户	参与客户比例	资料来源
工业品	外科手术设备	261 个德国普通临床工作的外科医生	22.0%	文献 [28]
	阿帕奇的 OS 服务器软件	131 个技术精良的阿帕奇客户	19.1%	文献 [29]
消费品	户外消费品	153 个户外活动产品的邮购目录接收者	9.8%	文献 [30]
	极限运动装备	197 个来自 4 项极限运动的专业运动俱乐部成员	37.8%	文献 [31]
	山地车装备	291 个同地区的山地车手	19.2%	文献 [32]

总之,协同产品创新方式突破了传统的产品创新思路,不是仅将客户或其他单位作为产品需求的提供者,更将其作为一种资源和参与主体[33],集成到产品创新过程中,借助网络化协同工作环境、创新设计工具和知识融合手段,促进各类主体及企业专业人员之间信息、知识的交互与共享以及协同工作,充分利用两者在知识结构、创新能力等方面的不对称性,将两者的创新优势进行互补并激发群体创造力,从而开发出具有市场竞争力的创新性产品[27]。

1.1.2   不确定性已成为影响重大产品协同创新能力提升的关键要素

随着全球经济发展速度的放缓,市场竞争激烈程度不断加剧,第一产业、第二产业及第三产业均已受到不同程度影响。为振兴市场经济,作为国家经济支柱的第二产业举足轻重[34,35]。为此,美国政府制订了"先进制造业国家战略",以提高美国本土的制造业水平。德国也提出了"高技术战略 2020"的国家发展战略,其中"工业 4.0"已成为当前全球制造业关注的焦点话题。而我国作为全球制造业第一大国,面临着前所未有的挑战,进一步提高制造业水平已迫在眉睫。为此,在美国"先进制造业国家战略"和德国"工业 4.0"的基础上,结合我国经济发展特征,提出了"中国制造 2025"的发展战略。

在"先进制造业国家战略""工业 4.0""中国制造 2025"中均强调了装备产品或复杂产品系统的设计制造对制造业的基础支撑地位[35-37]。在装备制造业中,按装备功能和重要性，主要包含三个方面：一是重要的基础机械，即制造装备的装备，如数控机床（numerical control machine, NCM）、柔性制造单元（flexible manufacturing cell, FMC）、柔性制造系统（flexible manufacturing system, FMS）、工业机器人、大规模集成电路等；二是重要机械，如轴承、液压、气动、低压电器及自动化控制系统等；三是重大成套技术装备，如科学技术、军工所需的成套装备、交通运输设备（民用飞机、高速铁路、地铁、汽车、船舶）等[38]。

　　从产品分类角度而言，在上述装备制造业产品中，绝大部分都是复杂产品。复杂产品是指研发成本高（图 1.2）、结构规模大、技术含量高、单件或小批量定制化的一类产品、系统或设施[39]。它包括大型船只、大型通信系统、高速列车、航空航天系统以及大型武器装备等[40]。随着时代的不断发展，复杂产品在国家经济及社会中发挥着愈发重要的作用，尤其在经济不断下行的当下，复杂产品在推动装备制造业发展中发挥着不可替代的作用。所以，提升装备制造业水平的关键便是提高我国复杂产品的设计生产能力[41-43]。

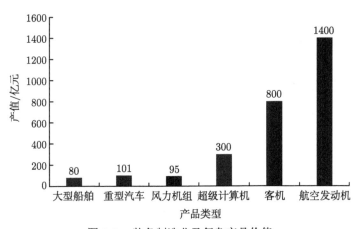

图 1.2　装备制造业及复杂产品价值

　　在复杂多变的市场环境下，对需求变更等突发因素的响应能力是体现企业设计生产能力的重要方面。同时，响应方案的准确性又是衡量企业响应能力的关键指标。因此，提高对需求变更等突发因素响应方案的准确性是企业提升自身设计生产能力过程中的基础环节。

　　实际上，在产品设计中，以客户需求为导向的产品设计模式已得到广泛应用，这有效地提高了产品设计效率[44,45]。然而，以复杂产品为例，其自身较大规模的结构特性决定了其需求形式灵活多样[46]。同时，由于客户自身所处环境的多变性（如政策法规变化、技术革新、市场变化），其需求往往需要一定程度的调整以适应环境的变化[47]。此外，对于复杂产品，功能疲劳（feature fatigue）现象普遍

存在 [48-50]。功能疲劳即由于多功能集成，客户在提出初始需求时并不一定完全清楚产品所有功能，此时客户一般趋向于提出尽可能多的需求，随着设计过程的展开，客户可能发现某些功能并不需要，因而又提出需求的变更。

当客户提出需求变更时，其关注的主要问题可概括为"企业是否接受需求变更请求""产品再配置方案如何""何时可完成设计任务""变更成本如何"等四个方面 [51]。所以，对企业而言，准确快速地针对上述问题对客户给予反馈至关重要。但是，对于客户根据自身需要提出的需求变更，限于自身能力，企业并不一定能够完全满足。麻省理工学院博士 Osborne 曾在研究中发现，在设计过程中，大约有三分之一的成本是花费在应对客户需求的变更中 [52]。著名学者 Nadia 等曾通过对大量现实案例的统计研究指出，在产品设计过程中，需求变更总是不断在发生，且在设计初始阶段及结尾阶段出现的概率更高（图 1.3），而且在任意时刻，变更的数量越多，设计人员花费的代价越大（图 1.4），完成设计所需的时间也越长 [53]（图 1.5）。由此可见，如果企业不能准确做出响应，在产品再设计过程中才发现响应方案不合理，可能会降低客户对企业满意度，甚至导致设计任务拖期、成本增加，进而影响企业效益，客户和企业都将可能承受巨大的损失。

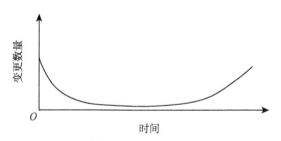

图 1.3　需求变更数量在设计周期中的分布

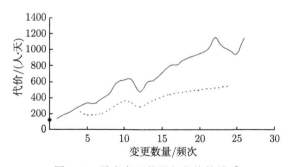

图 1.4　需求变更数量与代价的关系

图中◆、实线、虚线表示不同的变更处理模式。其中◆为无变更情形，实线表示变更出现立即处理模式，虚线表示变更出现并累积到一定数量再处理模式

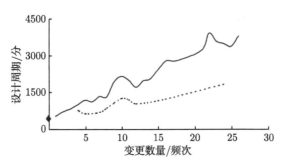

图 1.5   需求变更数量与设计完成时间的关系

图中◆、实线、虚线表示不同的变更处理摸式。其中◆为无变更情形，实线表示变更出现立即处理模式，虚线表示
变更出现并累积到一定数量再处理模式

综上所述，在协同创新的基础上，在竞争愈发激烈的市场环境中，提高客户需求变更响应方案的准确性是保证客户与企业双方利益的重要保障，也是企业提升自身设计生产能力的有效途径。

1.2   协同产品创新过程

本节首先界定了协同产品创新过程的相关概念和研究范围；其次，根据协同产品创新的概念及特点，分析了协同产品创新过程，明确了过程中所包含的内容；最后，在此基础上，阐述了客户协同产品创新过程中的协同创新客户选择、产品创新任务分解与分组、产品创新任务与协同创新客户匹配以及协同创新客户贡献度测度等四个方面的关键问题和关键技术，并提出了关键问题的研究框架。

1.2.1   相关概念界定

分析和建立用于描述协同产品创新过程的框架或模型，有助于为主体协同产品创新的相关研究提供一个框架体系和理论支撑，为后续的研究提供指导；同时该框架或模型也可为企业应用多主体协同产品创新方式提供指导和帮助。

为了更好地分析协同产品创新过程，明确研究的对象及研究范围，在综合国内外相关研究成果的基础上，笔者将对协同产品创新过程中涉及的产品创新、协同创新主体以及协同产品创新等概念进行界定。

1. 产品创新

根据目前产品的定义，产品是指企业根据客户的需要，提供的有形物品和无形服务的组合，可以表示为：产品＝有形物品＋无形服务 [54]。其中，有形物品包括实体产品以及能够满足客户需求的产品属性，如特色、品牌、质量、功能等。无形服务不仅为客户带来附加利益，同时有助于增加客户的满足感和信任感，主要包括售后服务、产品咨询、销售声誉等。

一般地，产品由三个层次构成，分别为核心层、有形特征层和附加利益层[55]，并形成核心产品、基础产品、期望产品、附加产品以及潜在产品五类。

(1) 核心层：产品最主要的层次，是产品具有的核心功能和效用，反映了客户需求的核心部分。

(2) 有形特征层：是核心层的载体，是产品具有的能够被观察和感觉的外在形式，如品牌、样式、外包装等。

(3) 附加利益层：是形成同类产品差异化的主要影响因素，是产品的附加服务项目。

根据上述产品的定义，胡树华认为产品的核心层、有形特征层和附加利益层构成产品整体。现代企业产品创新是一项以产品整体为基础，以市场需求为导向的系统工程。从整体层面来说，产品创新包括产品构思、设计、试制、营销全过程，是功能创新、形式创新以及服务创新多维交织的组合创新；从单个项目层面来说，产品创新则表现为产品某项技术或参数在质和量的层面上的改进与突破，包括开发新产品和改进现有产品[56]。

此外，对于产品创新，其他学者和组织也给出了相应的定义，比较有代表性的定义包括：经济合作与发展组织认为产品创新是对产品性能特征进行改进，为消费者提供新的或改进的产品和服务；邓家褆从市场经济的角度，定义产品创新是为实现企业的经营目标，创造具有市场竞争力商品的过程[57]。

产品创新按照创新程度不同，可以分为渐进性创新（incremental innovation）和革命性创新或突破性创新（radical innovation）两类[58]。其中，渐进性创新主要是对原有产品的核心层、有形特征层和附加利益层的改进、扩展和完善，使新产品更能够满足市场需求。学术界一般认为，渐进性创新对现有产品的改进程度相对较小，能够充分发挥企业已有技术和能力的潜能，有助于强化成熟型企业的竞争优势，该产品创新类型被许多企业采用[59]。突破性创新是基于一整套不同的科学原理和技术，创造相对于现有产品根本不同的产品，可能开启一个新的和客户不为熟知的市场[60]。一般来说，突破性创新具有三个重要特征[61]：全新的性能特征；已有性能特征提升 5 倍或 5 倍以上；产品成本削减 30% 或 30% 以上。

参考上述产品创新的定义，将产品创新定义为实现企业的经营目标，创造具有市场竞争力的渐进性或突破性创新的新产品的过程，主要包括产品创意识别、创意筛选、概念开发、概念测试、商业分析、产品设计、市场营销、商业化及检测评价等阶段[62]。

2. 协同创新主体

一般地，客户作为协同创新的主体，可以分为个体客户 (individual customer)和商业客户 (business customer)[5]，本书中协同产品创新的客户主要指个体客户。

商业客户主要是指企业或者组织。其中企业或组织中的员工可以通过个体身份参与产品创新。针对个体客户，学者基于不同的视角将其分为不同的类别，主要包括按产品使用方式、协同动机以及作用等，具体如下所述。

1) 基于产品使用方式的客户分类

不同的客户在产品使用频率和程度方面具有差异性。普通客户基于自身特定目的和需要购买与使用某种产品，且经常发生变化，同时使用的程度不高。然而，专业客户通常长期使用某种产品且很少发生变化，同时使用的程度较高[4]。此外，按照客户是否直接使用产品，可以将客户分为直接客户和间接客户。其中，直接客户是指自身直接使用某种产品，且这种客户占大部分；间接客户是指一般不直接使用某种产品，而是将产品推荐给其他个体[63]。

2) 基于协同动机的客户分类

个体客户基于显性和隐性的动机参与产品创新，其中显性动机包括经济、报酬[64]以及优先使用新产品[65]等；隐性动机包括自我价值的实现[66]、期望与其他具有相似偏好的客户协同创新[67]以及帮助他人[68]等。根据个体客户协同产品创新的动机，von Hippel提出了领先客户(lead user)的概念，且分析了该类客户的特征[69]，如该类客户处于重要市场的前端，其对产品的需求将可能成为以后许多客户的共性需求；领先客户在产品创新中能够获得更多的激励，包括经济激励和非经济激励等，为其积极协同企业产品创新提供了动力。相对于领先客户，其他的客户可以称为普通客户。

3) 基于作用的客户分类

Brockhoff根据客户为产品创新提供的资源和产生的作用，将客户分为五类[70]：提供需求信息的客户(demanding customer)、创新客户(innovative customer)、分析和评价新产品的客户(reference customer)、开发客户(launching customer)以及优先购买客户(first buyer)。其中，提供需求信息的客户一般代表了市场需求，通过直接或间接的方式为企业的产品创新提供需求信息或创意；创新客户大多能够为产品创新中的问题提供创新性解决方案；分析和评价新产品的客户将自身使用某种产品的知识、经验和信息等传递给其他客户或者企业专业人员；开发客户则是参与产品创新过程，并协同完成部分产品创新任务；优先购买客户对企业开发的新产品优先体验和评价，并为产品的改善提供建议。

综上所述，本书中的协同创新客户是指协同企业产品创新的个体客户，在产品创新中能够提供产品创新所需的信息、知识和能力等资源，同时能够协同企业专业人员完成相关产品创新工作。根据不同协同创新客户对产品创新的具体作用及参与的产品创新阶段的不同，可以进一步分为提供需求信息的客户、创新客户、分析和评价新产品的客户、开发客户以及优先购买客户等。

3. 客户协同产品创新

根据前文对产品创新和协同创新客户的定义，参考文献 [27] 给出的与客户进行的协同产品创新概念，本书定义与客户进行的协同产品创新（即客户协同产品创新）为：为实现产品创新目标，充分利用协同创新客户与企业专业人员在知识类型、知识结构和创新能力等方面的不对称性，借助网络化与信息化交互工具及协同平台，通过协同创新客户与企业专业人员之间的信息共享、交互以及相互协同，充分发挥两者的互补优势并激发群体创造力，从而开发出更具市场竞争力的渐进性或突破性、创新性新产品。

上述定义可以从以下三个方面理解。

(1) 协同产品创新中的创新主体主要包括两类：第一类是外部的协同创新客户，第二类是企业内部专业人员。其中，协同创新客户是指个体客户，根据其产品创新知识、创新能力、创新经验以及对产品创新的作用，可以分为不同的类型；企业内部专业人员是由来自企业不同部门，具有不同专长的人员构成，包括技术、市场、质量以及研发人员等 [71]。

(2) 协同产品创新能够实现创新资源的优势互补。考虑到协同创新客户的特征，这里的创新资源主要是信息、知识和能力资源 [23]。借助网络化、信息化技术和协同平台，协同创新客户与企业专业人员根据产品创新的需要，利用两者在知识类型、结构和创新能力的不对称性，充分发挥两者的互补优势，产生学习效应 [72]，激活群体的创造力。

(3) 协同产品创新的载体是产品创新任务。不同的协同创新客户与企业专业设计人员在知识和能力等方面的差异性，决定了他们参与的产品创新工作数量和性质不同。将产品创新工作分解成不同的任务，便于明确不同的创新主体能够参与协同的任务，同时有助于发挥不同创新主体的优势。

根据上述协同产品创新的定义，参考文献 [5, 73-75] 中的协同创新过程和内容，从时间和内容两个维度界定本书的研究范围。

(1) 从时间维度：本书研究的协同产品创新过程，是在企业进行内外部环境分析、多主体协同的驱动和约束分析以及多主体协同的可行性分析之后和协同产品创新效果的反馈、控制和改善之前，即研究的是在企业确定采用该种产品创新方式后，企业开展协同产品创新工作的过程。

(2) 从内容维度：协同产品创新过程研究的是为实现产品创新目标，协同创新客户与企业专业人员之间进行不同类型和形式的知识、资源和信息等多方面的交互与匹配，同时利用各自的信息、知识和能力等协同工作，解决产品创新问题的过程。其内容主要包括确定哪些协同创新客户和企业专业人员参与产品创新、有哪些任务需要协同创新客户协同、不同的协同创新客户协同完成哪些产品创新任务、协同创新客户与企业专业人员如何进行知识和信息的交互与表达、如何评估协同创新客户对产品创新任务完成的作用和价值等。

1.2.2 协同产品创新过程构成要素

根据协同产品创新的定义，我们将通过分析协同产品创新过程中涉及的要素及其相互关系，构建协同产品创新过程框架，具体如下所述。

1. 协同创新主体——协同创新客户与企业专业人员

协同产品创新中，协同创新主体包括协同创新客户与企业专业人员，且具有如下特征：① 兴趣偏好的多样性。参与企业产品创新的客户包括多种类型，具有不同的兴趣偏好，如 Lilien 等通过对 3M 公司的某些类型产品的对比分析，发现不同的客户对产品外观、结构到功能等方面的创意就数以千百计 [65]。② 知识和能力的差异性。协同创新客户和企业专业人员在教育背景、兴趣爱好、经历、专业特长等方面具有差异性，使得他们在产品创新相关领域的知识和能力有所不同。③ 多部门、多专业协同性。参与企业产品创新的企业专业人员不仅来自企业的研发部，更需要技术、质量、市场等部门的专业人员参与 [30]。在网络化和信息化的协同平台支持下，这些来自企业不同部门的专业人员，与协同创新客户相互协同，形成产品创新组织 [71]，具有明显的多部门和跨专业协同的特征。

2. 协同创新工作的对象——产品创新任务

在市场营销学理论中，产品的整体概念分为核心产品、基础产品、期望产品、附加产品以及潜在产品五个层次，多主体协同可以发生在上述任意一个层次 [55]。对于不同层次的产品，虽然产品的技术、知识要求和创新程度存在差异，然而产品创新过程基本相似，主要包括九个阶段，分别为产品创意识别、创意筛选、概念开发、概念测试、商业分析、产品设计、市场营销、商业化及检测评价 [62]。虽然协同创新客户可以在产品的商业分析、产品设计、商业化以及检测评价阶段，通过自身的知识、产品使用经验和需求对新产品进行评价与提出改进建议，以起到反馈修正的作用 [55]，然而，多主体协同的程度、可能性及能够发挥的作用在产品创新的前期，即产品创意识别、创意筛选、概念开发和概念测试四个阶段表现尤为明显 [76]。每个阶段的主要活动及协同创新客户可能的协同工作内容如下所述。

1) 产品创意识别

产品创意识别主要包括创意的发现和创意的产生两个构成部分。其中，创意的发现是指提出满足市场或技术实际或可能需求的新产品，产品创意根据创新程度的不同可以分为突破性或革命性创意和渐进性创意两种。第一种是相对于现有产品，新产品具有突破性的创新；第二种是相对于现有产品，新产品只是在功能、外观、可操作性等方面具有一定的改善。创意的产生是针对提出的创意，通过讨论、比较、修正、完善等过程最终形成较为合理的创意方案。通过产品创意识别阶段的工作内容分析，发现协同创新客户可能的协同工作内容主要包括：基于自身的知识、经验等方面提供需求信息；提出现有产品的不足和改进之处；提出新产品改进或创新方向；提供产品创意的想法；协同企业共同对创意进行识别等。

2) 产品创意筛选

在产品创意识别的基础上，采用一定的评价标准，选择具有发展潜力和市场需求的产品创意。创意的筛选包括筛选标准确定、创意优先序排列以及创意选择三个步骤。其中，筛选标准是企业根据创意产品的市场需求、竞争强度、风险、资源等多个方面建立评价指标体系；创意优先序排列和选择则是按照上述评价标准，对各个产品创意进行分析和综合评价，从而选择合理有效的创意方案。协同创新客户在产品创意筛选阶段的工作主要包括：根据自身的需求信息，给出或修正创意筛选标准；提供市场扩展、相关技术等方面的知识和经验；与企业专业设计人员构成创新组织对创意进行评价和筛选；评价各个创意的客户满意度及创新程度等。

3) 产品概念开发

产品概念开发是指产品在进入实际生产阶段之前对产品的相关细节以及产品的可制造性、技术可行性等方面进行检查和设计，从而促使产品能够满足多方面的要求。其过程包括产品的工程定义和评价两个部分。其中，产品的工程定义是从工程开发和技术开发的角度将产品创意转化为产品概念模型；评价则是从产品创新性、环境友好性、市场潜力、技术可行性、制造可行性、市场需求满足度等方面对新产品进行深入分析，以保证企业后期将要投入的资源具有较高的回报率[77]。协同创新客户在该阶段可能的协同工作内容包括：具有一定技术背景的协同创新客户可以协同企业对产品的技术可行性进行评价；对产品的市场需求满足度和市场增长潜力进行评价；对产品的风险和环境问题提供相关建议；对产品投入市场的时机提供建议；对产品概念模型提供改善建议等。

4) 产品概念测试

产品概念测试的主要目的是在产品正式投入研发和生产之前，分析和发现产品可能存在的故障、不足和缺陷[78]。主要工作是不同的测试人员采用多种测试方法对产品概念模型的多个方面进行分析和测试，以发现新产品的待完善之处，并提出调整建议。协同创新客户在产品概念测试过程中扮演重要角色，能够较为清晰地提出产品存在的不足以及改善建议。

上述产品创新前期的四个阶段工作可以进一步细分为产品创新任务，根据不同任务的特点和要求，不同的协同创新客户与企业专业人员协同参与任务的开展。

3. 协同创新过程——知识和信息交互过程

针对每项产品创新任务，分析任务的特点及对创新主体 (主要为协同创新客户和企业专业人员) 的要求，包括知识、信息要求、创新能力要求、协同经验要求等，并结合创新主体的能力、知识以及经验等特点，对任务与创新主体进行合理匹配，从而确定每项任务由哪些创新主体参与，以及创新主体需要协同完成哪些任务。在任务完成过程中，创新主体之间需要进行知识信息、需求信息、产品使用信息等多种类型信息的交互与表达。创新主体间信息表达方式、信息处理方式、信息交互方式、信息相关性，以及创新主体之间信息交互与表达的效率和效果影响了产品创新的绩效 [79]。

4. 协同创新环境——内外部环境

协同产品创新环境由外部环境和内部环境构成，外部环境主要包括市场环境、竞争环境、外部技术环境等，内部环境包括内部创新技术、人才、制度等，协同创新环境将对客户协同产品创新产生重要影响。

5. 协同创新输入和输出

在协同产品创新过程中，将要素包括财务资源、人力资源、材料资源等作为输入投入产品创新过程中，在创新环境、创新组织、创新主体信息交互与表达以及创新任务-资源-主体协同匹配四个方面的支撑及约束下，将会得到协同产品创新输出，主要包括创新性的产品、创新技术、创新知识等 [80]。

在内外部环境下，针对各项产品创新任务，由拥有不同创新资源、创新动机、创新能力的协同创新客户和企业专业人员共同构成产品创新组织，协同完成产品创新任务；创新组织在执行产品创新任务过程中，组织中的协同创新客户和企业专业人员需要进行知识、需求信息等多种类型信息的交互与表达；产品创新任务-资源-主体协同匹配对创新主体的工作调度方法和创新任务-资源协调调度有重要影响，其过程实质上是创新工具、协同工具、企业资源、客户知识等方面的优化配置。

基于上述分析，建立协同产品创新过程框架，如图 1.6 所示。

1.2.3　关键问题及研究框架

由图 1.6 可知，协同产品创新过程主要包括五个相互联系的部分。这五部分内容的有效开展是促进协同产品创新方式顺利实施的基础和关键。在这五部分内容中存在诸多实际需要解决的问题，如协同创新主体的选择、协同创新知识的表达、产品创新任务分解、任务和资源的匹配调度等。然而，由于时间、精力及水平的限制，本书难以对上述问题逐一研究。因此，本书仅对协同产品创新过程中四个关键内容进行研究，分析各项内容中的关键问题，给出解决问题的方法和技术。并在此基础上，建立关键问题研究的框架。

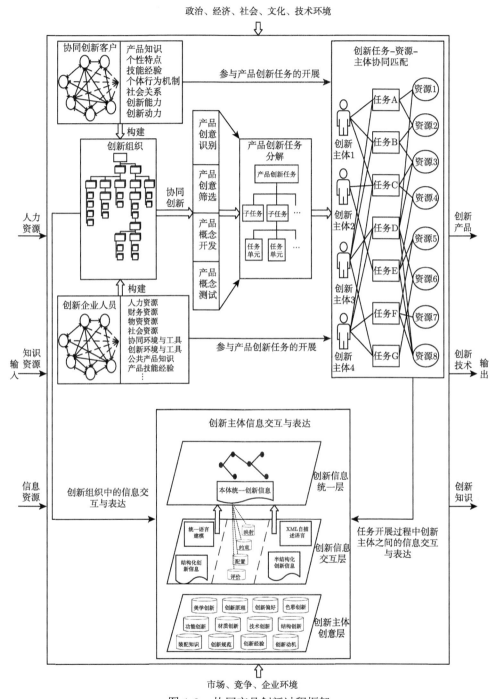

图 1.6 协同产品创新过程框架

XML:extensible markup language, 可扩建标记语言

1. 面向产品创新要求的协同创新客户选择

选择合适的协同创新客户参与产品创新,是开展客户协同产品创新的前提,也是促进协同产品创新绩效提升的重要保证。现有研究提出的协同创新客户选择方法主要考虑协同创新客户自身的知识和能力等,而企业选择合适的协同创新客户参与产品创新的目的是利用其特有的信息、创新知识以及能力等,与企业人员协同解决产品创新中的相关问题,满足产品创新的要求。因此,在协同创新客户选择过程中,不仅需要考虑协同创新客户自身的特点,还应考虑产品创新要求。如何将产品创新要求和客户自身的特点(选择协同创新客户的指标)综合考虑,并建立两者之间的量化关系,是研究协同创新客户选择中的一个关键问题;在考虑产品创新要求的重要度、选择客户的指标之间的相互依赖度以及产品创新要求和指标之间关联程度的条件下,如何确定合理的指标权重及客户综合评价值是另一需要解决的关键问题。

针对协同创新客户选择过程中的关键问题,本书在提出选择协同创新客户的评价指标基础上,采用质量屋(house of quality, HOQ)模型,建立产品创新要求与评价指标之间的关系,并利用模糊加权平均法(fuzzy weighted average, FWA)和 α-截集求解指标权重;指标权重确定后,基于数据包络分析(data envelopment analysis, DEA)法提出针对客户数量较多条件下确定客户在各指标上的评价值的方法,并与指标权重综合得到客户综合评价值及排序,作为协同创新客户选择的依据。

2. 面向客户的协同产品创新任务分解与分组

协同创新客户与企业专业人员相互协同工作的对象是产品创新任务,将复杂的产品创新工作分解成目标相对清晰、内容相对明确以及要求相对确定的任务集合,并将相互关联的任务划分为不同的任务组,有助于提升参与同一任务组的创新主体之间协同的效率,降低参与不同任务组的创新主体之间协同和交互的复杂度,进而促进产品协同创新效率的提升。然而,按照常用的任务分解方法,如按产品结构或部门分解,难以体现产品创新特性;按产品功能分解,难以建立功能与结构之间的映射关系;按产品设计过程分解,难以有效控制分解任务粒度。因此如何分解产品创新任务,既能将复杂的产品创新工作分解成一系列任务,又便于识别需要协同的任务及体现产品创新特性是一个关键问题。针对分解的任务,采用何种分组依据,既能反映任务之间的信息依赖关系,又能体现由协同创新客户与企业专业人员构成的不同协同创新团队在知识和能力等方面的特点以及解决不同问题的差异性;在此基础上,如何确定任务分组目标和分组模型并求解,以得到合理的任务分组方案,从而促进创新主体间协同效率的提升是任务分组中的另一个关键问题。

　　针对协同下的产品创新任务分解与分组中的关键问题,本书在分析协同创新团队结构及特点的基础上,提出任务分解的层次结构及方法,提出任务分组的依据,并采用模糊数字化设计结构矩阵量化任务之间的关联程度。在此基础上,以任务组内聚度最大化、任务组间耦合度最小化为目标,以任务组的可执行程度为约束条件,建立任务分组模型,并采用双种群自适应遗传算法求解。

3. 产品创新任务与协同创新客户匹配

　　不同的产品创新任务具有不同的特点和要求,不同的协同创新客户拥有不同的信息、创新知识和能力,使得不同的协同创新客户能够参与的任务具有差异性。根据任务的要求和协同创新客户的特点,对产品创新任务与协同创新客户进行合理匹配,对充分发挥客户的作用和提升协同效果具有积极的促进作用。然而,在产品创新任务数量和协同创新客户数量较多情况下,以单项任务或单个客户为匹配单元,匹配所需的时间较长,效率较低。那么,采用何种方式对两者进行匹配,以提升匹配的效率是产品创新任务与协同创新客户匹配过程中的一个关键问题;产品创新任务的特点与要求和协同创新客户的知识与能力等之间契合程度量化分析是实现两者合理匹配的基础,然而在产品创新任务各要求和协同创新客户的知识和能力等难以准确量化的条件下,如何较为合理地量化产品创新任务与协同创新客户之间的匹配程度是两者匹配过程中的另一项关键问题;如何建立产品创新任务与协同创新客户匹配模型,并采用何种方法求解是两者匹配过程中的又一需要解决的关键问题。

　　针对产品创新任务与协同创新客户匹配中的关键问题,本书提出基于任务分组的产品创新任务与协同创新客户匹配方法与模型。根据产品创新任务分组结果,以任务组为单元,为其初步匹配协同创新团队,然后进一步对任务组中的任务与客户进行匹配;基于模糊集理论,从客户资源属性、能力属性和态度属性三个方面度量协同创新客户与产品创新任务的模糊匹配度(fuzzy matching degree, FMD)大小;在此基础上,以两者匹配度最大化为目标,以任务完成成本和时间为约束,建立产品创新任务与协同创新客户匹配模型,并采用模糊排序方法求解。

4. 协同创新客户贡献度测度

　　协同创新客户在知识和能力等方面的差异性,使得不同的协同创新客户对产品创新具有不同的作用和价值,评价和测度协同创新客户对产品创新的贡献度,不仅为确定合理的利益分配方案,以激励客户和维持协同的稳定性提供依据和参考,同时能够根据测度结果,为后续调整和改进客户协同过程,进一步提升客户协同产品创新绩效提供依据和参考。然而,直接度量协同创新客户对整个产品创新工作的贡献度难度较大、准确性不高。因为协同创新客户只参与部分产品创新任务,对于参与很少部分任务的客户,收集其对整个产品创新工作贡献度的数据相对较难；同时，直接度量的结果未能合理地反映协同创新客户的实际贡献度大小，因为不同的任务对整个产品创新的影响程度不同，对于那些协同完成重要且影响程度大的任务的协同创新客户，其对产品创新的贡献度就相对更大。因此，如何合理量化测度协同创新客户贡献度大小是一个关键问题。

针对协同创新客户贡献度如何合理量化测度这一关键问题，本书提出了基于任务分解思想的客户贡献度测度模型及方法。将产品创新任务不断分解，直至最小任务单元。相比于度量协同创新客户对整个产品创新工作或任务的贡献度，度量其对活动的贡献度，难度较小且结果较为准确；从目标实现程度的角度，度量协同创新客户对任务单元目标实现的作用大小，作为协同创新客户对任务单元的贡献度；提出了模糊扩展层次分析（fuzzy extended analytical hierarchy process，FEAHP）法和 DEA 法相结合的方法度量任务的重要性，并结合协同创新客户对任务的贡献度，确定协同创新客户对产品创新的贡献度。

根据前文分析，参考霍尔三维结构的构成 [81]，建立协同产品创新过程中的关键问题研究框架，如图 1.7 所示。该框架反映了三部分信息：第一，本书研究的关键内容，主要包括协同创新客户选择、产品创新任务分解与分组、产品创新任务与协同创新客户匹配以及协同创新客户贡献度测度；第二，关键内容之间的逻辑关系；第三，关键问题与关键技术之间的关系，即对于每项研究内容中需要解决的关键问题，提出相应的技术和方法。

1.2.4　小结

本节首先阐述了协同产品创新过程的相关概念，包括产品创新、协同创新主体以及协同产品创新；其次，建立了协同产品创新过程框架；最后在此基础上，阐述了协同产品创新过程中的关键内容、问题以及解决问题的关键技术，并根据三者之间的关系，提出了关键问题的研究框架。

1.3　产品协同创新关键问题

多主体协同能给企业的产品创新带来诸多优势，然而协同产品创新过程涉及的创新主体更多样、复杂，创新主体之间协同交流的内容更广泛，产品创新资源协调更复杂，协同工具和手段更丰富，导致其与传统的产品创新方式相比，在协同创新客户选择、任务分配、知识和信息的共享与交互以及收益的分配等方面面临着更多的困难。由于上述困难，多主体协同并不都能促进产品创新目标的实现 [4,82]，企业对应用该种产品创新方式也存在疑虑 [83]。基于此，本书对协同产品创新过程进行分析，重点讨论过程中存在的关键问题，并提出解决这些问题的模型、技术和方法，以期为企业应用协同产品创新方式提供方法和技术的指导与参考。

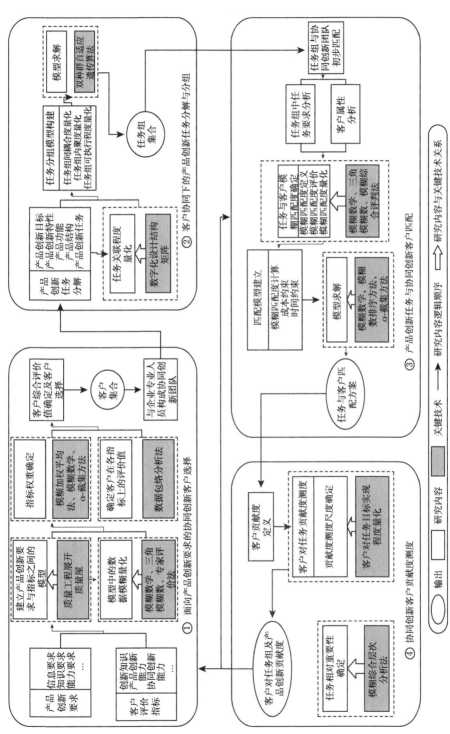

图 1.7 协同产品创新过程中的关键问题研究框架

1.3.1 一般协同创新关键问题

1. 如何实现创意形成阶段的模糊知识统一清晰化表达

协同产品开发过程中，不同知识背景的开发主体在不同活动中生成的创意知识新颖性、发散性和模糊性程度不同，如何采用科学有效的方法准确获取不同特征的创意知识，为激发客户、设计人员和专家等产品开发主体的创意提供有力支持，进而提高企业创新水平，已成为企业亟待解决的重要问题之一。但通过文献检索得知，协同产品开发中知识管理领域的研究成果主要集中在知识创造力影响因素分析、客户知识的管理与集成以及知识共享等方面，针对协同产品开发初级阶段创意知识获取还缺乏深入研究，而在此领域研究的难点包括：① 在创意知识表达中，发散性和新颖性程度不同的创意知识对表达的详细程度有不同需求，常用知识表达方法缺乏对该需求的考虑，难以实现不同创意知识的准确表达；② 创意知识的模糊性会影响概念相似度度量结果的准确性，而相关指标的模糊性使创意知识的准确表达难度较大。

2. 如何选择协同创新伙伴，以满足产品创新要求

协同创新伙伴选择是应用多主体协同产品创新方式的前提和基础。然而，以客户协同创新过程为例，企业的客户数量较多，将所有的客户融入产品创新中，不仅会造成客户协同成本的大幅度增加，而且获取、整合和利用客户的知识、信息和创意等难度较大。因此，有必要从较多客户中选择出合适的客户参与产品创新。现有的协同创新客户选择方法主要考虑客户自身的特点，如信息和创新知识、创新能力、协同能力以及协同态度等。然而企业要求多主体协同产品创新的目的是利用其特有的创新知识和能力等解决产品创新中的相关问题，因此协同创新客户选择不仅要考虑客户自身的特点，也需要考虑产品创新的要求。那么，在同时考虑产品创新要求和客户自身特点的情况下，如何建立和量化两者之间的关系，分析产品创新要求对协同创新客户选择的影响，确定不同客户对产品创新的重要程度，以选择出合适的协同创新客户参与产品创新是首先要解决的问题。

3. 多主体协同下，如何合理地对产品创新任务进行分解与分组，以降低参与不同任务组的创新主体之间协同交互的复杂度

任务规划是产品创新前期的重要工作，任务分解是任务规划的首要环节。通过任务分解将复杂的产品创新工作划分为易于管理和执行的任务集合，不仅有助于企业规划和协调产品创新所需的材料、设备、时间等资源，同时便于明确任务完成所需的参与主体；此外，分解得到的产品创新任务之间相互关联，可能增加参与不同任务的创新主体之间的交互的复杂度，降低产品创新的效率。因此，根据协同创新主体及其协同产品创新的特点，如何分解产品创新任务，既反映产品创新的特性,又有助于企业识别和判断需要客户协同的任务;如何将相互关联的任务划分为多个任务组,以提升参与同一任务组的创新主体之间协同的效率,降低参与不同任务组的创新主体之间协同交互的复杂度是多主体协同产品创新过程中的另一关键问题。

4. 如何对产品创新任务与协同创新主体进行匹配,以实现两者的匹配度最大化

不同的产品创新任务具有不同的特点和要求,不同的协同创新主体具有不同的知识结构和创新能力,使得不同的协同创新客户能够协同的任务数量和类别等具有差异性。根据产品创新任务的要求与协同创新主体知识、能力等方面的特点,如何对任务与主体进行合理匹配,实现两者匹配度最大化,从而为任务指派合适的主体以及为主体匹配合适的任务,是充分利用主体能力和知识以及促进产品创新任务开展效率和效果提升的关键。

5. 如何量化测度协同创新主体对产品创新的贡献度,以为企业制定合理的激励方法提供依据

现有研究大多采用理论分析、调研访谈以及文献分析等方式分析主体协同对产品创新的价值,量化测度主体对产品创新价值的研究成果还相对较少。采用一般直接度量的方式度量主体对整个产品创新工作的价值或贡献度难度较大、准确性不高。原因有二:其一,主体根据自身的知识、能力和经验等特点,只参与部分产品创新任务,对于参与很少部分任务的主体,收集其对整个产品创新工作贡献度的数据相对较难;其二,不同的任务对整个产品创新的影响程度不同,对于那些协同完成重要且影响程度大的任务的主体,其对产品创新的贡献度就相对更大,因此要考虑不同主体所参与任务的重要性差异。那么,如何合理地量化测度主体对产品创新任务和工作的贡献度,是企业评估主体价值、制订激励方案,构建公平合理的协同创新环境以及提高主体协同的积极性和稳定性的关键,也是企业后续进一步改善和优化主体协同产品创新过程和方法的重要参考依据。

1.3.2 面向不确定需求变更的关键问题

在协同创新的过程中,需求变更时有发生。一般地,对于需求变更,企业决策者应反馈客户以下信息:该变更是否被接受;如果接受,调整后的产品设计方案如何;交付期为何时;为完成变更任务所花费的代价如何。换言之,以上信息应该就是企业在需求变更响应过程中的目标输出。为此,响应过程可分解为变更请求决策、产品再配置、设计任务再分配以及设计资源再调度等四个方面 [37,40,52,84]。其中,经过变更请求决策,可判断此次变更是否可以接受;经过产品再配置,可根据客户需求的变更对现有产品功能及结构配置方案进行调整;通过设计任务再分配,可明确设计任务在客户需求变更下的调整情况,基于此可以确定设计任务的最晚完成时间；此外，结合对设计过程所需资源的重新调度，便可以得到满足客户需求变更的产品设计方案或产品的交付时间。

以复杂产品为例，复杂产品的组成零部件之间错综复杂的关联关系，使得在设计过程中，设计任务之间存在多种交互耦合关系[85]。当其中一个或局部发生变更时，相应的设计任务可能随之调整，而通过任务之间的各种关联，这种改变往往会蔓延到其他任务，甚至对全局产生影响，这种变更传播使得设计过程更加复杂。在这种情况下，对企业而言，对客户需求变更做出准确响应就变得极为困难[52]。因此，对企业而言，当客户需求变更时，如何实现对客户需求变更的准确响应，是当前亟待解决的关键问题。其中，关键问题主要如下所述。

（1）如何系统准确评估需求变更对整个设计过程的影响，进而完成客户需求变更请求的准确决策。

当前，企业为提高自身效益，大多以满足客户需求、提高客户满意度为经营宗旨。但是，客户一般基于自身利益提出需求变更要求，不可避免地，有些请求可能超过企业生产能力或成本预算，此时如果还一味以满足客户需求为目标，那么企业自身的经营效益就可能会受到影响。所以，为保证企业及客户双方利益最大化，有必要对客户需求变更对企业的影响加以分析，对变更请求做出合理决策，进而确定该需求变更下的产品快速设计策略。然而，客户需求变更导致的产品局部改变常常因产品组成零部件间的关联传播到其他部件，而与其相对应的设计任务同样由这种变更传播引起连锁反应[85]，加之任务之间的耦合迭代，最终使得对客户需求变更影响的评估极为困难。所以如何准确评估客户需求变更对整个设计过程的影响是实现客户需求变更下复杂产品快速再设计需要解决的基础问题。

（2）在需求变更下，如何提高产品族中可行参数的搜索效率，进而快速、低成本完成产品结构再配置。

当前，复杂产品的快速变型设计主要分为两种：一是基于模块组合的快速配置；二是基于参数调整的快速配置。而复杂产品组成零部件成千上万，当需求变更时，由于变更的传播，受影响或需要调整的零部件可能来自不同模块。当异构模块组合时，零部件间的耦合或冲突难以避免，当需要调整的零部件数量较多时，如何快速处理零部件之间的冲突以及如何提高产品族中可行参数的搜索效率，进而提高产品配置效率，这对设计者而言无疑又是一项严峻的挑战。

（3）在需求变更下，基于产品再配置方案的调整，当难以获得设计任务参数的精确值时，如何提高设计任务再分配效率并保证再分配方案的全局最优性。

在需求变更下，当产品再配置方案完成时，其相对应的设计任务必然需要进行调整。一般地，当需求变更时，产品设计过程已经展开，正如前文所说，变更传播导致的连锁反应使得设计任务耦合复杂程度大大增加，设计过程的复杂性使得设计任务信息难以精确获取，这增加了设计任务再分配的难度。此外，需求变更响应往往具有较高的紧迫性，在此情形下，提高设计任务再分配的效率又成为企业必须面对的问题。

（4）在需求变更下，当产品设计任务分配方案调整后，如何在紧迫时间要求下完成设计资源特别是紧缺型资源的再调度，尽可能降低变更对设计过程的影响，以最小的代价保证设计任务完成。

设计任务的调整必然导致其相关资源调度方案的变化。而在资源再分配中最常见的问题就是资源的冲突，当前大多是通过分析资源需求点的优先序列，然后依次完成资源的分配，这能在最大程度上降低客户突发的需求变更对设计过程的影响。然而，与设计任务再调度类似，现有的资源需求点优先序列的分析方法仍然难以保证其全局最优。实际上，类似任务间的耦合关系，资源需求点之间通常也存在多种关联。当其中一种资源调度方案变更时，其他资源需求点同样可能受到影响，特别是当资源需求点对资源的需求时间相同时，这种影响对资源需求点优先序列分析极为重要。而当前大多数资源需求点优先序列分析方法却忽略了这一点，导致在客户需求变更下，基于产品设计任务调整方案难以实现真正的全局最优。所以，在客户需求变更下，基于产品设计任务调整方案如何从全局最优的角度实现设计资源的再分配是设计任务顺利完成需解决的关键问题。

为解决上述问题，当在产品协同创新过程中发生客户需求变更时，研究如何在变更环境下准确决策并完成产品再配置、设计任务再分配以及设计资源再调度，以期形成一套系统的理论方法体系，为完成对客户需求变更的响应提供方法指导与理论支撑。

1.4 国内外研究综述

1.4.1 协同创新文献综述

将"产品协同创新""产品协同开发""客户协同""任务分解""任务分组""任务分配""collaborative product innovation""collaborative product development""customer/user collaboration""task decomposition""task grouping""task allocation"等关键词在 Web of Science（简称 WoS）、爱思唯尔、EBSCO、EI、中国知网、谷歌学术等国内外大型学术文献数据库中搜索，并根据论文研究的问题，总结归纳了与本书研究直接和间接相关的现有研究成果，主要包括客户协同产品创新、产品协同开发中的协同伙伴选择、产品协同开发任务分解、分组与分配以及协同创新客户价值分析等五个方面。

针对产品设计中客户需求变更的响应问题，以复杂产品为例，作者以"复杂产品""复杂产品设计""客户需求变更""需求变更""complex product""complex product development""complex product design""customer requirement change""respond""requirement change management"等关键词分别在中国知网、WoS、EI、谷歌学术等国内外大型学术文献数据库中搜索，发现相关研究成果自 2007 年后逐渐增多，当前已成为一个研究热点。经分析，国内外学者基于多目标优化理论、多学科优化理论、人工智能以及系统控制理论等理论与方法对相关问题进行了研究，相关成果根据问题性质可归纳为需求变更请求决策、复杂产品再配置、设计任务再分配以及设计资源再调度等方面。

与客户进行协同的主体产品创新模式相比于传统的产品创新方式对客户的作用有不同的理解。传统的模式仅将客户作为需求的提供者，对客户的需求进行识别、分析、映射与转换。然而，这种对客户需求的处理不仅需要企业投入大量的人力、物力和财力等资源，同时处理过程中容易出现偏差和缺失[86]。协同产品创新模式更加强调将客户融入产品创新中，发挥其与产品创新相关的知识、信息和能力等方面的作用与价值[87]。

正因为协同产品创新模式具有明显的优势，该种创新模式得到了越来越多的研究。von Hippel 及其团队在对美国企业创新调研研究的基础上，首次提出了"领先客户"[69]和"客户创新"的概念[88]。客户创新主要是指客户基于自身的目的，利用自身的知识、产品使用经验等对现有产品进行创新和改进，包括提出新的产品创意、创新工具，以及改进产品的功能、结构和工艺等[89]。同时，von Hippel 在其研究成果中也指出，超过 50% 的创新是发生在客户与制造商之间的结合部分，以领先客户为主导的客户群体创造力对企业的技术和产品创新具有重要的影响和作用，由其协同的创新有助于促进企业价值网络的增值[17]。

由于客户协同产品创新在提升产品的客户满意度、产品创新绩效以及降低产品创新风险等方面具有较大的优势和发展潜力[90]，因此，该概念提出后，即引起了学术界和企业的关注与重视。众多学者利用创新扩散理论、信息转移粘连理论以及组织创造力理论等对客户协同创新的可行性和有效性进行论证。例如，Lilien 等对 3M 公司的领先客户创新过程和传统的客户创意创新过程进行对比分析，根据产品的销售数据分析，指出领先客户创新具有显著的优势[65]。Lüthje 针对体育用品行业，分析了领先客户经验及其协同对体育产品设计和创新的价值与积极影响[30]。贺曼公司为了能够设计出满足客户要求的产品，提升客户的满意度，开发了一个用于客户进行交流和设计产品的在线论坛——Hallmark 知识创新群体[91]。Biemans 等对荷兰医疗器械企业进行调研分析，发现企业与客户的协同及其强度对产品创新设计绩效具有正面促进作用[92]。

企业和学者通过理论与实践研究，论证了客户协同对企业产品创新的作用和价值。而网络化和信息化技术的快速发展，进一步推动该种方式的应用。借助网络化平台和工具，客户不仅可以为企业的新产品开发提供好的创意，同时可以与企业专业人员相互协同创造新产品、测试新产品等[68,93]。网络化平台和工具中的主要和基础技术设施是虚拟客户环境 (virtual customer environment, VCE)[94]。

对于 VCE，不同的企业根据自身的需要，开发和设计了多种多样的虚拟客户协同平台。例如，von Hippel 等提出了一种便于客户协同创新的工具——Toolkits，该工具是一种行之有效的客户协同产品创新工具和方法[29,95,96]，具备四种有助于实现客户协同的功能：帮助客户在其产品创新全过程中进行完全的试验和学习，因为问题解决过程通常是不断反复地试验和学习；客户友好，即能够满足客户根据自己操作习惯和软件应用情况、自身能力进行相应的创新设计的要求；提供产品创新设计的相应模块和组件，以使客户将其注意力集中于创新部分；包含企业产品制造的能力和信息说明，以使客户创新设计的产品具有制造的可行性。Westwood Studios 为便于收集客户对视频游戏中的重要因素的需求信息以及协同设计这些要素，开发了一个工具箱，该工具箱将需求密集型的任务分配给客户，以降低企业收集、映射和转化客户需求的成本，降低"粘滞"信息给产品设计带来的不确定性和风险[89]。挪威的信息技术系统集成供应商 Cinet 开发的协同创新平台，便于企业收集和获取客户的创新知识、需求信息以及创新经验，用于企业的个人电脑和 Symfoni 应用组件的创新设计[97]。

在网络化环境下，为进一步提升协同产品创新的效率和效果，学者对客户协同的动机进行了分析研究，以提出相应的措施，提升协同的稳定性和积极性。客户协同的动机的大小受企业对客户参与企业产品创新的激励大小影响。一般地，企业对客户协同的激励包括经济激励和非经济激励。其中，经济报酬激励[64]、未来可预期的产品优先体验权[65]是常用的激励方式。虽然上述经济激励或显性激励对提升客户协同的稳定性和积极性具有重要作用，然而非经济激励或隐性激励更能激发客户的创造力[5]。常用的非经济激励方式包括自我价值的提升、愉快、有趣和兴奋的体验、知识和技能的学习等[17,98]；产品创新过程中，客户之间以及客户与企业之间经验的交流、解决问题的挑战、认知的改变等都能成为激励客户协同的潜在因素[99]。此外，对于通过网络化的方式协同产品创新的客户而言，协同平台和工具的便捷性、良好的协同经历以及认知激励是驱动客户协同的重要因素[99,100]。例如，杜卡迪公司根据网络上不同的协同客户对产品设计所做出的贡献大小，给予不同奖励和名誉称号，以此激励客户[101]。由此可知，客户对协同的满意度以及协同动机的强弱受产品创新过程和结果所带来的经济和非经济收益的影响。

此外，国外学者在协同产品创新中的知识集成和管理[102,103]、客户协同产品创新组织[104,105]、客户协同的风险管理[4,106,107]等方面也进行了深入的研究。

相比于国外对协同产品创新的研究，国内在该领域的研究起步相对较晚。其中，重庆大学杨育教授及其团队对客户协同产品创新研究起步较早，并于 2008 年首次提出了客户协同产品创新的创新模式[27]，以期进一步发挥客户在产品创新中的潜力。该模式充分考虑了客户与企业专业人员在知识类型、知识结构以及创新能力等方面的不对称性，借助网络化和信息化的交互工具与协同平台，通过两者之间的协同工作，充分发挥两者的互补优势并激发群体创造力，从而开发出更具市场竞争力的创新性新产品。

在给出客户协同产品创新定义和内涵的基础上，对客户协同产品创新的相关模型、方法和技术展开研究，包括协同创新伙伴选择 [72,108,109]、工作任务排序 [110,111]、客户知识集成、建模与推送 [55,112-114] 以及协同产品创新效率研究 [79,115-117] 等。

1.4.2　产品协同开发中的协同伙伴选择

面对市场竞争激烈程度加深、产品开发技术复杂度不断增加、需求越来越多样化和个性化、企业资源和核心竞争力约束等内外部环境，产品协同开发成为企业进行产品开发的一种重要手段 [118,119]。通过不同企业、组织和个体之间的协同，利用各自的优势资源，发挥协同作用，有助于企业降低不确定环境带来的产品开发风险 [120]、缩短开发周期 [121]，以及能够符合产业内的行业标准和规定 [122]。

通过对影响产品协同开发的因素的分析，得知协同伙伴的选择是影响协同效率和效果的重要因素之一 [123]。协同伙伴大体可以分为四种类型，分别为竞争对手、供应商、客户、高校和研究机构 [119]。客户与其他几类协同伙伴的选择具有一定的不同，下面先简要介绍一下选择供应商、企业等协同伙伴的标准及一般流程，该流程也可为客户选择提供参考。其中，对于企业和供应商等协同伙伴的选择标准的研究结果简要如表 1.2 所示。

表 1.2　产品协同开发中的协同伙伴选择

数据来源	协同伙伴对象	选择标准/指标
文献 [124]	战略伙伴企业	技术互补性、协同文化、目标互补性、风险水平
文献 [125]	战略伙伴企业	技术水平、销售系统及能力、运作能力、竞争能力、生产效率、协同经验、劳资谈判水平
文献 [126]	战略伙伴企业	协同伙伴特征、销售能力、无形资产、能力互补性、匹配程度
文献 [127]	战略 R&D 伙伴企业	技术水平、协同意愿、协同经验、协同效应
文献 [128]	R&D 协同伙伴 (合作企业、科研院所、客户、竞争对手)	伙伴协同效应、伙伴互补效应、伙伴市场和增长目标的一致性
文献 [129, 130]	高校、科研院所	技术相关性、以往的协同关系和经验
文献 [131]	供应商	满意指标、柔性指标、风险指标、信任指标

注：R&D 即 research and development（研究与开发）

协同伙伴的选择过程是由一系列相互联系的活动构成。总的来说，可以分为五个阶段的活动，分别为协同需求分析、初步选择、协同需求细化和确定、伙伴选择、签订契约。

阶段 1：该阶段的目标主要是根据所开发产品的特点及开发目标，核心企业确定产品开发所需的资源和能力等。然后结合核心企业自身的条件，分析期望协同伙伴能够提供的资源，包括技术资源、知识资源、生产资源、人力资源等[132]。

阶段 2：在该阶段，核心企业将会初步确定可供选择的协同伙伴。这些协同伙伴在一定程度上能够满足企业产品开发的相关需求。

阶段 3：初步选择的协同伙伴参与到产品的规格、参数、设计过程等方面的分析和决策中，并进一步确定产品开发对协同伙伴的具体要求。

阶段 4：根据阶段 3 可以确定协同伙伴选择评价具体指标，然后采用一定的选择模型和方法，对初步选择的协同伙伴进行评价，从而确定各协同伙伴的重要程度及优先排序，以便核心企业最终选择。

阶段 5：对于最终选择的协同伙伴，核心企业与其签订契约，以规定相关协同内容、权利与职责等。

需要说明的是，上述协同伙伴选择的五个阶段是相互关联的，前面阶段的结果是后面阶段工作开展的基础，后面阶段的结果会对前面阶段产生影响，可以说协同伙伴选择是一个反复的过程。此外，每个阶段的目标及具体内容也是随产品开发的实际情况动态变化的。

然而，协同伙伴中的客户与企业、供应商、高校、科研院所以及竞争对手具有差异性，企业将其融入产品创新的原因也不同。根据文献 [4] 的分析，企业将客户融入产品创新中的主要原因如图 1.8 所示。

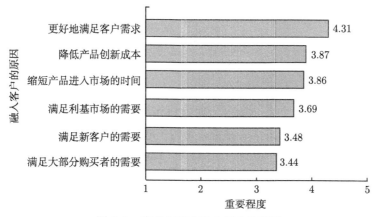

图 1.8 产品创新中融入客户的原因

从图 1.8 可知，客户能够协同企业产品创新的主要原因包括：为企业产品创新提供需求信息；为产品创新提供创意；协同完成部分产品创新工作；促进产品创新周期的缩短、成本的降低以及市场满足度的提升。根据企业将客户融入产品创新的原因以及客户协同能够产生的作用，协同伙伴中客户的选择标准与企业和供应商等伙伴的选择不同，客户的选择标准重点关注客户的需求信息、创新知识、创新能力等，对设备、材料、经济等方面关注较弱。

目前，学者针对协同企业产品创新客户的选择问题，提出了影响客户选择的因素、选择评价指标及评价方法。其中比较有代表性的研究包括：Campbell 和 Cooper 认为客户选择受其对产品市场的贡献度的影响，客户购买企业产品的数量越多，客户相对越重要[82]。Sandmeier 根据产品创新前期阶段的要求，从客户的需求信息、价值等方面提出判断客户协同的因素[133]。von Hippel 等认为客户的创新知识、创新能力、创新意识以及产品使用经验等是影响协同客户选择的重要因素[134]。Gruner 和 Homburg 通过实证研究，从企业管理者的角度，提出了适合协同产品创新客户具体的要求，如客户知识、客户能力、协同态度等[77]。Emden 等基于客户创造价值最大的目标，提出了客户选择的目标函数并进行求解[135]。宋李俊等从主观和客观的角度，提出了个体协同伙伴选择评价指标，包括知识结构、技能水平、资源、个体素质、工作经验、性格和偏好等，然后采用最小偏差法和加权法求解指标权重与协同伙伴重要度[109]。王伟立等提出了协同伙伴选择的评价指标，包括客户教育背景、沟通程度、参与积极性等，并建立了基于粗糙集和支持向量机的协同伙伴选择模型[108]。杨洁等采用粗糙集理论和小波神经网络方法，从创新客户知识、创新技术能力、学习效应、创新客户需求四个方面对客户进行综合评价，以确定不同创新客户的重要性，并将其作为客户选择的依据[72]。

1.4.3　产品协同开发中的任务分解与分组

产品协同开发是指多个开发主体在一定的时间、资金、材料等资源约束下，通过相互之间的信息共享、交流、协同，充分发挥不同开发主体的优势，从而实现产品开发的目标，改善产品开发水平[136]。

由上述定义可知，产品协同开发具有以下特征[137]：① 开发主体的多样性和协同性，针对产品开发工作的要求，由两个或两个以上，在产品开发能力、资源以及知识等方面具有不同优势的组织、部门或人员相互协同完成产品开发目标；② 目标的一致性，所有开发主体根据所在的开发环境和开发信息等，利用自身的能力和知识完成共同的产品开发目标；③ 开发过程的灵活性，根据环境等的变化，开发主体的数量、协同开发体系结构等是动态调整和变化的。

为充分发挥各开发主体的功能和优势，提升主体之间相互协同的效率，需要对产品协同开发工作进行有效规划[138]。其中，任务分解是工作规划的首要和关键环节。任务分解是将复杂的产品开发项目分解成一系列简单、易于操作和管理的工作，一方面有助于有效、准确地了解各项工作对原材料、设计知识、设计环境等方面的要求，规划好产品开发任务完成的时间进度和资源调度安排；另一方面有助于确定不同的协同开发主体所承担的任务，以发挥不同主体的优势。

现有的产品协同开发中的任务分解方式大致可以分为五类。

(1) 按协同开发主体分解，即根据不同参与主体的特点、能力、职责等方面，将产品开发工作进行分解，然后分配给相应的参与主体。例如，刘天湖等将协同研发团队分成专业性和功能性两类，针对专业性研发团队，提出了基于任务属性相似程度的耦合任务群分解方法，并采用灰色关联度方法求解；针对功能性研发团队，提出了基于敏感度、可变度以及任务量三个方面的耦合任务群分解方法[139]。Braha 为降低不同产品开发团队之间的交互成本，根据产品开发团队的特点，基于公理化设计理论，在分析了任务与任务数量之间关系的基础上，提出了任务分解的方法和过程[140]。

(2) 按产品结构分解，产品是由多个部件构成，部件也由多个零件组成，将产品按照其结构进行分解，得到不同层次的构成零件，零件设计的完成需要一系列任务支撑，由此得到产品开发任务的集合。周锐等根据物料清单（bill of material, BOM）和佩特里网（Petri net）的特点，提出了一种产品结构模型向工作流模型的映射方法，实现了产品结构向产品开发过程的转化，将 BOM 中的各元素按照子任务的方式进行分解，同时对 BOM 中的所有要素进行全面的分析，以保证任务分解的完整性[141]。

(3) 按产品功能分解，将产品功能不断地进行分解，得到多个产品子功能，不同子功能的实现需要完成一定的工作，从而将产品功能映射到产品开发任务。例如，Pahl 等根据产品设计过程，将产品功能分解成分功能，直至更为具体的子功能，在此基础上，分析实现功能的任务[142]。侯亮等针对供应商协同下的产品开发任务分解问题，通过将产品总功能分解成多个子功能，然后映射成功能结构以及产品开发子任务，并根据协同供应商对任务完成的可行性分析，对任务分解结构进行调整[143]。

(4) 按开发流程分解，产品开发工作在时间上和逻辑上都具有一定的先后顺序，根据该顺序可以将产品开发工作分解成相互联系的任务。曹健等在并行产品开发环境下，提出了产品开发过程结构树的概念，根据产品开发过程，将产品开发项目分成子项目、过程单元以及原子过程单元，进而实现对产品开发过程的管理以及任务的分解[144]。清华大学徐路宁等利用设计结构矩阵 (design structure matrix, DSM) 量化产品开发过程，并通过 DSM 的分析和重构实现了对复杂产品的协同设计任务规划，以期缩短产品开发周期，降低开发成本[145]。

(5) 按组合方式分解，即将上述一种或多种方式进行组合对产品开发任务进行分解。例如，孔建寿等基于分布式项目管理技术、工作流管理技术，按照项目—子项目—任务—活动的方式，将协同产品开发项目分解成一系列相互关联的任务

和活动 [146]。庞辉和方宗德针对网络化协作产品开发任务,从项目协调的角度,提出了项目—任务—活动的任务分解层次结构,并从任务关联内聚系数、重用内聚系数、耦合系数等方面量化评价分解任务的粒度 [147]。晋国福和郭银章将产品协同开发工作视为一项总任务,按照功能与结构相结合的方式将总任务进行分解,直至不能分解为止,得到一系列子任务,并根据不同层级任务之间的关系,建立任务树结构 [138]。

通过任务分解可以得到一系列相互关联的任务。不同的任务具有不同的特点和要求,需要不同的开发主体协同完成。而任务之间的关联性将会增加参与不同任务的开发主体之间交互的复杂度,同时也增加了管理的难度。因此,针对分解得到的相互关联的任务,有必要按照任务之间的关联程度进行分组,也可称为组合或重组。下文将从任务分组方法和分组依据或准则两个方面阐述现有研究成果。

DSM 是用于解决任务分解和重组问题最常用且有效的方法 [148],该矩阵反映了产品开发任务及其相互关系。其中,矩阵的行列代表产品开发任务,行列的交叉元素代表任务之间的关联关系,如此将相互关联、分割较细的任务组合成一个较大的任务,从而指派给合适的开发主体或团队,便于开发主体之间的交流 [149]。

在 DSM 基础上,学者根据研究问题的特点,对 DSM 进行改进以及与其他方法结合,提出了多种任务重组和割裂的方法。比较有代表性的研究成果包括:Chen 和 Lin 在并行环境下,为提升产品开发团队的工作效率以及降低不同开发主体之间的交互复杂度,针对 0-1 DSM 只能表示任务之间是否存在联系,难以体现关联程度差异,提出了数字化设计结构矩阵 (numeric design structure matrix, N-DSM) 方法,将复杂耦合产品开发任务分解成多个易于管理和粒度较小的子任务组 [150]。Tang 等针对并行环境下的耦合产品开发任务,提出了有向图 (directed graph) 和 DSM 相结合的方法,用于对耦合任务进行重组。其中,有向图用于描述产品开发过程,DSM 用于描述产品开发任务之间的关系 [151]。周雄辉等考虑到产品开发任务之间关系的描述具有一定的模糊性,提出了模糊设计结构矩阵 (fuzzy design structure matrix, F-DSM) 用于描述开发任务之间的耦合关系,并提出了一种新的模糊数排序算法用于对产品开发任务进行重组和割裂,以实现在产品开发的初始阶段合理地规划任务以及便于协同设计支持多功能小组的协同开发 [152]。庞辉和方宗德根据车身并行设计的特点,提出了一种数字化车身设计流程图,采用有向图和 DSM 对车身设计流程进行优化重组 [153]。刘电霆和周德俭根据产品设计任务关系的特点,用区间数描述设计任务之间的信息关联程度,构建了区间数设计结构矩阵,按照任务之间信息关联程度对设计任务进行聚类,即将信息交互程度高的任务分成一个任务组 [154]。

对于产品开发任务分组的准则或依据主要是任务之间的信息依赖度 [143]。不同学者根据研究问题的不同，提出了不同的任务之间信息依赖度的量化指标。Liu 等根据分布式产品协同开发的特点，采用 N-DSM 方法以及任务信息关联度指标量化度量任务之间的关系，在此基础上，基于模块化和 Agent（智能体）技术将产品开发任务划分为多个模块，并分配给开发主体 [155]。杨友东等按照任务量均衡和任务组内任务耦合度较高的原则，采用遗传算法对产品自顶向下协同装配设计任务进行分组 [156]。赵晋敏等为全面地反映产品开发任务之间的信息依赖关系，提出了敏感度和可变度两个任务之间依赖关系量化指标，采用层次分析法对并行设计中的耦合任务进行割裂 [157]。刘天湖等面向不同类型的产品研发团队，提出了分组任务的不同准则。其中，对于专业性研发团队，根据产品开发任务之间的属性相似度，采用灰色关联度对耦合任务进行重组；对于功能性研发团队，提出敏感度、可变度以及任务量的耦合任务群分解方法 [139]。

1.4.4 需求变更请求决策方法

需求变更请求决策是复杂产品设计中变更响应的基础，只有对需求的变更请求做出准确决策，后续响应策略才有价值 [51,84,158]。国内外学者对此取得的有价值的研究成果主要如下所述。

Rios 等以飞机设计为例，分析了需求变更对整个过程的影响，并基于公理化设计原则提出了变更影响评估矩阵，论文所提方法定量化地分析了需求变更产生的影响，但是计算过程相对复杂，工作量较大 [159]。Goknil 等针对大型电子系统中的客户需求变更问题，建立了需求表达元模型，基于形式语义学分析需求之间的关联及影响，基于此开发了需求推断和一致性检查工具（tool for requirements inferencing and consistency checking, TRIC）以支持变更影响的分析 [84]。Wang 等针对大规模软件系统设计中的需求变更，提出了一种考虑部件耦合的变更影响仿真模型，该模型可针对具体的变更模拟出不同部件的变更概率分布，但是论文尚未给出针对变更问题的处理措施 [160]。El Emam 等以大规模系统开发中的需求变更问题为研究对象，总结了在处理变更问题时的难点，从客户行为及产品特性等方面分析了导致变更的原因，并提出了应对需求变更的建议 [158]。在对需求变更影响进行分析的基础上，Poortinga 以飞机的设计为例提出了基于成本驱动的需求变更分解模型，将需求按照飞机部件自上而下划分为结构、动力、功能等部分，通过对每一部分的分析确定需求变更是否可能增加设计成本，提高经济效益，如图 1.9 所示 [161]。

Fernandes 等基于大数据方法对航空航天器中的需求变更问题进行了统计，指出在航空航天器中，关于发动机方面的需求变更最多，这说明客户需求变更功能与零部件重要程度密切相关；此外，论文分析了导致变更的原因并针对变更问题提出了相应的对策 [162]。Oduguwa 等针对协同设计模式下复杂产品的需求变更请

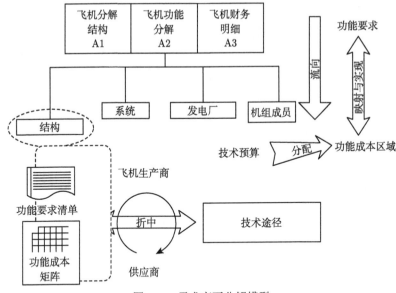

图 1.9　需求变更分解模型

求决策问题，提出了面向产品全生命周期的成本评价方法，该方法与文献 [53] 类似，均以成本作为决策指标 [163]。杨鹤标等通过分析与归纳需求之间的依赖关系，给出了需求依赖关系的依赖形式，基于此，采用回溯法来搜索和界定需求变更的影响范围，给出了变更影响的量化方法，然后从需求依赖关系的视角，设计了一个可以量化评估需求变更影响的算法 [164]。

在分析变更影响过程中，由于设计任务之间复杂的耦合迭代关系，变更传播不可避免，因而关于变更传播的研究也引起了国内外学者的兴趣。

Suh 等提出了基于公理化设计的变更传播方法 [165]，该方法对于结构简单的产品具有较好的应用效果，但是对于复杂产品而言，其工作量巨大。针对模块化产品定制生产中的变更传播问题，Mikkola 和 Gassmann 提出了一种柔性分析方法 [166]。Chen 等基于 DSM 提出了一种变更预测方法 (change prediction method, CPM)[167,168]。Cohen 等提出了一种变更偏好表达 (change favorable representation, C-FAR) 方法 [169]，该方法可有效表示变更的潜在形式。Reddi 和 Moon 在供应链环境下提出了一种动态模型来研究供应链成员之间的复杂关联关系，进而为变更传播过程分析提供支持 [170,171]。

1.4.5　产品再配置方法

由于复杂产品自身结构的复杂性，模块化设计是降低设计任务复杂度，提高设计效率的有效方式 [172]。当客户需求变更时，可通过模块参数的调节快速实现变型设计 [173,174]。围绕这一方式，国内外学者进行了大量研究，代表性研究主要如下。

Georgiopoulos 等在产品功能约束下以最大化产品经济效益为目标提出了一种产品组合优化策略，该策略在不确定或动态的客户需求下可有效提升企业在产品再配置中的收益，降低客户需求的动态性对企业的影响[175]。

Freuder 等通过对客户提前设定的约束优先级来衡量配置解的优劣，当客户需求需要变更时，通过协商达到双方满意[176]。

Simpson 等在研究了相似产品间的可选择性的基础上，通过相似产品通用模块之间的调用实现产品配置方案的调整，并将产品族配置方法归纳为两个方面：一是产品族中模块的变更或组合设计（module-based），二是各种功能或特征参数的调整（scaling-based）[177]。

另外，Fujita 和 Yoshida 将模块设计与参数调整作为产品族配置优化时两个独立的变量，根据变更程度的大小实时选择不同的优化变量[178]；Weiss 和 Schmidt 以效益最大化为目标，提出了产品再配置中的可实施方案[179]；Suh 等通过蒙特卡洛（Monte Carlo）仿真过程建立了柔性的产品平台，基于此，设计者可快速实现对所需零部件的搜索匹配[165]。

在国内方面，陈珂等针对网络化制造的复杂产品再配置问题，在概念模型的基础上，分析了基于版本模型的部件、配置模型演化方式以及两者在演化过程中的相互影响；然后给出了在集成产品配置的产品数据管理系统中对部件演化和模型演化进行跟踪与记录的方法，以实现产品再配置[180]。

王世伟等在分析产品配置的动态性、说明产品再配置的客观需求以及产品配置与产品再配置不同的基础上，提出了配置模型和配置单元演化的版本向上传播规则以及理想配置环境的三个不同层次，指出最理想的配置环境是能够描述配置模型的差异，并在不同时间对已配置产品进行再配置，最后给出了一个产品再配置的实现算法[181]。

苏楠等为了在扩大产品配置空间、争取最优解的同时，提高配置效率，快速消解领域知识耦合过程中的矛盾，提出了一种基于可拓挖掘的产品方案再配置方法；该方法以物元对的形式表示配置方案，通过计算不同物元对之间的传导效应，将一般性的配置知识转化为传导知识；基于此，定量化衡量方案变换过程的可配置程度，揭示可拓变换对产品结构、性能和功能的影响，从而对配置过程中的可变知识加以分析、提取和利用，生成能够满足设计要求的可变方案[182]。

吴伟伟等在分析当前三维参数化设计技术的基础上，结合计算机辅助设计（computer aided design，CAD）系统、参数化思想和层次型数据表技术，提出了一种产品级的参数化变型设计方法；利用 SolidEdge 变量表、Access 数据库和 VB 语言，开发了基于 SolidEdge 的产品参数化变型设计系统[183]。

徐新胜等在动态客户需求下，通过分析零件实例重用引起的尺寸约束冲突，提出基于尺寸变化概率和零件变型需求的尺寸约束冲突转移与延迟解决方案，并给出了尺寸变化概率和零件变型需求的统计模型；然后针对零件实例重用引起的客户需求损失提出定制特征指标的补偿作用，并以田口质量损失函数为基础构建了改进的客户需求损失综合模型[184]。

郭于明和王坚提出一种复杂产品开发网络中变型设计节点方案评价方法，首先使用评价指标，即节点集介数、信息度和网络聚类系数综合描述变型设计节点集的网络特性；然后结合变型设计的时间与资源约束条件，使用离散粒子群算法优化变型设计节点配置，使得变型设计节点方案能满足控制变型设计传播需求[185]。

1.4.6　设计任务再分配策略

在产品配置方案确定后，为快速完成设计任务，对设计任务进行合理有效的规划极其重要[186-188]。对复杂产品而言，由于结构的复杂性和约束的多变性，其设计任务往往处在动态的环境中，因而其设计任务大多以动态调度为主要的优化方式[189-198]。对此，国内外学者取得的代表性研究成果主要如下所述。

Lapègue 等在固定的设计任务前提下，以最小化设计人员工作负荷为目标，提出了设计任务公平调度标准（shift-design personnel task scheduling problem with an equity criterion, SDPTSP-E)[199]。

Jiménez 等针对雷达设计中的任务调度问题提出了包含任务优先序列分析（task priorisation）、算法设计 (scheduling algorithm) 以及时间规划 (temporal planning) 的调度模型，并开发了算法验证平台用以评价雷达设计中不同情形下的调度方案的优劣[200]。

Guo 等针对复杂无线传感产品的并行设计问题提出了一种自适应任务调度策略，该策略基于复杂无线传感产品系统的多 Agent 结构构建多目标联合优化数学模型，并给出了离散粒子群优化算法对其求解[201]。

Castro 等对大型复杂装备设计中的多目标任务调度问题进行了研究，提出了基于统一时间网格的连续型时间表达方法，该方法不但可以表示短期性的任务调度问题，也适用于周期性的任务动态规划，并分别提出了混合整数非线性规划（mixed-integer nonlinear programs）和混合整数线性规划（mixed-integer linear programs）方法对其求解[202]。

邢青松等以复杂产品设计中的协同设计任务为对象，考虑当设计过程中出现扰动事件时，在分析扰动事件特征的基础上，提出了基于事件–周期混合驱动的设计任务动态协调策略，以最小拖期惩罚和最小化最大完成时间为目标函数，构建考虑突发事故的产品协同设计任务协调效率模型，并采用任务设计序列和主体相融合的双层编码策略设计了模型的自适应多目标算法求解流程[189]。

陈圣磊等针对协同设计任务再分配问题提出了优化的 Q 学习算法，首先建立任务调度问题的目标模型，在分析 Q 学习算法的基础上，给出了调度问题的马尔可夫决策过程描述，然后针对任务调度的 Q 学习算法更新速度慢的问题，提出了一种基于多步信息更新值函数的多步 Q 学习调度算法[203]。张金标和陈科针对此类问题提出了一种具有自适应功能的蚁群算法，该算法通过设计一种路径选择机制来提高蚁群路径的多样性[204]。同样地，针对这一问题，吴晶华等提出了一种基于遗传算法和模拟退火算法的混合算法，该算法采用二维结构的矩阵编码、精英保留策略以及灾变算子来提高算法的种群质量及收敛速度[205]。

任东锋和方宗德针对并行设计中任务调度的特点，综合考虑并行设计所涉及的企业运作的具体因素和约束，以模糊集理论为基础，给出了一种建立并行设计过程模糊设计结构矩阵的方法，提出了基于"任务影响度"的耦合任务集内任务执行调度算法；综合考虑并行设计中子任务和团队内成员的各种动态、模糊和非量化因素，建立了子任务和团队内成员之间的平衡矩阵，并利用匈牙利算法和遗传算法，按不同情况给出了子任务到团队内成员的分配方法[206]。

周雄辉等以注塑产品为对象，基于模糊设计结构矩阵描述设计子任务的耦合关系，并提出了新的模糊排序算法指导设计过程的分解与重组策略；然后，基于综合能力、兴趣和时间约束分配设计任务，并根据协同设计过程的并行度与耦合度测定，提出了新的协同设计任务分配的时间分配策略[152]。

蒋增强等提出了基于多目标优化的产品协同开发任务调度理论，并在此基础上提出了多目标优化调度的综合指标确立方法；然后针对调度问题的求解特点，提出了基于混合微粒群算法的任务调度算法[207]。

张永健等综合考虑项目时间最短、完成质量最高及设计人员负载均衡等建立多目标优化的数学模型；在此基础上，为提高横向搜索能力以获得多样性解，提出了基于病毒进化机制的求解算法，其中引入多种群思想以使算法适用于多目标问题，并采用非支配排序保证算法全局搜索能力[208]。

1.4.7　设计资源再调度方法

快速合理的资源调度是复杂产品设计任务高效进行的必要保障[209-212]。为此，国内外学者针对设计过程中的资源调度问题进行了一定研究。其中，针对此问题的相关外文文献研究成果主要如下。

Khattab 和 Choobineh 针对单一资源的调度问题，在比较分配优先序列的基础上提出了多参数的启发式求解方法[213,214]。在此基础上，Belhe 和 Kusiak 考虑了资源之间的耦合关系，并以功能集成定义（integration definition for function 3，IDEF3）语言对其加以描述[215]；然后，针对并行设计任务的有限资源调度问题，建立多维渐缩模型，将多维问题转化为单维问题，使得在客户需求变更等扰动事件下，能够得以快速响应[216]。

Colton 和 Staples 在复杂产品设计的初始阶段基于质量功能展开（quality function deployment，QFD）以及线性规划方法优化设计成本及设计空间，以提高设计任务的可并行性，进而提高设计效率；同时，通过对需求的分解，使各个设计者可清晰把握需求，进而将设计偏差降到最低 [217]。

Guikema 在并行设计资源调度问题中，考虑了设计者由利益、隐私或合同导致的信息屏障问题，为此，提出了基于 Vickrey-Clarke-Groves 机制的纳什均衡模型，希望通过该模型达到在资源调度中的利益均衡，进而保证整个过程的整体效能 [218]。

Qiu 等从降低风险的角度研究了在协同设计环境中的多资源调度问题，提出了基于偏差和等级的成本效益函数，以此作为资源调度中的利益相关者的决策依据 [219]。

Sharkh 等针对复杂产品设计资源调度中的大数据处理问题，提出了基于云计算的数据计算方法。该方法不但可以分析资源调度中出现的各类扰动事件，还可根据扰动事件的特征快速匹配相关的信息，并辅以相应的资源调度算法，继而完成资源的分配任务 [220]。

Wilhite 等研究了武器系统设计中的资源调度问题，在此类产品中，更看重设计效率，而设计成本约束可忽略，在此条件下，作者从战备状态和日常状态出发，分别提出了资源调度的多目标分配模型 [221]。

国内相关研究成果主要如下。

齐峰等通过建立设计资源的分层多视图可重用模型，实现了将设计资源的底层结构信息与高层特征信息、结果信息和过程信息相互集成。设计资源库是进行设计资源的可重用模型组织和管理的有效途径，设计者可以根据重用的层次查找和浏览可重用设计资源，为可重用设计和配置设计提供可操作的数据平台 [222]。

蔡鸿明等通过采用分层语义网络结构提出了一种提高资源关联性及利用率的资源库系统模型；网络模型的基本节点为基于二进制大对象 (binary large object, BLO) 的设计资源元，以适应分布式资源抽取及数据库存储的要求；在四类语义关系的形式化表述的基础上构造分层语义网络，建立了资源组织、管理的逻辑模式；然后，提出了覆盖资源特征及功能描述等的资源元相似度计算方法，实现了联想导航及评价筛选算法。该模型开发的系统已在实际企业中应用并集成，增强了设计资源数据间的关联性，提高了利用率 [223]。

叶友本等针对分布式环境下设计资源动态调度问题，提出一种基于变区域激活的任务调度机制；在信任度、可靠性、负载率、复杂度等概念的基础上，运用基于有序加权平均算子的多属性决策方法定义变区域激活任务选人原则；然后采用离散粒子群算法，给出了分布式设计资源动态调度问题的数学描述和粒子适应度计算方法，为防止扰动事件引起调度失败，设计了局部更新变区域平移策略，通过粒子进化和变区域平移，实现分布式设计资源动态调度序列的快速求解，进而提高了设计资源的重用效率和准确性 [224]。

郭银章和曾建潮针对具有时间属性的产品协同设计过程资源约束的可调度性问题,采用时间约束佩特里网理论提出一种产品协同设计过程资源约束网模型,定义了具有单一资源库输入和多个资源库输入的设计活动变迁的可调度性概念及其判定规则。把协同设计的资源约束可调度性划分为弱可调度和强可调度两类,通过引入变迁序列的标记到达资源库时间上下界的概念,给出了产品协同设计过程资源约束的可调度性规则及算法 [225]。

王要武和成飞飞以产品设计信息约束条件下设计活动的资源管理和优化为中心,提出基于模糊时间有色工作流网的建筑产品设计过程资源管理模型的数学表达形式,加强了资源管理模型对系统动态模糊时间约束关系的支持,解决了对建筑产品设计过程资源管理的仿真和优化的关键问题 [226]。

尹胜等提出了一种能促进资源快速共享和高效利用的基于资源池模型的网络化协同产品开发资源集成服务框架,并探讨了其中基于 Web 本体语言的网络化协同产品开发资源描述机制,以及基于扩展的统一描述、发现和集成协议的网络化协同产品开发资源集成服务机制;研究了采用双层过滤机制的语法级与语义级相结合的三层搜索匹配算法等关键技术 [227]。

何斌等提出了一种以设计任务为核心的、基于无中介环节动态联盟和分布式概念设计知识资源的共享策略及相应的实现方法;其中包括基于功能矩阵的虚拟原理解知识资源的表达结构、分布式设计知识资源的动态联盟框架及共享机制、概念设计混合知识资源的注册、发布、存储、重组、定位和求解方法,以及 XML 的原理解数据交换模式,并在此基础上研制了一个利用分布式资源支持产品概念设计的计算机辅助平台原型 [228]。

贾红娓和唐卫清提出了协同设计人机交互资源模型。该资源模型中的信息资源既包含支持设计者本地工作的设计资源,又包括支持协同工作的协同资源。为降低设计者的认知负担,提出了协同设计系统中信息资源的优化配置原则,给出了如何配置协同资源以影响设计者本地的设计流程,以及降低设计者认知负担的策略 [229]。

马军等针对产品快速响应设计中零件资源的可重用需求,建立了扩展 ISO 13584 标准的通用零件模型,该模型通过基于标准元模型的描述层,实现了零件资源一致性的语义描述;通过引入操作层,实现了零件资源在具体应用环境中的功能扩展,并给出了零件资源面向对象的零件族分类组织结构,针对面向对象资源检索中需求域不明确的问题,通过相似性匹配度并结合零件族分类位置权重,给出了覆盖需求域的零件族逐步定位算法,优化了零件资源检索的过程,该方法在一个面向快速响应设计的 Web 零件资源共享平台上得到了有效的应用 [230]。

1.4.8　研究现状总结

综观现有研究成果，关于复杂产品设计中需求变更响应是国内外众多企业中亟待解决的工程难题，因而其在学术界引起了极大的反响，并逐渐成为当前研究的热点问题。为此，国内外学者展开了大量研究并取得了一定成果。而今，复杂系统理论相关学科，如复杂网络理论、大数据技术及云计算技术等的不断发展，为需求变更下的复杂产品设计研究提供了更广阔的理论支撑。但是，由于问题的高度复杂性，当前大多数研究成果只针对其中某个或局部问题展开，尚未形成一套系统的理论技术体系。

基于上述分析，当前国内外对复杂产品设计中需求变更响应问题的研究成果可总结为以下几个方面。

(1) 需求变更在复杂产品设计过程中难以避免，而且大多数变更都会对设计过程产生一定影响，合理的响应策略是降低变更影响的有效手段，因而针对此问题的研究已逐渐成为该领域研究的热点，然而受当前设计过程中分析方法的制约，当前仍然缺乏系统完善的方法体系为需求变更响应提供支撑。

图 1.10 和图 1.11 从每年论文发表数量以及引文数两个方面反映了国内外学者在"WoS""EI""中国知网""Google 学术"等主流学术成果数据库中对上述问题的研究成果统计趋势。从图中可以看出，近年来国内外关于客户需求变更问题的研究成果不断增多，这得益于复杂系统理论的长足进步。然而，新成果的不断涌现同样说明针对该问题的研究尚未完善，仍存在一些关键问题需要解决。

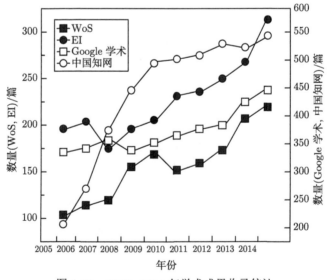

图 1.10　2005~2014 年学术成果收录统计

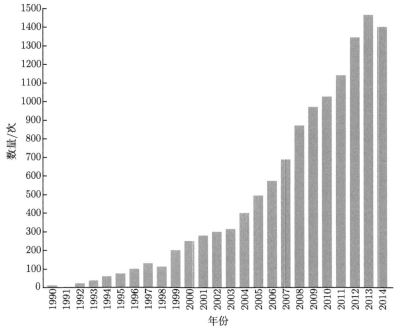

图 1.11   论文相关研究成果的引文数量统计

(2) 针对客户需求变更做出准确决策是提高复杂产品设计响应方案准确性的基础。当前，基于客户需求变更影响的决策方法是国内外学者普遍认可的一种有效途径；然而如何准确表达复杂系统内部关联及其动态演化关系，实现对变更影响的全面评估，仍是一个极具挑战性的难题。

在现有研究成果中，针对客户提出的需求变更，大多通过分析需求变更对复杂产品设计过程的影响展开。为此，一系列分析方法如 DSM、设计关联矩阵（design relationship matrix，DRM）、佩特里网技术等以及相关改进方法均被用来表达复杂产品设计过程中的关键要素在变更发生后的变化过程。然而，类似 DSM、DRM 以及佩特里网技术等方法，对于分析内在关联的"有或无"即"0 或 1"问题具有比较好的应用效果，但是由于复杂产品的高价值集成，对其设计过程要素关联关系的分析要求更加精确，此时 DSM、DRM 等方法显然无能为力；而且，由于复杂产品设计过程中需要处理的数据量庞大，DSM、DRM 以及佩特里网技术等方法在计算过程中工作量较大；此外，产品设计过程具有动态性，而大多现有方法在分析过程中难以反映这一特性；基于上述原因，如何进一步提高复杂产品设计中客户需求变更的决策的准确性与全面性仍然是一项极具挑战的问题。

(3) 快速、准确地实现复杂产品再配置是提高客户需求变更响应效率的关键；然而由于复杂产品特性之间关联的复杂性，构建具有更高效率和全局最优性的再配置模型及其求解方法仍是一个亟待解决的问题。

针对复杂产品配置优化问题，国内外学者都展开了一系列研究，并取得了丰硕成果。然而在动态需求下的产品再配置优化方面有价值的成果相对较少。一般地，在复杂产品再配置优化问题中，为满足零件特性的更改要求，首先应该对变更零件类别加以定位。针对复杂产品配置模块化特征，零件的通用性分析对零件类别定位显得至关重要。当前产品零件通用性分析大多基于零件模块的使用数量展开，这对于零件数量多、定制化程度高的复杂产品而言，并不能完全反映零件自身的通用性。在零件分类的基础上，为实现零件特性的调整，当前学术界的共识是以模块化为设计方式，通过产品族内通用模块参数的调整或尺寸约束冲突的消解来提高其配置效率，这种方法对于当客户需求变更程度较小且产品零件特性关联较简单时效果明显。然而，当零件特性关联较复杂时，如果仍然采取这一模式，便容易制约零件搜索效率及参数调整的准确性，进而使得复杂产品配置方案的全局优化效果及其设计效率受到影响。

(4) 科学的设计任务再分配方法是准确确定设计任务完成时间的关键；然而，在不完全精确信息条件下，针对如何提高设计任务分配过程中对需求变更这一异常因素的预知能力与实时处理能力，在尽可能提高再分配问题处理效率的同时，保证设计任务分配方案的全局最优性方面的研究仍鲜有有价值的研究成果。针对设计任务分配问题，国内外学者研究成果可归纳分为两个方面：一是针对调度优化模型的研究，二是针对调度模型求解策略的研究。其中，大多数研究是基于现实条件中的精确值展开的，而在动态的环境下，尤其对于复杂产品设计过程而言，如任务执行时间、完成时间以及交付期等都难以精确保证，即存在一定的模糊性；与此同时，现有任务分配策略更加强调当异常事件发生时的协调效率，而对于设计任务分配方法本身对异常事件预知能力的提升缺乏足够考虑。因此，在不完全精确信息条件下，研究兼有异常因素的预知能力与实时处理能力的复杂产品设计任务分配方法具有重要的现实意义。

(5) 合理的设计资源的再分配方案是设计任务得以正常进行的基本保障，也是进一步明确产品设计完成时间和变更成本的重要参考；由于复杂产品设计资源调度的紧迫性，如何提高紧缺型资源调度效率及调度方案的全局最优仍是一个值得进一步研究的问题。

虽然国内外学者针对生产中的资源调度问题进行了大量研究，然而，大部分研究都在稳定的生产环境下进行，考虑客户需求变更甚少，纵观现有相关有价值的研究成果，当客户需求变更发生时，大多研究从局部的资源调度入手，这在一定程度上优化了决策结果。但是，这些均忽略了局部资源特别是紧缺型资源调度对整个设计过程的影响。事实上，由于各设计任务之间的关联，当改变其中某一任务或子系统状态时，与之相关联的任务或子系统同样可能发生变化。也就是说，在客户需求变更下，当前研究大多数为局部最优，当设计过程较复杂时，难以保证全局最优。在此条件下，如何提高资源调度效率及调度方案的全局最优仍是一个值得进一步研究的问题。

1.5 研究内容和框架

围绕知识驱动的协同创新方法技术体系及其中的关键问题，本书各章节主要内容如下。

第一篇为绪论，包含第 1 章。

第 1 章为知识驱动的产品协同设计与创新概述。首先阐述了研究背景和协同产品创新过程，提出了研究的关键问题；其次，综述和总结了国内外关于协同创新的相关研究成果。并在此基础上，明确了研究的主要内容和框架，提出了研究创新点。

第二篇为产品协同创新中的知识与任务管理，包含第 2 章至第 5 章。

第 2 章为多主体协同的模糊前端创新知识获取与表达。首先界定和阐述了创新知识的相关概念；其次，建立了基于模糊认知和分析的创新前端知识获取过程模型；再次，分析了考虑知识粒度的创新知识一致性表达；最后，对本章研究内容进行了实例应用分析。

第 3 章为面向产品创新要求的协同创新网络构建。首先提出了选择协同创新客户的评价指标体系，建立了产品创新要求和评价指标之间的 HOQ 模型，采用模糊评价语言描述两者之间关联程度、产品创新要求重要度以及评价指标之间的依赖程度；其次，提出了模糊综合加权平均法和 α-截集相结合的方法确定合理的评价指标权重；再次，在此基础上，采用 DEA 法确定客户在各评价指标上的评价值，然后与评价指标权重综合，得到客户综合评价值及排序；最后，通过案例分析验证本章研究的有效性。

第 4 章为考虑主体知识模糊性的协同创新任务匹配。其主要包含分解方法、匹配方法、匹配模型、模型求解，并通过实例分析验证本章研究的有效性。

第 5 章为多主体创新贡献评价方法。第一，提出了基于任务分解思想的创新贡献度概念及测度过程和思路；第二，提出了度量客户对最小任务单元——活动贡献度的尺度和方法；第三，提出了综合 FEAHP 法和 DEA 法的任务相对上一级任务的重要性度量方法；第四，在此基础上，综合客户对活动的贡献度、活动相对任务以及任务相对产品创新的重要程度得到客户对任务和产品创新的贡献度；第五，通过案例分析验证本章研究的有效性。

第三篇为产品协同创新中的变更响应，包含第 6 章至第 10 章。

第 6 章是产品设计中客户需求变更响应过程模型及其关键问题分析。首先提出了协同创新变更响应的总体研究思路；然后分析了客户需求变更下产品设计基本特征；基于此建立了产品设计中客户需求变更响应过程模型；针对快速响应模型中的关键技术，从客户需求变更请求决策、复杂产品再配置、设计任务再分配以及设计资源再调度等四个方面展开深入研究。

第 7 章是产品设计中客户需求变更请求决策。首先构建了客户需求变更请求的决策过程模型；根据该过程模型，基于复杂网络理论研究了变更的传播模型；具体地，根据复杂产品零部件的关联关系，构建了复杂产品结构网络模型，并对其基本参数进行了分析；基于上述研究，提出了综合反映网络拓扑结构、网络收敛时间及网络经济效益的评价指标，以系统评估客户需求对全局的影响；然后，根据评价结果对客户需求进行决策；最后，通过案例分析验证本章研究的有效性。

第 8 章是面对客户需求变更的产品再配置。首先基于复杂网络理论提出了零件全局通用性分析方法，基于此实现了对零件的科学分类；然后，构建了基于组件相似性优先级的产品再配置过程模型；基于此，针对通用件再配置问题建立了自上而下（up-bottom）-自下而上（bottom-up）混合再配置 (UB-BU) 模型，给出了其中的上层规划及下层规划优化模型，并给出了基于嵌入双层迭代比较规则的混合遗传算法；针对定制件再配置问题，根据越大越好（higher is better，HIB）和越小越好（smaller is better，SIB）原则分别构建了不同的再配置模型；最后，通过案例分析验证本章研究的有效性。

第 9 章是面向客户需求变更的产品设计任务再分配。首先基于设计任务特征建立了需求变更下的考虑产品设计任务模糊性的动态调度数学模型，给出了相关基本定义及假设；然后，提出了基于事件–周期混合驱动的设计任务再分配策略，包含动态调度窗口定义、混合调度流程以及多目标自适应任务分配算法；最后，通过案例分析验证本章研究的有效性。

第 10 章是面向客户需求变更的产品设计资源再调度。首先建立了需求变更下的产品设计资源调度模型，给出了相关基本定义及假设；然后，提出了基于滚动优化的设计资源调度模型求解策略，包含滚动窗口定义、资源调度流程以及多目标自适应资源调度算法；为提高资源调度效率，提出了基于网络脆弱性的任务重要度评价方法；最后，通过案例分析验证本章研究的有效性。

第四篇为本书总结，包含第 11 章。

第 11 章是总结，主要包括研究内容、成果及其创新性。首先是在一般正常环境下，以知识获取及挖掘为基础，阐述了协同创新中的关键问题如协同伙伴选择、任务分配以及创新贡献度评价等；此外，针对可能存在的设计需求变更，进一步总结了面向变更的响应决策方法体系。

1.6 研究创新点

本书对协同产品创新过程及过程中的协同创新客户选择、产品创新任务分解与分组、产品创新任务与协同创新客户匹配以及协同创新主体贡献度测度等关键问题进行深入研究，并试图对产品设计中客户需求变更响应模型及其关键问题进行研究，其总体目标为：对产品设计中客户需求变更响应问题加以分析和梳理，建立一套较为系统的、科学的需求变更快速响应方法体系；在此基础上，对模型中的若干关键技术、客户需求变更请求决策、产品再配置、设计任务再动态分配以及设计资源再调度等展开深入研究，提出相应的分析方法并建立相应模型。期望达到以下目的。

(1) 分析协同产品创新过程及其所包含的内容，从总体上提出解决协同产品创新过程中关键问题的研究框架。

(2) 提出综合考虑产品创新要求和协同创新客户自身特点的协同创新客户选择方法，以解决企业如何选择合适的协同创新客户的问题。

(3) 提出合理的产品创新任务分解方法，量化任务之间的关联程度，建立任务分组模型，提出模型求解方法，给出任务分组方案，以促进参与同一任务组的创新主体之间协同效率的提升，降低参与不同任务组的创新主体之间协同的复杂度。

(4) 提出基于任务分组的产品创新任务与协同创新客户匹配方法，建立产品创新任务与协同创新客户匹配模型，提出模型求解方法，给出两者匹配方案，以实现产品创新任务与协同创新客户的合理匹配。

(5) 提出协同创新客户对产品创新贡献度量化测度的思想，提出量化度量协同创新客户对产品创新贡献度的方法和过程，以解决协同创新客户贡献度如何量化的问题。

(6) 构建客户需求变更下的复杂产品设计响应过程模型，从总体上给出解决该问题的理论方法体系，为工程实践提供理论支撑。

(7) 提出客户需求变更对复杂产品设计过程的影响分析方法，构建变更传播过程模型，在此基础上，实现对客户需求变更请求的合理决策。

(8) 基于需求变更请求决策结果，构建复杂产品的快速再配置模型，以尽可能高的效率实现产品再配置方案。

(9) 根据复杂产品再配置方案，构建产品设计任务再分配模型，提高设计任务执行效率，以初步明确产品设计任务完成时间。

(10) 基于设计任务的调整，构建全局最优的设计资源再调度模型，为设计任务的顺利开展提供保障，以进一步明确产品设计任务完成时间和变更成本。

1.7 本 章 小 结

本章阐述了研究背景和协同产品创新过程，提出了协同创新的关键问题，综述和总结了国内外关于客户协同产品创新、产品协同开发中的协同伙伴选择，产品协同开发任务分解、分组与分配，以及协同创新客户价值分析的研究成果，并对国内外客户需求变更请求决策、产品再配置、设计任务再分配以及设计资源再调度等方面的研究现状进行了综述，随后阐述了本书的研究内容和框架，最后介绍了本书的研究创新点。

第二篇
产品协同创新中的知识与任务管理

第 2 章　多主体协同的模糊前端创新知识 获取与表达

2.1　引　　言

随着协同网络平台技术的发展，一种在企业自身开发基础上，充分发挥客户创造力和以客户为重要创新源泉的新型产品开发模式[27]——多主体协同产品开发，已逐渐成为学者的研究热点。从美国 Thomke 和 von Hippel 提出客户协同开发模式至今[88]，国内外学者应用组织创造力理论、创新扩散理论和创新知识理论等对其进行多方面研究并取得了许多成果，包括协同开发概念及框架、协同开发中的知识管理与集成和多主体协同产品开发平台等[231]。但上述成果主要为协同开发构建了理论框架，在实践中还有诸多具体问题有待进一步研究。

在多主体协同产品开发过程中，客户的参与主要集中在产品开发初始阶段[232]——模糊前端（fuzzy front end，FFE）。在多主体协同产品开发 FFE 阶段中，不同知识背景的开发主体在不同活动中生成的创新知识新颖性、发散性和模糊性程度不同。如何采用科学有效的方法准确获取不同特征的创新知识，为激发客户、设计人员和专家等产品开发主体的创新提供有力支持，进而提高企业创新水平，已成为企业亟待解决的重要问题之一。

通过文献检索得知，多主体协同产品开发中知识管理领域的研究成果主要集中在知识创造力影响因素分析[232]、客户知识的管理与集成[112,233]以及知识共享[103,234]等方面，针对多主体协同产品开发 FFE 阶段创新知识获取还缺乏深入研究，在此领域研究的难点如下。

在创新知识表达中，发散性和新颖性程度不同的创新知识对表达的详细程度有不同需求，常用知识表达方法缺乏对该需求的考虑，难以实现不同创新知识的准确表达。

创新知识的模糊性会影响概念相似度度量结果的准确性，相似度度量中需考虑其模糊性的度量值能为判定是否获取创新知识提供量化依据。

针对上述问题和难点，本书拟在对多主体协同产品开发 FFE 阶段创新知识的特征进行详细分析的基础上，提出一套可以实现不同创新知识准确表达和分析的知识获取技术方案，以期解决多主体协同产品开发 FFE 阶段创新知识难以准确获取的问题。主要研究内容包括在明确创新知识内涵的基础上，结合模糊概念分析与本体理论，针对发散性与新颖性程度不同的创新知识，提出考虑知识粒度的知识表达方法，针对创新知识的模糊性提出基于模糊认知图的创新知识模糊本体相似度度量方法。

2.2　创新知识基本概念和特征

产品开发领域中知识获取方法是否准确关键在于是否对获取对象进行了清晰界定。杨洁等[112]提出了基于本体理论的客户知识获取及集成方法；刘征等[235]在分析创新知识的形成和特征的基础上，提出了基于知识流本体的产品创新知识获取方法。然而，在多主体协同产品开发 FFE 阶段的研究中，尚未见有对 FFE 阶段创新知识的内涵进行清晰界定。

基于此，为明确多主体协同产品开发 FFE 阶段创新知识内涵，本书首先对该阶段创新知识进行定义；然后在此基础上详细分析该阶段的创新知识特点，为创新知识获取方法的研究提供依据。

2.2.1　创新知识的定义

在产品开发领域，学者从不同角度对创新知识的定义提出了不同观点。刘征等[235]从知识状态的角度将创新知识划分为静态的理论知识和动态的新知识。张庆华和张庆普[236]从创新知识生成主体的角度提出该阶段创新知识包括客户拥有的知识，以及客户与研发团队交互中产生的创新知识。姜娉娉等[237]从产品开发过程的角度提出该阶段创新知识包括产品方案知识、设计知识、过程处理知识、产品匹配知识和方案评价知识。上述观点为在多主体协同产品开发中 FFE 阶段创新知识的界定提供了借鉴。

然而，相比一般产品开发，多主体协同产品开发更强调客户的参与，特别是在多主体协同产品开发的初始阶段——FFE。多主体协同产品开发中 FFE 阶段是指客户创新转化为产品概念的过程，该过程包括机会的识别与选择、创新生成、创新筛选、产品概念生成等一系列活动[238]。在这一阶段，考虑创新知识主要来自客户和设计人员，本书从创新知识生成主体和生成过程的角度[236,237]，将多主体协同产品开发 FFE 阶段的创新知识定义为产品开发主体在机会的识别与选择、创新生成、创新筛选、产品概念生成等各项活动中生成的创新知识体系，该创新知识体系包括市场分析方案、产品构想、决策知识、产品概念方案等，用于激发创新涌现、促进概念生成、验证创新可行性。

2.2.2　创新知识的特征

根据多主体协同产品开发 FFE 阶段创新知识的定义，与一般设计知识相比，创新知识具有实时更新性强、初始表达方式多样且模糊、更具发散性、新颖性和原创性强等特点。

1. 实时更新性强

就创新知识自身演化而言,刘征等[235]指出创新知识根据自身需要持续产生,知识空间随之扩展和深入,因此创新知识具有不断变化、更新、扩展和深入等特征;就创新知识生成特点而言,多主体协同产品开发 FFE 阶段以客户创新为驱动,客户创新的快速变化导致 FFE 阶段创新知识需实时更新。

2. 初始表达方式多样且模糊

不同知识背景的产品开发主体对其构想有不同的表达方式。在多主体协同产品开发 FFE 阶段中,生成创新知识的主体不仅包括企业内部设计人员及领域专家等,还包括企业外部知识背景更加复杂和多样的客户,因此,该阶段创新知识的初始表达具有多样性。另外,由于创新知识的语言言表达具有模糊性,尤其是缺乏专业化、语言统一化的客户创新构想,其模糊性相比一般产品开发 FFE 阶段更为突出。

3. 更具发散性

相比一般设计知识,创新知识受企业历史产品知识的约束程度低,不限于产品结构的可实现性,而是重在依据其他领域知识来打破原来固有模式,特别是客户创新知识,由于客户的知识背景多样且复杂,创新知识内涵及所涉及领域更广且更具有发散性。值得注意的是,由于 FFE 阶段各活动任务及参与主体的不同,不同阶段创新知识发散性强度有所区别。

4. 新颖性和原创性强

创新知识重在突破旧有模式从而具有新的指引性,其本质在于具有新、特殊和应用价值等特点。相比一般设计知识,创新知识新颖性和原创性更强。同样需要注意的是,FFE 阶段各活动的创新知识新颖性和原创性强度也不同,Howard等[239]根据创新设计各阶段的创新输出(包括创新知识)新颖性、原创性等特点,将创新输出分为原创型、适应型和变型三类。

然而,具有上述特征的多主体协同产品开发 FFE 阶段创新知识在激发创新的同时,也给该知识获取的准确性带来了挑战。例如,当发散性强的创新知识与创新知识库中的知识相似性较低时,若按常用获取原则,将容易失去有价值的创新知识,影响创新知识获取的质量。因此,如何针对发散性、新颖性和模糊性等特点,分析并提出满足创新知识表达不同的详细程度需求的知识获取方法,进而提高知识获取的准确性,成为多主体协同产品开发 FFE 阶段迫切需要解决的问题。

2.3　基于模糊认知和分析的创新前端知识获取过程模型

总结知识获取研究成果, 可将其分为计算机科学领域中一般知识获取与应用领域中客户知识 [112] 和创意知识 [235] 等获取的研究成果。一般知识获取的研究成果为创意知识获取方法研究提供了技术参考, 其研究成果主要体现在基于本体理论 [240-242]、基于形式概念理论 [243,244] 和基于本体与形式概念分析结合 [245,246] 三个方面; 其中本体理论与形式概念分析相结合的知识获取方法充分利用了形式概念格的可视化优势和本体语言的统一性, 是目前知识获取方法的研究热点。在应用领域, 针对如何获取客户协同产品开发 FFE 阶段创意知识的研究成果比较缺乏, 若直接采用一般知识获取方法对具有上述特征的创意知识进行获取, 容易失去有价值且创造性高的原创性创意知识。基于此, 作者结合上述创意知识特征, 对现有知识获取技术进行改进, 提出创意知识获取过程及关键技术, 以实现创意知识准确获取。

创意知识获取的核心步骤在于知识的表达和知识匹配, 根据上述客户协同产品开发 FFE 阶段创意知识的分析结果, 为提高创意知识获取的准确性, 不同发散性和新颖性的创意知识对其获取方法提出了新要求, 包括如下几个方面。

(1) 针对不同发散和新颖程度的创意知识, 采用统一的表达方式对其进行不同详细程度的表达。

(2) 考虑创意知识模糊性对其概念相似度进行度量。

文献 [84, 247-249] 提出了模糊概念分析方法, 通过构造模糊概念格和模糊本体实现模糊概念的统一表达, 但其未区别对待不同发散和新颖程度的创意知识。考虑知识粒度是在推理上具有类似性和相似性的数据集合, 不同粒度的引入有助于从不同层面看待创意知识数据集合概念的关系来寻求问题的解 [246]。基于此, 本书将粒度计算的思想引入客户协同产品开发 FFE 阶段创意知识表达中, 提出考虑粒度的创意知识表达方法, 以通过影响模糊概念表达中概念格的节点聚类和层次来实现不同创意知识的表达。

在知识匹配中, 即知识本体相似度度量中, 采用贝叶斯推理算法 [250] 通过计算可能的贝叶斯网络中节点语义相似度能实现不确定性知识本体的相似度计算; 但是贝叶斯对知识特征要求很高, 且贝叶斯网络难以处理本体概念的模糊性、复杂性和相关性 [251]。而模糊认知图对已有本体概念的特征要求不高, 可以弥补贝叶斯处理 FFE 阶段的不足; 因此, 本书采用模糊认知图计算创意知识模糊本体相似度来判定其是否被获取。

综上, 为实现多主体协同产品开发 FFE 阶段创意知识准确地获取, 构建创意知识获取过程和方法如图 2.1 所示。

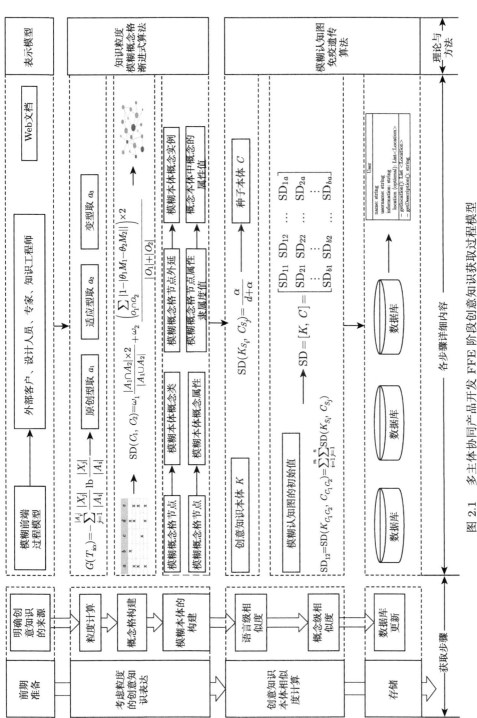

图 2.1 多主体协同产品开发 FFE 阶段创意知识获取过程模型

多主体协同产品开发 FFE 阶段创意知识获取过程主要分为四个步骤：其中，步骤 2 和步骤 3 是核心环节，本书将其分为考虑粒度的创意知识表达和基于模糊认知图的创意知识本体相似度的度量两个部分内容。

步骤 1：前期准备。前期准备指在多主体协同产品开发 FFE 阶段创意知识分析的基础上明确创意知识的来源。根据 2.1 节内容，创新知识产生于 FFE 阶段中各项活动，且创意知识生成的主体和平台不同，包括用户交互平台、产品设计人员和专家、知识工程师以及 Web 文档等。因此，前期准备应收集上述创意知识作为下一步模糊概念分析的输入。

步骤 2：考虑粒度的创意知识表达。通过确定粒度值对不同创意知识进行有区别的模糊概念分析，从而构建在某粒度下的模糊概念格和模糊本体。

步骤 3：创意知识本体相似度计算。在已有种子本体 (原本体) 的前提下，将 FFE 各阶段产生的创意知识与原创意知识库中的知识本体进行相似性度量。如果相似度超过一定的阈值，则接受该创意知识；否则抛弃该创意知识。

步骤 4：存储。根据创意知识本体与原本体的相似度对创意知识进行存储，同时更新本体库。

2.4　考虑知识粒度的创新知识一致性表达

2.4.1　考虑知识粒度的创新知识表达

由上文可知，考虑知识粒度的创意知识表达是结合模糊概念形式分析与本体理论通过构建模糊概念格和模糊本体实现创意知识的统一表达。其中模糊本体的构建是从特定领域的不确定信息中构造模糊形式背景和形式概念，然后运用构建算法构建模糊概念格，最终在模糊概念格的基础上提取概念及概念的层次关系以构建模糊本体的过程 [249]。粒度的引入是通过粒度的计算调整模糊概念格的层次关系，以实现不同发散和新颖程度的创意知识对其知识表达详细程度的要求。

1. 基本定义

定义 2.1　模糊形式背景：一个模糊形式背景是一个三元组 $B = (O, A, M)$；其中，O 是所有对象集合，A 是所有的属性集合，$M \subseteq O \times A$ 是由 O 和 A 中元素之间关系构成的集合。

定义 2.2　模糊形式概念：形式背景 $B = (O, A, M)$ 中的一个形式概念是一个二元组 (P, Q)；$P \subseteq O$，$Q \subseteq A$，满足 $f(P) = Q$ 且 $f(Q) = P$，则对象集 P 和属性集 Q 分别称为形式概念 (P, Q) 的外延（extent）和内涵（intent）。

定义 2.3　模糊概念格：如果模糊形式概念 $C_1 = (P_1, Q_1)$ 和 $C_2 = (P_2, Q_2)$ 的对象集满足 $P_1 \subseteq P_2$，则满足 $(P_1, Q_1) \leqslant (P_2, Q_2)$。模糊形式背景中的所有模糊

概念通过此偏序关系建立起的完全格称为模糊概念格。

2. 创意知识粒度的计算

首先, 针对 FFE 阶段活动 $i\,(i = 1, 2, \cdots, n)$ 的创意知识, 给定其模糊形式背景 $B_i = (O_i, A_i, M_i)$, $C_i\,(P_i, Q_i)$ 是形式背景 B_i 的形式概念。其中, O_i 是第 i 项活动中获取创意知识的对象集合, 对应概念的内涵 $\mathrm{intent}(C_i)$; A_i 是创意知识的属性集合, 对应概念的外延 $\mathrm{extent}(C_i)$; 映射 M_i 是隶属度函数, 即为对象与属性的关系, 则对象 $p(p \in O_i)$ 和属性 $q(q \in A_i)$ 的映射可表示为 $m = M\,(p, q), 0 \leqslant m \leqslant 1$。

其次, 设 T_i 是创意知识属性 A_i 的模糊等价矩阵, T_i 的 α-截模糊等价矩阵为 $T_{i\alpha}$, $A_i/T_{i\alpha} = \{X_1, X_2, \cdots, X_m\}$, 则创意知识模糊形式概念的 $T_{i\alpha}$ 知识粒度可表示为

$$G\,(T_{i\alpha}) = -\sum_{j=1}^{|A_i|} \frac{|X_j|}{|A_i|} \mathrm{lb} \frac{|X_j|}{|A_i|} \tag{2.1}$$

其中, α 是粒度的大小, 文献 [246] 证明, α-截模糊等价矩阵中的 α 越小, 相应的粒度越大, 且粒度大可以隐藏事物的一些局部的细节, 有助于我们从全局上来看待整个事物。因此, 在 FFE 阶段中, 根据创意知识的特点, 发散和新颖程度越高的创意知识, α 取值越大。

3. 考虑知识粒度的创意知识模糊概念格的构建

模糊粒化基是在考虑粒度的创意知识模糊概念格构建的基础上, 针对创意知识模糊形式背景 $B_i = (O_i, A_i, M_i)$, 给出考虑粒度的创意知识模糊粒化基的定义。

定义 2.4 考虑粒度的创意知识模糊粒化基。记 T_i 是 A_i 的模糊等价矩阵, 则创意知识模糊粒化基为 $E = (A_i, T_i)$; 在式(2.1)的基础上, 记模糊粒化基 $E = (A_i, T_i)$, 在粒度 $G\,(T_{i\alpha})$ 下记为 $E_\alpha = (A_{i\alpha}, T_{i\alpha})$, 其中, $A_{i\alpha} = A_i/T_{i\alpha}$。在形式背景 $B_i = (O_i, A_i, M_i)$ 中的粒度 $G\,(T_{i\alpha})$ 下的创意知识的模糊概念格可表示为 $L_{i\alpha} = (O_i, A_i, M_i, A_{i\alpha})$。

概念格构建的常用方法为批处理和渐进式算法两类, 但对于模糊概念的构建, 渐进式算法更具有优越性。因此, 本书在定义 2.1 至定义 2.4 的基础上, 采用渐进式算法的思想构建考虑粒度的模糊概念格, 其构建过程如图 2.2 所示。与概念格构建的不同之处在于, 考虑粒度的模糊概念格的构造引入了 $T_{i\alpha}$ 以对应不同粒度值, 本书主要论述考虑粒度值为 $G\,(T_{i\alpha})$ 时模糊概念格的构建方法中两个关键参数的计算方法。

(1) 模糊参数。在构建过程中, 模糊参数 θ 用来表示这个概念的外延对应于每个属性的平均隶属度 M, 其体现了这个概念具有各个属性的程度, 其计算公式为

$$\theta = \frac{1}{Q} \sum_{q \in Q} \frac{k_q}{|Q|} \tag{2.2}$$

其中，Q 是定义 2.3 中的内涵组成的属性集；k_q 是计算模糊参数 θ 的中间参数。

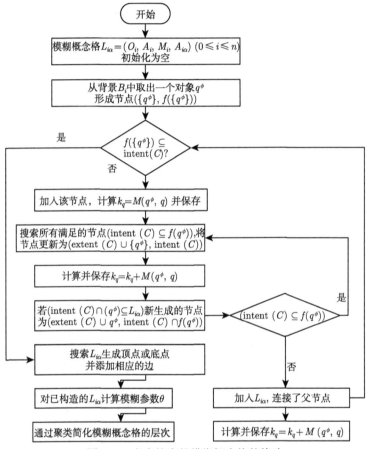

图 2.2　考虑粒度的模糊概念格的构建

(2) 概念与子概念的相似度。图 2.1 中最后一步是基于概念 C_1 与子概念 C_2 的相似度对模糊概念进行聚类，其相似度计算公式为

$$\mathrm{SD}(C_1, C_2) = \frac{\mathrm{SD_{extent}}}{\mathrm{SD_{extent}} + \mathrm{SD_{intent}}} \mathrm{SD_{extent}}(C_1, C_2)$$

$$+ \frac{\mathrm{SD_{intent}}}{\mathrm{SD_{extent}} + \mathrm{SD_{intent}}} \mathrm{SD_{intent}}(C_1, C_2)$$

$$= \omega_1 \frac{|A_1 \cap A_2| \times 2}{|A_1 \cup A_2|}$$

$$+ \omega_2 \frac{\left(\sum_{O_1 \cap O_2} |1 - |\theta_1 M_1 - \theta_2 M_2|| \right) \times 2}{|O_1| + |O_2|} \tag{2.3}$$

其中, $\mathrm{SD}_{\mathrm{extent}}(C_1, C_2)$ 是概念 C_1 与子概念 C_2 的外延相似度; $\mathrm{SD}_{\mathrm{intent}}(C_1, C_2)$ 是内涵相似度; $\omega_1 + \omega_2 = 1$。

最后, 根据上文所得模糊概念格的内容与模糊本体中元素的对应关系, 即可构建考虑粒度的创意知识的模糊本体[249]。

2.4.2 创意知识模糊本体相似度的度量

在用模糊概念格与模糊本体对客户协同产品开发 FFE 阶段创意知识进行统一表达后, 需对该模糊本体与原知识库本体的相似度进行度量, 以判定粒度值为 $G(T_{i\alpha})$ 的创意知识模糊本体是否获取。其计算思路是以基于知网两个本体概念的语言级相似度作为模糊认知图的初始值, 再通过模糊认知图对概念进行推理学习计算邻接矩阵, 可得概念相似度以表示模糊本体的相似程度。

输入: 创意知识本体 K 和种子本体 C。

输出: 相似度 SD。

步骤 1: 初始化 $\mathrm{SD} = 0$。

步骤 2: 计算创意知识本体 K 和种子本体 C 语言级相似度。

根据知网常识知识库, 创意知识本体 K 和种子本体 C 两个概念 K_{C_1} 和 C_{C_2} 的义原 (描述概念最小的单位) 分别为 K_{S_i} 和 C_{S_j}, 二者相似度为

$$\mathrm{SD}\left(K_{S_i}, C_{S_j}\right) = \frac{\alpha}{d + \alpha} \tag{2.4}$$

其中, 两个本体义原在该层次体系中的路径距离为 d; α 是可调参数; $i = 1, 2, \cdots, m$, $j = 1, 2, \cdots, n$, m 和 n 是两个本体所含的原数。则概念间的语言级相似度为

$$\mathrm{SD}_{12} = \mathrm{SD}(K_{C_1 C_2}, C_{C_1 C_2}) = \sum_{i=1}^{m} \sum_{j=1}^{n} \mathrm{SD}\left(K_{S_i}, C_{S_j}\right) \tag{2.5}$$

步骤 3: 计算创意知识本体 K 和种子本体 C 的概念相似度。

首先, 将两个本体分别包含的 a 和 b 个概念的相似矩阵作为模糊认知图的初始值, 构造概念间相似程度的邻接矩阵:

$$SD = [K, C] = \begin{bmatrix} SD_{11} & SD_{12} & \cdots & SD_{1a} \\ SD_{21} & SD_{22} & \cdots & SD_{2a} \\ \vdots & \vdots & & \vdots \\ SD_{b1} & SD_{b2} & \cdots & SD_{ba} \end{bmatrix}$$

其次，采用免疫遗传算法对模糊认知图求解邻接矩阵，该邻接矩阵的值即为概念相似度。由于免疫遗传算法求解模糊认知图的邻接矩阵不是本书的重点，在此就不详细赘述，其求解过程详见文献 [251]。

最后，根据概念相似度值，判定该创意知识是否获取。当 SD = 0 时，两个本体毫不相关，不获取该创意知识；当 $0 < SD \leqslant 1$，且满足一定阈值时，则视为两个本体相似，该创意知识可获取 [244]，其中，阈值的确定通常由专家经验而定。

2.5　实例应用

本书以新产品——手机开发商 A 为例，在前期对客户协同产品创新、客户知识集成技术等的研究的基础上，将前述理论应用在客户协同开发模式下的手机 FFE 阶段。客户 B 针对手机使用者的年龄，手机的外观、安全和经济等属性对手机的设计提出相应的创意，记手机的创意知识属性集为 $A_1 = \{a_1, a_2, \cdots, a_7\} = $ {年龄, 外观, 安全, $\cdots$, 机型}，提出手机创意知识对象集为 $O_1 = \{o_1, o_2, \cdots, o_8\} = $ $\{1, 2, 3, \cdots, 8\}$，手机的创意知识属性集和对象集组成的创意知识形式背景记为 $B_1 = (O_1, A_1, M_1)$，如表 2.1 所示。由于篇幅有限，本书节选领先客户 B 的构想作为手机协同产品开发中 FFE 阶段创意知识的形式背景，并对该创意知识进行获取分析。

表 2.1　客户 B 创意知识的形式背景

序号	年龄	外观	安全	$\cdots$	机型
1	中年	休闲, 稳重, 精致	电池, 电路, 适配器	$\cdots$	智能机
2	青年	休闲, 个性, 活泼	电池, 适配器	$\cdots$	智能机
3	青年	个性, 活泼, 时尚, 精致	电池, 适配器	$\cdots$	智能机
4	老年	稳重, 精致	电池, 电路, 适配器	$\cdots$	智能机
5	青年	休闲, 个性, 活泼, 时尚, 精致	电池, 电路	$\cdots$	智能机
6	中年	个性, 时尚, 精致	电池, 电路, 适配器	$\cdots$	智能机
7	青年	活泼, 稳重, 时尚, 精致	电池, 电路	$\cdots$	智能机
8	青年	休闲, 活泼, 时尚	电池, 电路, 适配器	$\cdots$	智能机

首先，为了方便构造形式背景的概念格，将表 2.1 的多值形式背景转换为单

值形式背景, 如表 2.2 所示, 表头字母表示单值形式背景。比如, 针对年龄, 分别用 a, b, c 表示青年、中年和老年。当 b 的属性值为 1, 表示中年, 这里我们用 × 表示。针对外观, 休闲、个性、稳重、活泼、精致、时尚分别由 d, e, f, g, h, i 等来表示, 当 d 的属性值为 1, 表示手机外观为休闲型, 以此类推。

表 2.2　客户 B 创意知识的单值形式背景

序号	a	b	c	d	e	$\cdots$	v	w	x
1		×		×				×	×
2	×			×	×		×		×
3	×				×			×	×
4			×						×
5	×			×	×		×		×
6		×			×				×
7	×						×		×
8	×			×				×	×

2.5.1　创意知识分析与获取

步骤 1: 知识粒度的计算。

根据表 2.2 可知, O_i 的模糊等价矩阵为 T_i

$$T_i = \begin{bmatrix} 1.0000 & 0.4000 & 0.5000 & 0.5000 & \cdots & 0.3333 & 0.6000 & 0.5000 & 0.6667 \\ 0.4000 & 1.0000 & 0.4000 & 0.4000 & \cdots & 0.3333 & 0.4000 & 0.4000 & 0.4000 \\ 0.5000 & 0.4000 & 1.0000 & 0.5000 & \cdots & 0.3333 & 0.5000 & 0.5000 & 0.5000 \\ 0.5000 & 0.4000 & 0.5000 & 1.0000 & \cdots & 0.3333 & 0.5000 & 0.5000 & 0.5000 \\ \vdots & \vdots & \vdots & \vdots & & \vdots & \vdots & \vdots & \vdots \\ 0.3333 & 0.3333 & 0.3333 & 0.3333 & \cdots & 0.3333 & 0.6000 & 0.5000 & 0.7500 \\ 0.6000 & 0.4000 & 0.5000 & 0.5000 & \cdots & 0.3333 & 0.5000 & 0.5000 & 0.5000 \\ 0.5000 & 0.4000 & 0.5000 & 0.5000 & \cdots & 0.3333 & 0.6000 & 0.5000 & 0.7143 \\ 0.6667 & 0.4000 & 0.5000 & 0.5000 & \cdots & 0.3333 & 0.5000 & 0.5000 & 0.5000 \end{bmatrix}$$

考虑客户创意发散性强而需隐藏局部信息来提高创意知识获取的效率, 则在 T_i 的 α-截模糊等价矩阵 $T_{i\alpha}$ 中取阈值 $\alpha = 0.667$, 通过 T_i 中每列数据与单值背景 $a, b, c, \cdots, v, w, x$ 的对应关系, 即可得

$$T_{i0.667} = \left\{ \begin{array}{l} \{a, h, i, j, k, l, m\}, \{b\}, \{d\}, \{e\}, \{g\}, \\ \{c, f\}, \{n, o\}, \{p, q, r, s, t, u, v, w\}, \{x\} \end{array} \right\}$$

根据式 (2.1) 可得 $G(T_{i\alpha}) = 0.417$。

步骤 2：考虑粒度的模糊概念格的构建。

当粒度为 $G\left(T_{i\alpha}\right)=0.417$ 时，根据步骤 1 中 O_i 的模糊等价矩阵在 $\alpha=0.667$ 的结果，可将属性进行重新分类。记 $y=\{a,h,i,j,k,l,m\}$，$z=\{c,f\}$，$\alpha_1=\{n,o\}$，$\alpha_2=\{p,q,r,s,t,u,v,w\}$ ，根据传递闭包的性质，得到新的属性的模糊值，如表 2.3 所示。

表 2.3　粒度为 0.417 的属性模糊值

序号	y	b	z	d	e	g	α_1	α_2	x
1	0.57	1.00	0.00	1.00	0.00	1.00	0.50	0.38	1.00
2	0.43	0.00	0.50	1.00	1.00	0.00	0.50	0.38	1.00
3	0.86	0.00	0.50	0.00	1.00	0.00	0.50	0.38	1.00
4	0.71	0.00	0.50	0.00	0.00	1.00	0.50	0.25	1.00
5	0.71	0.00	0.50	1.00	1.00	0.00	0.50	0.38	1.00
6	0.71	1.00	0.00	0.00	1.00	0.00	0.50	0.38	1.00
7	0.71	0.00	0.50	0.00	0.00	1.00	0.50	0.38	1.00
8	0.71	0.00	1.00	1.00	0.00	0.00	0.50	0.25	1.00

根据模糊概念格构建流程得到粒度为 0.417 的模糊概念格，如图 2.3 所示。

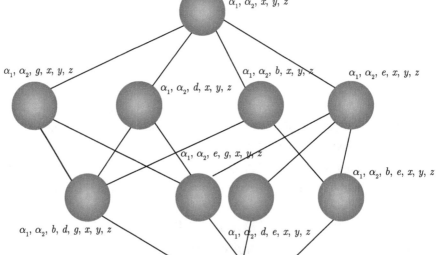

图 2.3　粒度为 0.417 的模糊概念格

由式 (2.2) 得图中除顶点和底点外的各节点模糊参数，如表 2.4 所示。

表 2.4　各节点模糊参数值

节点	P_1	P_2	P_3	P_4	P_5	P_6	P_7	P_8
θ	0.56	0.50	0.48	0.48	0.63	0.53	0.46	0.39

根据式 (2.3) 计算概念与子概念的相似度分别为

$$\mathrm{SD}\left(P_1, P_5\right)$$
$$=\omega_1 \times \frac{2}{3} + \omega_2 \times \frac{1}{2}$$
$$\times \frac{[(1 - |0.56 \times 0.68 - 0.63 \times 0.68|) + (1 - |0.56 \times 1.00 - 0.63 \times 1.00|)] \times 2}{8}$$
$$=0.74 \times 0.67 + 0.26 \times 0.23 = 0.56$$

同理，$\mathrm{SD}(P_1, P_6) = 0.54, \mathrm{SD}(P_2, P_5) = 0.56, \mathrm{SD}(P_2, P_6) = 0.54, \mathrm{SD}(P_3, P_5) = 0.87, \mathrm{SD}(P_3, P_8) = 0.85, \mathrm{SD}(P_4, P_6) = 0.39, \mathrm{SD}(P_4, P_7) = 0.39, \mathrm{SD}(P_4, P_8) = 0.39$。

取节点与子节点的聚类阈值为 0.6，即对 SD ⩾ 0.6 的节点与子节点进行聚类，将其合成为新节点。新节点最终组建成客户创意知识模糊本体，如图 2.4 所示，该客户创意知识模糊本体将用于后文的相似度计算。

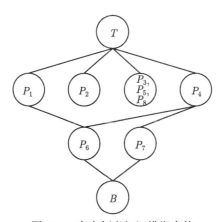

图 2.4　客户创意知识模糊本体

步骤 3：创意知识模糊本体的相似度计算。

通过计算客户 B 的创意知识模糊本体是否与创意本体库相似而判定创意知识是否被获取。图 2.5 为创意知识本体库中的创意知识本体。

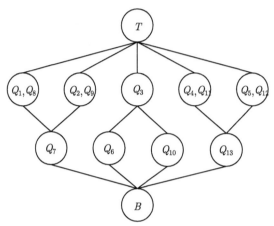

图 2.5   创意知识本体库中的创意知识本体

根据式 (2.4) 和式 (2.5)，计算客户创意知识本体和适应型创意知识本体库中创意知识本体各节点的相似度，如表 2.5 所示。

表 2.5   客户创意知识本体各节点的相似度

节点	Q_1,Q_8	Q_2,Q_9	Q_3	$\cdots$	Q_6	Q_{10}	Q_{13}
P_1	0.36	0.54	0.49	$\cdots$	0.30	0.41	0.53
P_2	0.41	0.59	0.45	$\cdots$	0.29	0.45	0.68
P_3,P_5,P_8	0.32	0.49	0.54	$\cdots$	0.38	0.38	0.49
P_4	0.41	0.50	0.47	$\cdots$	0.27	0.27	0.76
P_6	0.38	0.54	0.49	$\cdots$	0.36	0.58	0.77
P_7	0.36	0.58	0.47	$\cdots$	0.32	0.40	0.59

最后，考虑创意知识的推理级对概念间相似度的影响，取判定相似度的阈值为 0.5，根据模糊认知图学习原理求得概念间的邻接矩阵为

$$
SD = \begin{bmatrix}
0.74 & 0.82 & 0.13 & 0.02 & 0.58 & 0.11 & 0.77 & 0.66 & 0.34 \\
0.62 & 0.27 & 0.52 & 0.96 & 0.92 & 0.26 & 0.71 & 0.79 & 0.80 \\
0.17 & 0.60 & 0.43 & 0.21 & 0.50 & 0.61 & 0.05 & 0.89 & 0.86 \\
0.53 & 0.24 & 0.17 & 0.09 & 0.86 & 0.36 & 0.95 & 0.46 & 0.93 \\
0.82 & 0.87 & 0.34 & 0.99 & 0.09 & 0.74 & 0.03 & 0.92 & 0.89 \\
0.86 & 0.71 & 0.03 & 0.28 & 0.67 & 0.28 & 0.48 & 0.89 & 0.30
\end{bmatrix}
$$

由此得到客户创意知识本体与创意知识本体间的相似度为 0.54，大于 0.5，因此判断该知识可获取并存储于创意知识库。同理，获取并分类存储客户协同产品

开发 FFE 阶段其他活动的创意知识，这些创意知识为 FFE 阶段客户协同产品开发详细设计阶段提供数据支撑。

2.5.2 效果分析

知识获取准确性主要体现在模糊概念格构建过程中节点聚类的质量。本书采用模糊聚类中 Xie-Beni 指标（简称 XB）[252] 来分别评估考虑与不考虑知识粒度情况下创意知识的获取中模糊概念格构建过程中节点聚类的质量，通过对比分析来验证本书知识获取方法的准确性。其中，XB 的期望值越小，越能获得簇内紧密、簇间分离的聚类。

为计算 XB，本书将客户 B 创意知识构造出的 8 个对象、24 个属性的初始形式背景作为实验数据，在逐渐增加属性个数的过程中，在构建不考虑知识粒度时的模糊概念格的基础上，计算不考虑知识粒度和粒度为 0.417 的模糊概念格聚类 XB 评估值。

图 2.6 表示在增加属性的过程中，分别在考虑与不考虑知识粒度情况下创意知识模糊概念格构建过程中节点聚类的质量，即评估指标 XB 值。

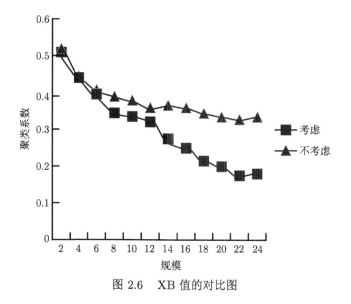

图 2.6　XB 值的对比图

聚类质量评估指标 XB 值图表明，随着属性数目的增加，考虑知识粒度的方法相比不考虑知识粒度方法的 XB 值更小，表明更能获得簇内紧密、簇间分离的聚类，以保证知识更准确地获取。

2.6　本章小结

本章围绕如何提高客户协同产品开发 FFE 阶段创意知识获取的准确性这一问题，在明确创意知识定义及特征的基础上，将粒度计算思想引入模糊概念分析与本体理论相结合的方法中，对发散性和新颖性程度不同的创意知识提出了创意知识表达方法；基于模糊认知图原理提出了创意知识模糊本体相似度度量方法，创意知识获取方法为提高客户协同产品开发 FFE 阶段创意知识获取的准确性提供了技术支持。研究的主要结论如下。

（1）针对创意知识发散性、多样性特征，基于粒度计算思想提出的创意知识表达方法清晰地描述了不同创意知识本体的层次关系。

（2）提出了基于模糊认知图的创意知识模糊本体相似度度量方法，该方法的度量结果为准确判断是否应该获取模糊创意知识提供了量化依据。

然而，上述研究成果属于领域专家指导下实现的半自动创意知识获取。如何针对 FFE 阶段创意知识具有动态性和不稳定性而呈现出频繁更新的特点，实现创意知识的全自动获取，以提高创意知识更新效率，将是下一步的研究方向。

第 3 章 面向产品创新要求的协同创新网络构建

作为协同产品创新过程中的重要环节，科学合理地选择协同创新主体对协同产品创新绩效的提升具有重要影响。本章针对协同创新主体选择这一模糊多属性决策 (fuzzy multi-criteria decision making，FMCDM) 问题，分析了协同创新团队结构，并根据其特点提出了任务分解的层次结构，提出了面向产品创新要求的协同创新网络构建方法。该方法充分考虑了产品创新要求与选择协同创新主体的评价指标之间的关系，建立了两者的 HOQ 模型；基于 FWA 和 α-截集综合处理 HOQ 模型中采用模糊语言表达的评价信息，以确定合理的指标权重；在此基础上，基于 DEA 法提出了主体数量较多情况的个体指标权重计算方法，并与指标权重综合得到客户综合评价值及排序；最后通过应用实例说明本书所提方法的应用过程及有效性。

3.1 引 言

协同企业产品创新对提升新产品的市场满意度、缩短产品创新周期等方面具有积极的促进作用 [253]。但是，这并不意味着要求所有主体都参与到企业产品创新中 [254]。例如，在客户协同产品创新模式中，因为企业的客户数量众多，将所有客户融入产品创新中，不仅会增加协同的成本，如沟通成本、经济激励等，同时集成、分析和协调不同客户的知识、信息和创意将会非常复杂。此外，不同的客户具有不同的教育背景、经历、产品使用经验、创新知识和能力等，对产品创新的作用具有差异性。因此，有必要从企业的客户群体中，选择出合适的协同创新客户参与企业的产品创新，以提升协同产品创新效率和效果。

目前，国内外学者对协同创新主体选择的研究主要包括分析影响主体选择的因素和提出客户选择的评价指标及评价方法两个方面。其中，影响因素和评价指标包括需求信息、主体价值、主体创新能力、主体创新意识、产品使用知识等 [77,133,134]。评价方法包括粗糙集理论、支持向量机、模糊层次分析 (fuzzy analytical hierarchy process, FAHP) 法、小波神经网络等 [72,108]。

协同创新主体选择实质上是一个涉及多个指标的 FMCDM 问题。虽然现有研究成果提出了相关评价指标和方法，然而针对协同创新主体选择，仍存在需要进一步解决的问题。

第一，企业选择协同产品创新主体的目的是利用主体个体的相关知识、能力和信息等，满足产品创新要求。在选择主体时，不仅要考虑客户自身的特点，还要考虑产品创新的要求以及产品创新要求与选择协同创新主体的评价指标之间的关系，建立和描述产品创新要求与评价指标之间的量化关系是合理选择主体的基础。

第二，选择协同创新主体的评价指标中包括多个难以用确定型数值量化的定性指标。对这类指标，专家倾向于采用模糊语言评价，然而不同专家由于在知识背景、经验等方面存在差异性，针对同一对象不同的专家可能采用不同的模糊语言集合进行评价。如何将专家采用的不同的模糊语言变量统一化，以便于对专家评价信息统一处理？

第三，在考虑产品创新要求重要度、评价指标之间的依赖程度以及产品创新要求与指标之间关联程度的情况下，采用何种方法确定合理的指标权重，以反映评价指标权重随产品创新要求不同而动态调整的特点；同时，在主体数量较多的情况下，如何较为有效地确定主体在每个评价指标上的评价值，并与指标权重综合得到主体综合评价结果？

本章根据协同创新主体选择中存在的问题，综合现有研究成果，提出选择协同创新客户的评价指标，利用 HOQ 模型建立评价指标之间，以及指标与产品创新要求之间的关系，并进行模糊量化；在此基础上，提出综合 FWA 和 DEA 法的协同创新主体评价方法，确定协同创新主体综合评价值，为决策者选择合适的协同创新主体提供依据和参考。选择外部协同创新主体与企业人员共同构成协同创新团队进而完成产品创新工作[71]。为了便于明确主体参与的任务数量和类型，同时便于有效规划产品创新工作，需要将复杂的产品创新工作分解成一系列目标相对清晰、内容相对明确以及需求相对确定的任务集合。

3.2　面向特定目标的协同创新组织结构设计

协同产品创新作为集成多个创新主体的组织创新模式，强调不同主体之间的相互协同和交互。其中，创新主体包括来自企业不同部门的专业人员，以及具有不同知识背景、兴趣偏好和创新能力的客户。他们根据产品创新的需要，相互协同形成企业内部虚拟组织[71]。根据客户协同产品创新过程[27]和典型研发团队结构[139]，提出多主体协同下的协同创新团队结构模型，并给出模型建立过程，如图 3.1 所示。

图 3.1 由五个部分构成，即产品创新任务分解过程、创新主体行为过程、创新主体、创新主体团队协同行为过程、协同创新团队结构。

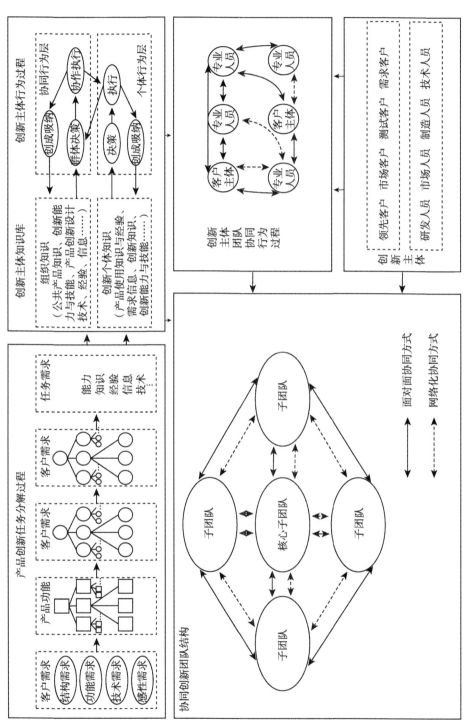

图 3.1　面向特定目标的协同创新组织结构设计

首先将复杂的产品创新工作分解成一系列可执行且易于管理控制的任务。任务分解是规划产品创新过程以及获取产品创新要求的重要手段。对于相对简单的任务，创新主体根据其个体知识库 (包括个体知识、经验、能力等)、当前工作状态以及个体行为规则对该任务进行判断，若能独立完成，则直接决策并付诸行动，称为创新主体个体行为；对于较为复杂的任务，难以由单个主体独立完成，则创新主体之间的协同就会发挥作用，并产生协同行为。协同行为发生于多个创新主体构成的创新团队中 [255]。

由于不同的产品创新任务具有不同的特点和要求，同时创新主体在知识、经验和能力等方面具有差异性，这就决定了针对不同的任务，将会由满足任务要求的创新主体（主要由企业的专业人员和客户构成）相互协同构成多个具有不同功能和责任分工的创新子团队。子团队之间可通过面对面和网络化的方式协同 [5]。为了保证各子团队有效开展工作，企业专业人员构成核心子团队，对产品创新过程进行管理和控制以及协调各个子团队。

上述创新团队结构具有以下优势：第一，便于创新主体之间的知识和信息共享、创成和吸纳，丰富了创新个体的知识库，同时内化为组织知识，提升企业知识存量；第二，充分利用客户与专业人员在知识结构和创新能力等方面的不对称性，发挥两者的互补优势；第三，多个具有不同功能和责任分工的创新子团队，利用团队中主体知识、信息和能力能够有针对性地解决产品创新中的不同问题。

为了发挥不同创新团队在完成不同任务方面的优势，便于同一团队内创新主体间的协同和交互，在面向不同功能和责任分工的创新团队分组任务时，除了考虑将信息关联程度强的任务划为一组，同时应将任务要求相同或相似的任务归在一组。本书根据客户协同下的协同创新团队结构和特点，提出三个任务关联程度度量指标，分别为敏感度、可变度和任务要求相似度。其中，敏感度和可变度是两个常用的度量任务间信息依赖程度的指标 [157]。敏感度是指一项任务对另一项任务变化的敏感程度；可变度是指一项任务相对另一项任务可能发生变化的程度；任务要求相似度主要反映了任务对创新主体的创新知识、创新能力以及协同能力等方面的需求。两项任务要求的相似度越高，说明任务对创新主体的要求越相似。

3.3   产品创新要求与评价指标关系分析

3.3.1   选择协同创新伙伴的评价指标分析

协同创新主体对产品创新的影响主要体现在两个方面。第一，为产品创新提供相关资源，包括产品需求信息、产品使用经验以及创新知识等。这些资源能够有助于企业准确地抓住市场需求，降低"粘滞"信息的不利影响，提高产品的新颖性等 [76,256]。第二，由于产品复杂度的增加，企业难以仅依靠自身资源和能力完成产品创新工作，而拥有一定创新知识、技能和经验的客户能够协同企业完成部分产品创新任务[257]。由此可知，以客户为代表的协同创新伙伴之所以能够协同产品创新并发挥作用是依靠其拥有企业不具有的知识、信息以及创新能力等资源。

根据产品创新中客户能够提供的资源和作用，本书将选择协同创新伙伴的评价指标分为资源指标、能力指标和态度指标，这三个方面反映了企业对协同创新伙伴的基本要求以及协同创新伙伴对产品创新可能的贡献大小。其中，资源指标体现了协同创新伙伴所拥有的对产品创新工作完成具有推动作用的知识和信息等；能力指标反映了协同创新伙伴协同产品创新的技术和技能的强弱；态度指标是指协同创新客户参与产品创新工作的积极性、与他人协同以及共享的意愿等。

定义 $CI = \{RE, CA, AT\}$ 为协同创新客户选择的评价指标集合。其中，RE表示资源评价指标，用协同创新客户的创新知识来反映，记为 RE_{kn}；能力评价指标表示为 $CA = \{CA_{co}, CA_{ia}, CA_{ba}\}$，$CA_{co}$ 表示协同创新客户的协同工作能力，CA_{ia} 表示协同创新客户的产品创新能力，CA_{ba} 表示协同创新客户的基本工作能力；态度评价指标用 $AT = \{AT_{po}, AT_{ex}, AT_{ho}\}$ 表示，AT_{po} 表示协同创新客户协同工作努力程度，AT_{ex} 表示协同创新客户的协同经验，AT_{ho} 表示与其他客户交流和共享的意愿。RE_{kn} 是指客户的产品使用经验、知识、需求信息、创意等与产品创新相关的信息资源，对产品创新任务的完成具有重要作用[90]。

CA_{co} 是指客户与其他创新主体交互协同，充分发挥互补优势的能力。该能力影响了客户与其他主体之间协同的可能性、效果以及对产品创新工作完成的作用大小。

CA_{ia} 反映了客户运用自身知识、能力、思维，并结合一定的创新理论、工具和方法，创新性解决产品创新问题的能力。

CA_{ba} 体现了客户利用自身知识和工作经验解决专业领域内一般技术问题的能力。

AT_{po} 反映了客户参与产品创新的积极性和态度等。

AT_{ex} 对降低企业培训成本、提升协同工作效率具有重要作用。同时，协同经验在一定程度上也反映了客户参与企业产品创新的积极性。

AT_{ho} 反映了客户之间的相互帮助不仅有助于提升每个客户的产品创新水平，产生学习效应，同时能够有效地提高产品创新的工作效率和效果。

3.3.2 产品创新要求与评价指标关系量化

根据客户在产品创新中的作用和提供的资源，定义本书讨论的产品创新要求是指需要客户协同的产品创新工作对协同创新客户的要求，如客户需求信息、创新知识、创新能力、协同能力等。对于无须客户协同的产品创新工作以及诸如资金、设备、材料等需求不予考虑。对于产品创新要求的分析，首先分析产品创新中需要客户协同的工作。在此基础上，综合提取这些工作对客户提出的要求，作为产品创新要求。对于产品创新要求获取的具体方法可参考文献 [258-263]，在此不做深入讨论。

令 $\mathrm{RS} = \{\mathrm{RS}_1, \mathrm{RS}_2, \cdots, \mathrm{RS}_i, \cdots, \mathrm{RS}_n\}$ 表示产品创新要求集合，其中 RS_i 表示第 i 项产品创新要求；$\tilde{\omega} = \{\tilde{\omega}_1, \tilde{\omega}_2, \cdots, \tilde{\omega}_i, \cdots, \tilde{\omega}_n\}$ 表示 n 项产品创新要求的相对重要性集合，其中 $\tilde{\omega}_i$ 表示第 i 项产品创新要求的重要性；$I = \{I_1, I_2, \cdots, I_j, \cdots I_m\}$ 表示选择协同创新客户的评价指标集合，分别对应客户的资源、能力和态度评价指标，其中 I_j 表示第 j 个指标。

QFD 是常用的将客户需求转化为产品技术特性、零部件特性以及制造过程特性的工具 [264]。HOQ 作为 QFD 的重要构成部分，能够反映客户需求与产品技术特性以及产品技术特性之间的相互关系 [265]。根据 HOQ 的构成，本书将产品创新要求作为 HOQ 的左侧，产品创新要求重要性为右侧，选择协同创新客户的评价指标作为顶层，建立产品创新要求与评价指标之间，以及评价指标相互之间的 HOQ 模型，如图 3.2 所示。

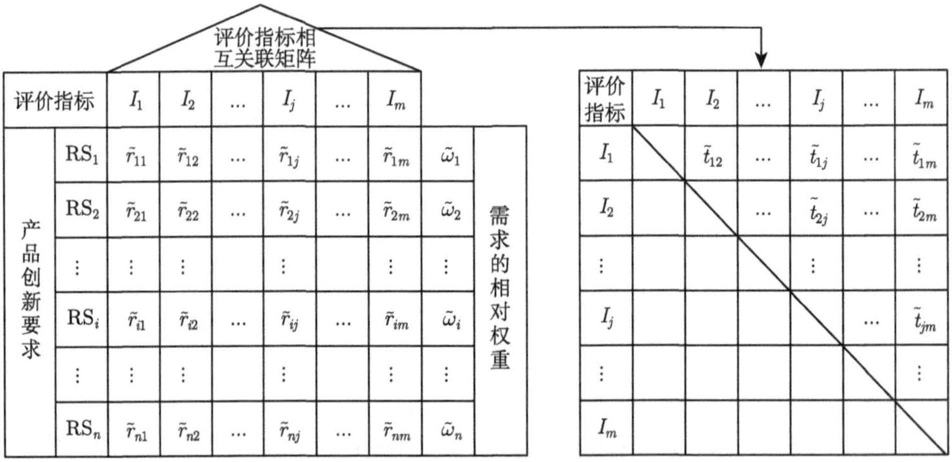

图 3.2　产品创新要求与评价指标的 HOQ 模型

对于图 3.2 中产品创新要求和协同创新客户选择的评价指标之间关系的确定，考虑到两者之间关系具有模糊性和不确定性，难以直接采用确定型数值表示，由专家利用模糊性语言进行描述和评价。然而，不同的专家具有不同的知识背景和经验，对同一评价对象可能具有不同的不确定程度和偏好，导致对同一对象可能采用不同的模糊语言集合进行评价。专家采用不同的模糊语言集合进行评价反映了专家之间的差异性，使评价更符合实际，然而这也给专家信息的处理带来一定难度。为了对不同专家的评价信息进行统一处理，需要将不同的模糊语言集合统一化，即将不同的模糊语言集合转化为同一语言集合。

假设存在两个模糊语言集合，分别为 $L = \{l_1, l_2, \cdots, l_g\}$ 和 $C = \{c_1, c_2, \cdots, c_h\}$，且有 $g \leqslant h$。其中 g 和 h 分别表示两个集合中模糊语言变量的数量，l_g 和 c_h 为语言变量。对于两个模糊集之间关系的表示，最大–最小合成方法是最常用的 [266]，本书采用该方法定义转化函数 $\tau_{LC} : L \to F(C)$，将模糊语言集合 L 转化为集合 C。

$$\tau_{LC}(l_k) = \left\{ \left(c_t, \delta_t^k\right) | t \in \{1, 2, \cdots, h\} \right\}, \ l_k \in L \tag{3.1}$$

$$\delta_l^k = \max_y \min \left\{ \mu_{l_k}(y), \mu_{c_t}(y) \right\} \tag{3.2}$$

其中，$\mu_{l_k}(y)$ 和 $\mu_{c_t}(y)$ 分别是语言变量 l_k, c_t 的模糊隶属度函数。通过上述转化函数，将会得到一个新的模糊集 $\tau_{LC}(l_k) = \left\{ \left(c_t, \delta_t^k\right) | t \in \{1, 2, \cdots, h\} \right\}$，$\left(c_t, \delta_t^k\right)$ 描述了集合 C 中的每个语言变量 c_t 与集合 L 中的语言变量 l_k 之间的隶属度 δ_t^k。根据 δ_t^k 的大小，取与语言变量 l_k 隶属度最大的语言变量 c_t 作为转化后的对应在集合 C 中的语言变量。由此，通过上述转化过程，将模糊语言集合 L 中的语言变量转化为集合 C 中的语言变量。

将不同专家评价的模糊语言集合统一后，需要进一步对模糊语言进行量化，以确定产品创新要求与评价指标之间的量化关系。三角模糊数是常用的模糊语言量化方式。根据两者之间的对应关系，将语言变量转化为三角模糊数。令 $\tilde{M} = \{a_{ij}, b_{ij}, c_{ij}\}$ 为一个三角模糊数，其中 a_{ij} 为最小值，b_{ij} 为中间值，c_{ij} 为最大值。假设共有 N 个专家采用模糊语言对产品创新要求与评价指标之间的关系进行评价。令 $\tilde{r}_{ijp} = \{r_{ijpa}, r_{ijpb}, r_{ijpc}\}$ 表示第 p 个专家对第 i 个产品创新要求与第 j 个评价指标之间关系的量化评价值，则第 i 个产品创新要求与第 j 个评价指标之间关系的综合评价值 $\tilde{r}_{ij}$ 为

$$\tilde{r}_{ij} = (r_{ija}, r_{ijb}, r_{ijc}) = \sum_{p=1}^{N} w_p \tilde{r}_{ijp} \tag{3.3}$$

其中，w_p 是第 p 个专家的相对重要性，且有 $0 \leqslant w_p \leqslant 1, \sum_{p=1}^{N} w_p = 1$。

由此，得到产品创新要求与评价指标之间的模糊量化关系，形成两者模糊量化关系矩阵，如图 3.2 所示。

同理，对于 HOQ 中的各个产品创新要求的重要性和评价指标之间的关联程度，采用同样的方法量化。令 $\tilde{\omega}_{ip} = \{\omega_{ipa}, \omega_{ipb}, \omega_{ipc}\}$ 表示第 p 个专家对第 i 个产

品创新要求重要度评价值；$\tilde{t}_{jop} = \{t_{jopa}, t_{jopb}, t_{jopc}\}$ 表示第 p 个专家对第 j 个评价指标与第 o 个指标关联程度的评价值。由此得到

$$\tilde{\omega}_i = (\omega_{ia}, \omega_{ib}, \omega_{ic}) = \sum_{p=1}^{N} w_p \tilde{\omega}_{ip} \tag{3.4}$$

$$\tilde{t}_{jo} = (t_{joa}, t_{job}, t_{joc}) = \sum_{p=1}^{N} w_p \tilde{t}_{jop} \tag{3.5}$$

其中，$\tilde{\omega}_i$ 是第 i 个产品创新要求重要度的模糊量化值；$\tilde{t}_{jo}$ 是第 j 个评价指标与第 o 个指标关联程度的模糊量化值。

3.4　考虑主体模糊属性的协同创新伙伴选择

对于协同创新主体选择这一 FMCDM 问题，评价指标权重的合理确定是选择合适的协同创新伙伴的基础和关键。选择指标权重的确定有其自身的特点。第一，选择指标之间具有一定的关联性，如果按照一些多属性决策 (multi-criteria decision making, MCDM) 问题模型假设指标之间是相对独立的 [267]，可能得到不合理的结果；第二，选择指标权重的确定需要综合考虑产品创新要求的重要性、产品创新要求与评价指标之间的关联程度以及指标之间的依赖程度三个方面；第三，产品创新要求与选择指标之间的模糊量化值 $\tilde{r}_{ij}$ 是一个三角模糊数，且是局部评价值。为得到合理的评价指标的相对重要性，需要对模糊信息进行处理，同时对产品创新要求与评价指标量化关系矩阵归一化，以实现评价指标权重的归一化 [268]。

由上述分析可知，常用的权重确定方法，如 AHP、FAHP 法、加权最小二乘法等方法以及未对产品创新要求与评价指标量化关系进行归一化处理的方法难以直接使用 [269]。同时，对于评价指标权重的归一化，采用一般的模糊算法 [270,271] 具有一定的局限性，因为 $\tilde{r}_{ij}$ 是一个三角模糊数，对于模糊数再进行模糊运算将进一步扩大不确定性以及计算结果的范围。因此，本书考虑 FWA 方法在有效综合多个用模糊语言或模糊数表示的模糊和不确定信息，以及纠正综合过程中信息丢失等方面的优势 [272]，结合评价指标权重确定的特点，基于 FWA 方法，并引入 α-截集代替模糊算法求解评价指标权重。

评价指标权重确定后，需要确定主体相对于每个指标的评价值，AHP、FAHP 方法是最常用的方法。然而当主体数量较多时，通过建立两两判断矩阵的方式确定客户相对于每个指标的评价值可行性不高，因为判断矩阵建立的难度和专家评价容易出现不一致等。本书根据问题求解的需要，基于 DEA 确定主体数量较多

情况下主体在每个评价指标上的量化评价值,并与评价指标权重综合得到主体的综合评价值及排序,以解决多主体选择问题。

3.4.1 选择指标

根据式 (3.3) ~ 式 (3.5) 得到产品创新要求和评价指标之间关联程度的模糊量化值 $\tilde{r}_{ij}$、产品创新要求重要度的模糊量化值 $\tilde{\omega}_i$、评价指标之间相互依赖程度的模糊量化值 $\tilde{t}_{jo}$。由于上述三个方面的量化值均为三角模糊数,因此综合这三个方面得到的评价指标权重也为三角模糊数。三角模糊数难以直接用来计算,此外采用模糊算法对三角模糊数进行求解也具有一定的局限性[271]。为了对模糊数进行处理,并求解归一化的评价指标权重,采用 α-截集对 $\tilde{r}_{ij}$、$\tilde{\omega}_i$、$\tilde{t}_{jo}$ 进行表示[273]。其中,α-截集是对评价信息不确定程度的描述,且 $0 \leqslant \alpha \leqslant 1$。$\alpha$ 越大,则评价信息的不确定程度越小,反之,则越大。不同的 α 决定了上述三个方面的取值区间,当 $\alpha \leqslant 0$ 时,取值区间最大;当 $\alpha = 1$ 时,取值区间最小。

利用 α-截集表示 $\tilde{r}_{ij}$、$\tilde{\omega}_i$、$\tilde{t}_{jo}$ 为 $\left[(r_{ij})_\alpha^{\mathrm{L}}, (r_{ij})_\alpha^{\mathrm{U}}\right]$、$\left[(\omega_i)_\alpha^{\mathrm{L}}, (\omega_i)_\alpha^{\mathrm{U}}\right]$、$\left[(t_{jo})_\alpha^{\mathrm{L}}, (t_{jo})_\alpha^{\mathrm{U}}\right]$,其中 $(r_{ij})_\alpha^{\mathrm{L}}$、$(\omega_i)_\alpha^{\mathrm{L}}$、$(t_{jo})_\alpha^{\mathrm{L}}$ 分别为上述三个方面模糊量化值的下限;$(r_{ij})_\alpha^{\mathrm{U}}$、$(\omega_i)_\alpha^{\mathrm{U}}$、$(t_{jo})_\alpha^{\mathrm{U}}$ 为上限。

对于由三角模糊数表示的 $\tilde{r}_{ij}$,其 $(r_{ij})_\alpha^{\mathrm{L}}$ 和 $(r_{ij})_\alpha^{\mathrm{U}}$ 求解如下[267]:

$$(r_{ij})_\alpha^{\mathrm{L}} = r_{ija} + \alpha \left(r_{ijb} - r_{ija}\right), \quad (r_{ij})_\alpha^{\mathrm{U}} = r_{ijc} - \alpha \left(r_{ijc} - r_{ijb}\right) \tag{3.6}$$

同理,可以确定 $(\omega_i)_\alpha^{\mathrm{L}}, (\omega_i)_\alpha^{\mathrm{U}}$ 和 $(t_{jo})_\alpha^{\mathrm{L}}, (t_{jo})_\alpha^{\mathrm{U}}$ 的表达公式,如下:

$$
\begin{aligned}
(\omega_i)_\alpha^{\mathrm{L}} &= \omega_{ia} + \alpha \left(\omega_{ib} - \omega_{ia}\right), \quad (\omega_i)_\alpha^{\mathrm{U}} = \omega_{ic} - \alpha \left(\omega_{ic} - \omega_{ib}\right) \\
(t_{jo})_\alpha^{\mathrm{L}} &= t_{joa} + \alpha \left(t_{job} - t_{joa}\right), \quad (t_{jo})_\alpha^{\mathrm{U}} = t_{joc} - \alpha \left(t_{joc} - t_{job}\right)
\end{aligned}
\tag{3.7}
$$

假设 $\tilde{W}_j$ 为第 j 个评价指标的权重,也可表示为 $\left[(W_j)_\alpha^{\mathrm{L}}, (W_j)_\alpha^{\mathrm{U}}\right]$。根据产品创新要求、评价指标以及两者之间的关系,当产品创新要求重要度、主体评价指标之间相互依赖程度以及产品创新要求与指标之间的关联程度的量化评价值均为确定值时,采用式 (3.8) 对评价指标权重进行归一化处理:

$$W_j = \left. \frac{\omega_i \displaystyle\sum_{o=1}^{m} r_{io} t_{oj}}{\displaystyle\sum_{l=1}^{m} \sum_{o=1}^{m} r_{io} t_{ol}} \middle/ \sum_{i=1}^{n} \omega_i \right. \tag{3.8}$$

然而,当上述三个方面的量化评价值为模糊值,且用 α-截集表示时,参考文

献 [272] 提出的 FWA 方法，建立评价指标权重计算模型，如下：

$$(W_j)_\alpha^{\mathrm{L}} = \min \frac{\sum\limits_{i=1}^{n} \omega_i \sum\limits_{o=1}^{m} r_{io}t_{oj}}{\sum\limits_{l=1}^{m}\sum\limits_{o=1}^{m} r_{io}t_{ol}} \bigg/ \sum\limits_{i=1}^{n} \omega_i = \min \sum\limits_{i=1}^{n} \frac{\omega_i \sum\limits_{o=1}^{m} r_{io}t_{oj}}{\sum\limits_{l=1}^{m}\sum\limits_{o=1}^{m} r_{io}t_{ol}} \bigg/ \sum\limits_{i=1}^{n} \omega_i$$

s.t. \hfill (3.9)

$$(\omega_i)_\alpha^{\mathrm{L}} \leqslant \omega_i \leqslant (\omega_i)_\alpha^{\mathrm{U}}, \ i = 1,2,\cdots,n$$

$$(r_{io})_\alpha^{\mathrm{L}} \leqslant r_{io} \leqslant (r_{io})_\alpha^{\mathrm{U}}, \ i = 1,2,\cdots,n, \ o = 1,2,\cdots,m$$

$$(t_{ol})_\alpha^{\mathrm{L}} \leqslant t_{ol} \leqslant (t_{ol})_\alpha^{\mathrm{U}}, \ o,l = 1,2,\cdots,m$$

$$(W_j)_\alpha^{\mathrm{U}} = \max \sum\limits_{i=1}^{n} \frac{\omega_i \sum\limits_{o=1}^{m} r_{io}t_{oj}}{\sum\limits_{l=1}^{m}\sum\limits_{o=1}^{m} r_{io}t_{ol}} \bigg/ \sum\limits_{i=1}^{n} \omega_i$$

s.t. \hfill (3.10)

$$(\omega_i)_\alpha^{\mathrm{L}} \leqslant \omega_i \leqslant (\omega_i)_\alpha^{\mathrm{U}}, \ i = 1,2,\cdots,n$$

$$(r_{io})_\alpha^{\mathrm{L}} \leqslant r_{io} \leqslant (r_{io})_\alpha^{\mathrm{U}}, \ i = 1,2,\cdots,n, \ o = 1,2,\cdots,m$$

$$(t_{ol})_\alpha^{\mathrm{L}} \leqslant t_{ol} \leqslant (t_{ol})_a^{\mathrm{U}}, \ o,l = 1,2,\cdots,m$$

对于每个评价指标，针对不同 α 求解上述两个非线性规划方程，得到归一化后的评价指标权重的上限和下限。

3.4.2　选择方法

DEA 是一种广泛应用的数学规划方法，通过比较每个决策单元的输入和输出，判断决策单元的效率[274]。传统 DEA 方法的数学规划模型如下：

$$\max E_{j0} = \sum_r u_r y_{rj0} \bigg/ \sum_i v_i x_{ij0}$$

s.t. \hfill (3.11)

$$\sum_r u_r y_{rj} \bigg/ \sum_i v_i x_{ij} \leqslant 1, \ j = 1,2,\cdots,n$$

$$u_r, v_i \geqslant \varepsilon \geqslant 0, \ r = 1,2,\cdots,s, \ i = 1,2,\cdots,m$$

其中，E_{j0} 是第 $j0$ 个决策单元的效率值；u_r 是第 r 项输出的权重；v_i 是第 i 项输入的权重；y_{rj} 是第 j 个决策单元在第 r 项输出上的评价值；x_{ij} 是第 j 个决策单元在第 i 项输入上的评价值；ε 是无穷小的正数。由于式 (3.11) 的数学规划模型为分数形式，为便于求解，转化为式 (3.12) 的数学模型。

$$\max E_{j0} = \sum_r u_r y_{rj0}$$

s.t.

$$
\begin{aligned}
&\sum_i v_i x_{ij0} = 1 \\
&\sum_r u_r y_{rj} - \sum_i v_i x_{ij} \leqslant 0, \quad j = 1, 2, \cdots, n \\
&u_r, v_i \geqslant \varepsilon \geqslant 0, \quad r = 1, 2, \cdots, s, \ i = 1, 2, \cdots, m
\end{aligned}
\tag{3.12}
$$

然而，传统的 DEA 方法只能判断每个主体是否有效率，而不能确定主体效率值之间的排序。因此，本书在 DEA 方法的基础上，针对数量较多的主体选择问题，提出如下量化确定主体在各个指标上评价值的方法。然后与评价指标权重综合，确定主体综合评价值并排序，作为协同创新主体选择的依据。

假设共有 N 个专家对主体在每个指标上的表现情况进行评估。令 $G_j = \{T_{j1}, T_{j2}, \cdots, T_{jR_j}\}$ 表示用于描述主体在指标 I_j 上表现情况的评价等级集合，T_{j1} 表示最高评价等级，T_{jR_j} 表示最低评价等级，R_j 表示评价等级的数量。假设备选主体集合为 $\mathrm{CR} = \{\mathrm{cr}_1, \mathrm{cr}_2, \cdots, \mathrm{cr}_q, \cdots, \mathrm{cr}_Q\}$，$Q$ 为客户数量。N 个专家对主体 cr_q 在指标 I_j 上的表现情况进行评估，结果如下：

$$F\left(I_j\left(\mathrm{cr}_q\right)\right) = \left\{\left(T_{j1}, \mathrm{NB}_{qj1}\right), \left(T_{j2}, \mathrm{NB}_{qj2}\right), \cdots, \left(T_{jR_j}, \mathrm{NB}_{qjR_j}\right)\right\} \tag{3.13}$$

其中，NB_{qjR_j} 是对主体 cr_q 相对于指标 I_j 的表现情况确定为评价等级 T_{jR_j} 的专家数量；$\mathrm{NB}_{qj1} + \mathrm{NB}_{qj2} + \cdots + \mathrm{NB}_{qjR_j} = N$。

采用上述方法，得到每个主体在每个指标上的评价值，如表 3.1 所示。

表 3.1   主体在每个指标上的评价值

主体	评价指标									
	I_1			$\cdots$	I_j			$\cdots$	I_m	
	T_{11}	$\cdots$	T_{1R_1}	$\cdots$	T_{j1}	$\cdots$	T_{jR_j}	$\cdots$	T_{m1}	$\cdots$	T_{mR_m}
cr_1	NB_{111}	$\cdots$	NB_{11R_1}	$\cdots$	NB_{1j1}	$\cdots$	NB_{1jR_j}	$\cdots$	NB_{1m1}	$\cdots$	NB_{1mR_m}
cr_2	NB_{211}	$\cdots$	NB_{21R_1}	$\cdots$	NB_{2j1}	$\cdots$	NB_{2jR_j}	$\cdots$	NB_{2m1}	$\cdots$	NB_{2mR_m}
$\vdots$	$\vdots$		$\vdots$		$\vdots$		$\vdots$		$\vdots$		$\vdots$
cr_Q	NB_{Q11}	$\cdots$	NB_{Q1R_1}	$\cdots$	NB_{Qj1}	$\cdots$	NB_{QjR_j}	$\cdots$	NB_{Qm1}	$\cdots$	NB_{QmR_m}

令 $w\left(T_{js}\right)\left(s = 1, 2, \cdots, R_j\right)$ 为评价等级 T_{js} 所对应的大小,用于表示该等级的权重。由此可以得到主体 cr_q 在指标 I_j 上的评价值 y_{qj} 为

$$y_{qj} = \sum_{s=1}^{R_j} w\left(T_{js}\right)\mathrm{NB}_{qjs}, \ \ q = 1, 2, \cdots, Q, \ \ j = 1, 2, \cdots, m \quad (3.14)$$

上述问题属于典型偏好投票选择问题[275],问题求解的关键在于确定合理的评价等级权重 $w\left(T_{js}\right)$,DEA 是最为常用的方法[276]。本书以主体为决策单元,评价等级所对应的权重 $w\left(T_{js}\right)$ 为决策变量,建立如下 DEA 模型:

$$\max \beta$$

s.t.

$$\beta \leqslant \sum_{s=1}^{R_j} w\left(T_{js}\right)\mathrm{NB}_{qjs} \leqslant 1$$

$$w\left(T_{j1}\right) \geqslant w\left(T_{j2}\right) \geqslant \cdots \geqslant w\left(T_{js}\right) \geqslant \cdots \geqslant w\left(T_{jR_j}\right) \geqslant 0$$

$$w\left(T_{j1}\right) - w\left(T_{j2}\right) \geqslant w\left(T_{j2}\right) - w\left(T_{j3}\right) \geqslant \cdots \geqslant w\left(T_{jR_j-1}\right) - w\left(T_{jR_j}\right) \quad (3.15)$$

其中,该模型的目标是最大化所有主体在指标上的评价值总和的最小值,并确定合理的评价等级权重;$w\left(T_{j1}\right), w\left(T_{j2}\right), \cdots, w\left(T_{js}\right), \cdots, w\left(T_{jR_j}\right)$ 是决策变量,$w\left(T_{j1}\right) \geqslant w\left(T_{j2}\right) \geqslant \cdots \geqslant w\left(T_{js}\right) \geqslant \cdots \geqslant w\left(T_{jR_j}\right) \geqslant 0$ 和 $w\left(T_{j1}\right) - w\left(T_{j2}\right) \geqslant w\left(T_{j2}\right) - w\left(T_{j3}\right) \geqslant \cdots \geqslant w\left(T_{jR_j-1}\right) - w\left(T_{jR_j}\right)$ 是对评价等级强制性排序,即 T_{j1} 表示最高等级,T_{jR_j} 表示最低等级,满足各评价等级之间存在的排序,从而避免出现两个评价等级权重相等的情况[276]。通过该约束条件,可以实现对主体评价值的排序,而不会将主体仅分为有效率和无效率两类。

通过对上述线性规划模型的求解,可以确定各评价等级的最佳权重,记为 $\left\{w'\left(T_{j1}\right), w'\left(T_{j2}\right), \cdots, w'\left(T_{js}\right), \cdots, w'\left(T_{jR_j}\right)\right\}$,根据式 (3.14),得到主体 cr_q 在指标 I_j 上的综合评价值 y'_{qj} 为

$$y'_{qj} = \sum_{s=1}^{R_j} w'\left(T_{js}\right)\mathrm{NB}_{qjs}, \ \ q = 1, 2, \cdots, Q, \ \ j = 1, 2, \cdots, m \quad (3.16)$$

同理,针对不同的指标,建立上述模型并进行求解,确定每个主体在所有指标上的综合评价值。然后与各主体评价指标权重加权求和,得到最终的主体综合评价值 Y_q:

$$Y_q = \sum_{j=1}^{m} \tilde{W}_j y'_{qj} = \left[(W_j)^{\mathrm{L}}_\alpha \sum_{s=1}^{R_j} w'(T_{js}) \mathrm{NB}_{qjs}, (W_j)^{\mathrm{U}}_\alpha \sum_{s=1}^{R_j} w'(T_{js}) \mathrm{NB}_{qjs} \right] \quad (3.17)$$

由式 (3.17) 可知，主体综合评价值 Y_q 是一个区间数值。为了对所有主体的综合评价值进行排序比较，本书采用最小最大后悔值法。令

$$(Y_q)^{\mathrm{L}}_\alpha = (W_j)^{\mathrm{L}}_\alpha \sum_{s=1}^{R_j} w'(T_{js}) \mathrm{NB}_{qjs}, \quad (Y_q)^{\mathrm{U}}_\alpha = (W_j)^{\mathrm{U}}_\alpha \sum_{s=1}^{R_j} w'(T_{js}) \mathrm{NB}_{qjs}$$

则每个主体综合评价值可表示为 $Y_q = \left[(Y_q)^{\mathrm{L}}_\alpha, (Y_q)^{\mathrm{U}}_\alpha \right]$，$q = 1, 2, \cdots, Q$。

假设主体 cr_q 的综合评价值最大，然后从剩余主体中选择一个综合评价值上限最大的主体，满足 $\max (Y_f)^{\mathrm{U}}_\alpha (1 \leqslant f \leqslant Q, f \neq q)$。如果 $(Y_q)^{\mathrm{L}}_\alpha < \max (Y_f)^{\mathrm{U}}_\alpha$，则主体 cr_q 会后悔，最大后悔值为

$$\max (\mathrm{RT}_q) = \max (Y_f)^{\mathrm{U}}_\alpha - (Y_q)^{\mathrm{L}}_\alpha, \ 1 \leqslant f, q \leqslant Q, f \neq q \quad (3.18)$$

如果 $(Y_q)^{\mathrm{L}}_\alpha > (Y_f)^{\mathrm{U}}_\alpha$，则主体 cr_q 不会后悔，该主体的后悔值为 0。综合上述两个方面，主体 cr_q 最大后悔值表示如下：

$$\max (\mathrm{RT}_q) = \max \left[\max (Y_f)^{\mathrm{U}}_\alpha - (Y_q)^{\mathrm{L}}_\alpha, 0 \right], \ 1 \leqslant f, q \leqslant Q, f \neq q \quad (3.19)$$

对于任意一个主体，采用式 (3.16) 计算其最大后悔值，然后取后悔值最小的那个主体作为综合评价值最大的主体，即该主体最重要。

$$\min \{\max (\mathrm{RT}_q)\} = \min \left\{ \max \left[\max (Y_f)^{\mathrm{U}}_\alpha - (Y_q)^{\mathrm{L}}_\alpha, 0 \right] \right\}, \ 1 \leqslant f, q \leqslant Q, f \neq q$$
$$(3.20)$$

然后将该主体从主体集合中去除，采用同样的方法，对剩余的 $(Q-1)$ 个主体进行排序。由此得到所有主体的综合评价值的排序，并将其作为企业选择参与产品创新主体的依据。

3.5 实例分析

本书以某原始设计制造商（original design manufacturer, ODM）企业的某款手机开发为例，以客户协同产品创新研发过程为背景，说明上述协同创新领先客户选择方法的应用过程。为使所开发手机能够更好地满足客户需求，提高销售量，该企业计划从其客户关系管理系统中选择多个客户参与手机前期的创新设计，并以前期设计阶段中的手机界面创新设计为例。根据分析，手机界面创新设计对协

同创新客户的要求包括：手机使用经验、手机特性需求、手机创新设计创意、手机创新设计的相关知识、协同设计能力、信息共享能力以及协同和共享信息的积极性。

本书假设专家采用五级和七级模糊语言集合对产品创新要求与选择协同创新客户的评价指标之间的关联程度、产品创新要求重要度以及指标之间的相互依赖程度进行评价。其中，模糊语言变量与三角模糊数之间的关系如表 3.2 所示。

表 3.2　模糊语言变量与三角模糊数之间的关系

模糊语言	七级						
	没有关系 (N_7)	很弱 (VW_7)	弱 (W_7)	一般 (M_7)	强 (S_7)	很强 (VS_7)	完全符合 (ES_7)
三角模糊数	(0,0,0.16)	(0,0.16,0.33)	(0.16,0.33,0.50)	(0.33,0.50,0.67)	(0.50,0.67,0.84)	(0.67,0.84,1.00)	(0.84,1.00,1.00)

模糊语言	五级				
	很弱 (VW_5)	弱 (W_5)	一般 (M_5)	强 (S_5)	很强 (VS_5)
三角模糊数	(0,0,0.25)	(0,0.25,0.50)	(0.25,0.50,0.75)	(0.50,0.75,1.00)	(0.75,1.00,1.00)

对于两种模糊语言集合的模糊隶属度函数均采用三角模糊隶属度函数，语言变量与隶属度函数之间的关系如图 3.3 所示。

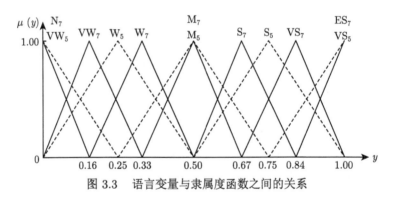

图 3.3　语言变量与隶属度函数之间的关系

共有四位专家根据产品创新要求与评价指标之间的关系，采用表 3.2 中模糊语言进行评价，建立如图 3.4 所示的 HOQ。

针对不同专家采用不同的模糊语言集合，需要对专家评价信息进行统一处理。本书以七级模糊语言集合为基准，将五级模糊语言变量进行转化。以五级模糊语言集合中的语言变量 {很强} = {VS_5} 为例说明转化过程。

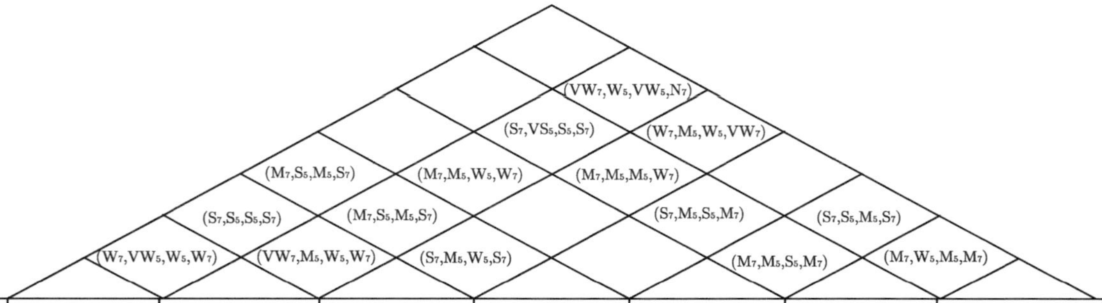

产品创新要求	RE_{in}	CA_{co}	CA_{ia}	CA_{ba}	AT_{po}	AT_{ex}	AT_{bo}	需求权重
手机使用经验	(M_7,M_5,S_5,M_7)	(VW_7,VW_5,W_5,M_7)	(S_7,S_5,S_5,S_7)	(M_7,W_5,M_5,M_7)	(N_7,VW_5,W_5,N_7)	(W_7,W_5,M_5,VW_7)	(W_7,VW_5,W_5,VW_7)	(S_7,S_5,M_5,S_7)
手机特性需求	(M_7,W_5,W_5,M_7)	(N_7,VW_5,W_5,VW_7)	(VW_7,W_5,W_5,W_7)	(VW_7,VS_5,VW_5,W_7)	(VW_7,VW_5,VW_5,N_7)	(M_7,VW_5,W_5,VW_7)	(VW_7,W_5,M_5,W_7)	(S_7,VS_5,S_5,VS_7)
手机创新设计-创意	(S_7,VS_5,VS_5,VS_7)	(W_7,W_5,VW_5,N_7)	(VS_7,VS_5,S_5,VS_7)	(VW_7,W_5,M_5,W_7)	(W_7,VW_5,W_5,N_7)	(W_7,M_5,M_5,VW_7)	(N_7,VW_5,VW_5,N_7)	(VS_7,VS_5,S_5,VS_7)
手机创新设计的相关知识	(VS_7,VS_5,VS_5,VS_7)	(W_7,VW_5,VW_5,N_7)	(S_7,S_5,S_5,VS_7)	(S_7,S_5,M_5,S_7)	(VW_7,VW_5,M_5,N_7)	(VW_7,W_5,W_5,VW_7)	(N_7,VW_5,W_5,N_7)	(S_7,VS_5,S_5,VS_7)
协同设计能力	(S_7,VS_5,S_5,S_7)	(VS_7,VS_5,S_5,VS_7)	(S_7,S_5,S_5,M_7)	(S_7,S_5,S_5,S_7)	(M_7,M_5,W_5,M_7)	(S_7,VS_5,S_5,S_7)	(VM_7,W_5,M_5,VM_7)	(S_7,M_5,M_5,S_7)
信息共享能力	(M_7,M_5,M_5,S_7)	(S_7,VS_5,S_5,S_7)	(M_7,S_5,M_5,M_7)	(S_7,S_5,M_5,S_7)	(M_7,S_5,M_5,M_7)	(S_7,M_5,S_5,S_7)	(M_7,M_5,S_5,S_7)	(S_7,M_5,M_5,S_7)
协同和共享信息的积极性	(W_7,W_5,M_5,M_7)	(S_7,VS_5,S_5,S_7)	(W_7,M_5,W_5,S_7)	(M_7,S_5,M_5,M_7)	(VS_7,S_5,VS_5,VS_7)	(S_7,M_5,S_5,M_7)	(S_7,VS_5,VS_5,S_7)	(S_7,S_5,M_5,S_7)

图 3.4 产品创新要求与评价指标的 HOQ 模型

五级模糊语言集合 $L = \{l_1, l_2, \cdots, l_g\} = L_5 = \{\mathrm{VW}_5, \mathrm{W}_5, \mathrm{M}_5, \mathrm{S}_5, \mathrm{VS}_5\}$。七级模糊语言集合 $C = \{c_1, c_2, \cdots, c_h\} = C_7 = \{\mathrm{N}_7, \mathrm{VW}_7, \mathrm{W}_7, \mathrm{M}_7, \mathrm{S}_7, \mathrm{VS}_7, \mathrm{ES}_7\}$。其中，对于 $\delta_{\mathrm{VS}_7}^{\mathrm{VS}_5}$ 而言，根据式 (3.1) 和式 (3.2)，分析两个语言变量的转化过程，如图 3.5 所示。

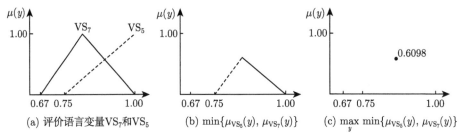

图 3.5   语言变量 VS_5 与 VS_7 的转化过程

由此可知，$\tau_{\mathrm{VS}_7}(\mathrm{VS}_5) = (\mathrm{VS}_7, 0.6098)$。同理，评价语言变量 VS_5 的转化函数为 $\tau_{C_7}(\mathrm{VS}_5) = \{(\mathrm{N}_7, 0), (\mathrm{VW}_7, 0), (\mathrm{W}_7, 0), (\mathrm{M}_7, 0), (\mathrm{S}_7, 0.2143), (\mathrm{VS}_7, 0.6098)\}$ $(\mathrm{ES}_7, 1)$。根据语言变量转化的原则，将语言变量 VS_5 用 ES_7 表示，即 $\mathrm{VS}_5 \to \mathrm{ES}_7$。由此，可以将五级模糊语言集合中的语言变量转化为七级模糊语言集合中的语言变量，从而可以统一处理图 3.4 中的专家评价信息。

假设参与评价的四位专家具有相同的重要性，即 $w_1 = w_2 = w_3 = w_4 = 0.25$。根据式 (3.3) ～ 式 (3.5)，模糊量化后的 HOQ，如图 3.6 所示。

根据图 3.6 中的数据，分别取 α 为 $\{0, 0.2, 0.5, 0.7, 1.0\}$，根据式 (3.8)～ 式 (3.10)，计算得到不同 α 下的客户评价指标权重的上限和下限，如表 3.3 所示。

表 3.3   不同 α 下的评价指标权重的上限和下限

α	$W_{\mathrm{RE}_{\mathrm{kn}}}$	$W_{\mathrm{CA}_{\mathrm{co}}}$	$W_{\mathrm{CA}_{\mathrm{ia}}}$	$W_{\mathrm{CA}_{\mathrm{ba}}}$	$W_{\mathrm{AT}_{\mathrm{po}}}$	$W_{\mathrm{AT}_{\mathrm{ex}}}$	$W_{\mathrm{AT}_{\mathrm{ho}}}$
0	[0.147,0.422]	[0.132,0.391]	[0.138,0.403]	[0.128,0.357]	[0.085,0.254]	[0.120,0.314]	[0.107,0.297]
0.2	[0.163,0.401]	[0.148,0.380]	[0.149,0.385]	[0.142,0.340]	[0.098,0.241]	[0.139,0.290]	[0.119,0.278]
0.5	[0.178,0.382]	[0.160,0.359]	[0.161,0.372]	[0.160,0.318]	[0.112,0.221]	[0.160,0.271]	[0.131,0.259]
0.7	[0.182,0.361]	[0.179,0.341]	[0.181,0.358]	[0.187,0.300]	[0.131,0.210]	[0.179,0.250]	[0.152,0.237]
1.0	[0.205,0.336]	[0.198,0.321]	[0.200,0.331]	[0.205,0.277]	[0.153,0.188]	[0.195,0.230]	[0.178,0.213]

在确定评价指标权重之后，需要评价客户在各评价指标上的表现情况，首先定义评价等级 $G_j = \{T_{j1}, T_{j2}, \cdots, T_{jR_j}\} = \{很好, 好, 一般, 差, 很差\} = \{\mathrm{VG}, \mathrm{G}, \mathrm{M}, \mathrm{B}, \mathrm{VB}\}$。企业可根据实际情况，采用其他评价等级集合，且不同指标允许存在不同的评价等级。企业邀请了 10 位专家 (主要来自企业的研发部和市场部) 对初步选择的 20 位客户在各评价指标上的表现情况进行评价，结果如表 3.4 所示。

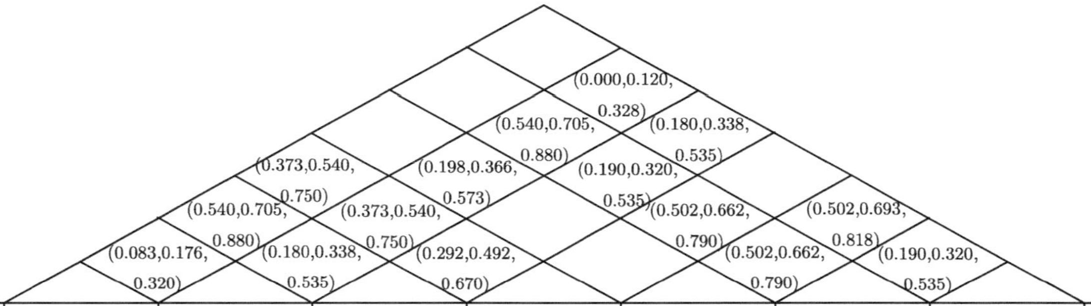

House of Quality 顶部(屋顶)相关系数(三角模糊数):

(0.083,0.176, 0.320)
(0.540,0.705, 0.880)
(0.373,0.540, 0.705)
(0.180,0.338, 0.535)
(0.373,0.540, 0.750)
(0.198,0.366, 0.573)
(0.190,0.320, 0.535)
(0.292,0.492, 0.670)
(0.000,0.120, 0.328)
(0.540,0.705, 0.880)
(0.180,0.338, 0.535)
(0.190,0.320, 0.535)
(0.502,0.662, 0.790)
(0.502,0.662, 0.790)
(0.502,0.693, 0.818)
(0.190,0.320, 0.535)

客户评价指标	RE_kn	CA_co	CA_la	CA_ba	AT_po	AT_ex	AT_bo	需求权重
手机使用经验	(0.373,0.540, 0.705)	(0.000,0.120, 0.328)	(0.540,0.705, 0.880)	(0.190,0.320, 0.535)	(0.083,0.176, 0.320)	(0.180,0.338, 0.535)	(0.180,0.338, 0.535)	(0.502,0.693, 0.818)
手机特性需求	(0.203,0.313, 0.540)	(0.083,0.176, 0.320)	(0.176,0.315, 0.480)	(0.176,0.315, 0.480)	(0.083,0.176, 0.320)	(0.180,0.338, 0.535)	(0.083,0.176, 0.320)	(0.540,0.716, 0.28)
手机创新设计创意	(0.620,0.795, 0.960)	(0.083,0.205, 0.410)	(0.620,0.832, 0.960)	(0.180,0.338, 0.535)	(0.180,0.338, 0.535)	(0.206,0.375, 0.592)	(0.000,0.083, 0.176)	(0.552,0.739, 0.921)
手机创新设计的相关知识	(0.650,0.840, 1.000)	(0.083,0.176, 0.320)	(0.540,0.726, 0.903)	(0.502,0.693, 0.818)	(0.000,0.120, 0.328)	(0.083,0.176, 0.320)	(0.000,0.000, 0.083)	(0.540,0.716, 0.28)
协同设计能力	(0.540,0.705, 0.880)	(0.620,0.832, 0.960)	(0.502,0.693, 0.818)	(0.540,0.705, 0.880)	(0.190,0.320, 0.535)	(0.540,0.705, 0.880)	(0.083,0.192, 0.375)	(0.376,0.562, 0.793)
信息共享能力	(0.373,0.567, 0.725)	(0.540,0.712, 0.903)	(0.373,0.540, 0.705)	(0.502,0.693, 0.818)	(0.373,0.540, 0.705)	(0.502,0.693, 0.818)	(0.373,0.540, 0.750)	(0.376,0.562, 0.793)
协同利共享信息的积极性	(0.190,0.320, 0.535)	(0.540,0.705, 0.880)	(0.190,0.320, 0.535)	(0.373,0.540, 0.750)	(0.552,0.739, 0.921)	(0.502,0.662, 0.790)	(0.369,0.604, 0.783)	(0.502,0.693, 0.818)

产品创新要求(行标签分组)

图 3.6 产品创新要求与评价指标的模糊量化 HOQ

表 3.4   客户在指标上的评价值

客户	评价指标																		
	RE_{kn}					$\cdots$	CA_{ia}					$\cdots$	AT_{ho}						
	VG	G	M	B	VB	$\cdots$	VG	G	M	B	VB	$\cdots$	VG	G	M	B	VB		
cr_1	1	7	2			$\cdots$		4	6			$\cdots$	1	8	1				
cr_2		7	3			$\cdots$		5	4	1		$\cdots$		6	4				
cr_3		6	4			$\cdots$			4	6		$\cdots$		7	3				
$\vdots$	$\vdots$	$\vdots$	$\vdots$	$\vdots$	$\vdots$		$\vdots$	$\vdots$	$\vdots$	$\vdots$	$\vdots$		$\vdots$	$\vdots$	$\vdots$	$\vdots$	$\vdots$		
cr_{20}		5	5			$\cdots$			2	6	2	$\cdots$		1	7	2			

如表 3.4 所示，表中的数值代表对客户在某个指标上表现情况评价为某个等级的专家数量。例如，对于客户 cr_1 在指标 RE_{kn} 上的表现情况，有 1 位专家评价为很好，7 位专家评价为好，2 位专家评价为一般。

根据专家评价值，利用式 (3.11) ∼ 式 (3.12) 求解各评价等级的最佳权重，如表 3.5 所示。

表 3.5   各评价等级的最佳权重

权重	RE_{kn}	CA_{co}	CA_{ia}	CA_{ba}	AT_{po}	AT_{ex}	AT_{ho}
w' (VG)	0.107	0.112	0.088	0.092	0.112	0.101	0.096
w' (G)	0.069	0.083	0.057	0.059	0.083	0.072	0.070
w' (M)	0.044	0.066	0.039	0.035	0.066	0.051	0.048
w' (B)	0.032	0.054	0.022	0.016	0.054	0.038	0.034
w' (VB)	0.025	0.047	0.016	0.011	0.047	0.027	0.023
β	0.473	0.502	0.461	0.458	0.501	0.414	0.463

利用表 3.3 ∼ 表 3.5 中的数据，按照式 (3.15) ∼ 式 (3.16)，分别求 α 为 $\{0, 0.2, 0.5, 0.7, 1.0\}$ 时客户的综合评价值，结果如表 3.6 所示。

表 3.6   不同 α 下客户的综合评价值

客户	$\alpha = 0$	$\alpha = 0.2$	$\alpha = 0.5$	$\alpha = 0.7$	$\alpha = 1.0$
cr_1	[0.687,1.952]	[0.768,1.721]	[0.851,1.747]	[0.951,1.570]	[1.065,1.518]
cr_2	[0.650,1.857]	[0.727,1.659]	[0.804,1.662]	[0.899,1.479]	[1.011,1.443]
cr_3	[0.404,1.154]	[0.452,1.012]	[0.500,1.033]	[0.559,0.921]	[0.628,0.897]
cr_4	[0.668,1.907]	[0.745,1.163]	[0.823,1.713]	[0.921,1.530]	[1.031,1.493]
cr_5	[0.559,1.582]	[0.628,1.426]	[0.698,1.410]	[0.779,1.272]	[0.873,1.221]
cr_6	[0.574,1.637]	[0.642,1.466]	[0.711,1.465]	[0.793,1.303]	[0.890,1.275]
cr_7	[0.405,1.150]	[0.455,1.034]	[0.506,1.023]	[0.570,0.922]	[0.643,0.883]
cr_8	[0.382,1.084]	[0.429,0.990]	[0.475,0.968]	[0.528,0.857]	[0.593,0.839]
cr_9	[0.238,0.672]	[0.267,0.597]	[0.297,0.597]	[0.333,0.540]	[0.375,0.515]
cr_{10}	[0.508,1.447]	[0.567,1.268]	[0.627,1.299]	[0.699,1.157]	[0.781,1.132]
cr_{11}	[0.261,0.743]	[0.290,0.635]	[0.321,0.667]	[0.362,0.602]	[0.405,0.580]
cr_{12}	[0.427,1.214]	[0.478,1.057]	[0.531,1.086]	[0.597,0.979]	[0.668,0.944]
cr_{13}	[0.393,1.117]	[0.440,0.974]	[0.448,0.999]	[0.547,0.888]	[0.611,0.869]

续表

客户	$\alpha=0$	$\alpha=0.2$	$\alpha=0.5$	$\alpha=0.7$	$\alpha=1.0$
cr_{14}	[0.524,1.503]	[0.583,1.256]	[0.643,1.356]	[0.716,1.210]	[0.798,1.188]
cr_{15}	[0.399,1.130]	[0.447,0.985]	[0.498,1.006]	[0.563,0.909]	[0.632,0.870]
cr_{16}	[0.253,0.718]	[0.283,0.621]	[0.314,0.643]	[0.350,0.585]	[0.391,0.559]
cr_{17}	[0.309,0.878]	[0.346,0.767]	[0.384,0.785]	[0.430,0.707]	[0.483,0.681]
cr_{18}	[0.428,1.214]	[0.480,1.073]	[0.532,1.083]	[0.598,0.973]	[0.673,0.936]
cr_{19}	[0.345,0.976]	[0.386,0.859]	[0.429,0.870]	[0.484,0.791]	[0.542,0.755]
cr_{20}	[0.311,0.884]	[0.347,0.769]	[0.385,0.791]	[0.431,0.720]	[0.482,0.688]

对上述客户评价值，采用最小最大后悔值法，根据式 (3.18)～式 (3.20) 对客户综合评价值进行比较和排序，以 $\alpha=0$ 为例。对于客户 cr_4，由表 3.6 可知，客户 cr_1 的综合评价值上限最大，为 1.952，由此得到该客户的最大后悔值为 1.284（1.952–0.668）。同理，可以得到其他客户的最大后悔值，如表 3.7 所示。

由表 3.7 可知，客户 cr_1 的后悔值最小，因此该客户综合评价值排第一名。然后将客户 cr_1 去除，对剩余客户进行排序。通过分析可以发现，综合评价值上限越大，则该客户重要性越大。此外，不同的 α 对客户综合评价值排序不影响。因为 α 表示评价信息的不确定程度，当 α 越大时，所有评价指标权重的上限变小，下限增大，取值区间变小，α 的变化对所有指标的取值区间影响程度相同。所以不同 α 下得到的指标权重与客户在指标上的评价值加权求和，这种区间大小的排序不会发生变化。

表 3.7　$\alpha=0$ 时的客户最大后悔值

客户	cr_1	cr_2	cr_3	cr_4	cr_5	cr_6	cr_7	cr_8	cr_9	cr_{10}
最大后悔值	1.265	1.302	1.548	1.284	1.393	1.378	1.547	1.570	1.714	1.444
客户	cr_{11}	cr_{12}	cr_{13}	cr_{14}	cr_{15}	cr_{16}	cr_{17}	cr_{18}	cr_{19}	cr_{20}
最大后悔值	1.691	1.525	1.559	1.428	1.553	1.699	1.643	1.524	1.607	1.641

通过上述分析，最终的客户综合评价值排序为 $cr_1 \succ cr_4 \succ cr_2 \succ cr_6 \succ cr_5 \succ cr_{14} \succ cr_{10} \succ cr_{18} \succ cr_{12} \succ cr_7 \succ cr_3 \succ cr_{15} \succ cr_{13} \succ cr_8 \succ cr_{19} \succ cr_{20} \succ cr_{17} \succ cr_{11} \succ cr_{16} \succ cr_9$。企业根据客户综合评价值排序，并结合企业实际需要，选择出协同创新客户。

3.6　本　章　小　结

根据协同创新网络构建的问题和特点，为了合理地选择出满足产品创新要求的协同创新客户，本章首先提出了选择协同创新客户的选择指标。针对产品创新要求与评价指标之间的关系，采用 HOQ 模型对其进行描述，并采用模糊评价语言和三角模糊数描述产品创新要求与评价指标之间的量化关系、评价指标相互依赖程度以及产品创新要求重要程度。在此基础上，为处理指标权重确定过程中的模糊性和不确定性，提出了综合 FAW 和 α-截集的评价指标权重确定方法，给出了不同 α 下的评价指标权重的上限和下限。然后，基于 DEA 方法，提出了确定客户在各个评价指标上的评价值的方法。最后，给出了手机界面创新设计实例，分析结果表明本书提出的方法可行，易于操作，能够解决协同创新网络构建问题，分析结论为企业选择合适的协同创新客户提供决策依据。

第 4 章　考虑主体知识模糊性的协同创新任务匹配

协同产品创新中，产品创新任务与协同创新主体的合理匹配，对充分发挥主体的作用和提升协同创新效果具有重要的促进作用。在前面两章的基础上，本章根据客户协同产品创新特点，提出基于任务分组的产品创新任务与协同创新主体匹配方法。在此基础上，提出度量主体与任务之间匹配程度的模糊匹配度概念，并以最大化模糊匹配度为目标，建立匹配模型，采用排序方法进行求解，从而解决在一定的时间、成本等约束下，如何制订任务与主体匹配方案，以最大化主体与任务之间匹配度这一问题。最后进行实例研究，以说明本书所提模型和方法的应用过程及可行性。

4.1　引　　言

由于整个产品创新工作包括一系列具有不同特点和要求的任务，不同的协同创新主体具有不同的知识结构和创新能力等，这就决定了不同的主体能够协同的任务数量和类别等具有差异性。根据产品创新任务的要求与主体知识、能力等方面的特点，对任务与主体进行匹配，为任务指派合适的主体以及为主体匹配合适的任务，对充分利用主体的知识和能力以及提升产品创新任务开展的效果具有积极的促进作用。

目前，国内外学者针对车间生产任务、产品制造任务、工程项目、多 Agent 系统任务的调度和任务与参与主体的匹配问题提出了多种模型和求解算法[277−280]。然而，对于由外部组织协同情况下的产品创新任务与参与主体匹配问题的研究相对较少[281]。直接相关的研究大多是针对供应商协同和由多主体构成联盟下的任务分配问题，研究成果主要包括分配模型的构建以及分配算法的提出两个方面[143, 155, 282, 283]。

然而，本书研究的产品创新任务与协同创新主体匹配与现有研究存在一些不同，主要表现在以下三个方面。

第一，参与主体不同，本书研究的是主体个体。主体个体对产品创新任务开展的作用在于其所掌握的产品使用经验、需求信息、创新知识以及创新技能等方面的资源，与供应商或虚拟企业与产品开发任务匹配过程中要考虑供应商和企业的资金、技术、设备等资源具有差异性。

第二，主体参与方式不同，每项产品创新任务难以由一个主体独立完成，需要多个外部主体以及企业的专业技术人员之间相互交流、沟通和共享信息与知识协同完成，与一个供应商或虚拟企业完成一项任务具有不同之处。

第三，目标不同，企业将外部主体融入产品创新中，目的是利用其特有的知识、创新能力和需求信息等 [89]。在产品创新任务与主体匹配过程中，企业更为关注主体的知识和能力能否充分发挥作用并完成任务，而任务的要求与主体知识、能力等方面的合理匹配是实现上述目标的重要保证。因此，任务与主体匹配的首要目标是两者匹配度最大化，与供应商和虚拟企业协同下的任务指派问题将成本、时间等作为首要目标具有差异性。

基于上述分析，本章在综合现有研究成果的基础上，基于企业的视角，以为每项产品创新任务匹配合适的主体为目的，提出了基于任务分组的任务与主体匹配方法，定义了主体属性及其内容，提出了任务与主体模糊匹配度量方法，建立了匹配模型，并采用模糊数排序方法求解，以得到合理的任务与主体匹配方案。

4.2　产品创新任务与协同创新主体分解方法

目前，产品开发任务分解方式大体可以分为五类 [138]，包括按部门、产品功能、产品结构、产品开发过程以及前几种分解方式的组合。然而，对于面向多主体协同的产品创新任务分解，直接应用上述分解方法具有一定的局限性。首先，主体协同产品创新的目的是开发出令客户满意的创新性新产品 [5]，产品创新过程中更关注需要创新设计的产品特性 [258]。直接按照产品结构或部门进行分解，难以体现产品创新特性。其次，直接按照产品功能分解，很难建立功能与结构之间的映射关系；按照产品设计过程分解，难以有效控制分解任务的粒度。

本书根据产品创新目标–产品特性之间的关系 [258]，并结合上述任务分解方法，提出如下产品创新任务分解层次结构，如图 4.1 所示。

由图 4.1 可知，产品创新任务分解的层次结构包括产品创新目标分析和分解、产品创新特性分析和分解、产品功能和结构分解与分析以及产品创新任务分析等四个层次。其中，产品创新目标主要是指产品技术或功能层面的目标，可细分为多个子目标。根据产品创新目标及要求，分析产品的特性 (如外观、功能等)，并对各特性进一步进行分解得到多个产品子特性，产品特性的提出与分析是实现产品创新目标及满足市场需求的关键；根据产品创新特性，分析其功能及满足功能的产品结构和构成。在此基础上，根据组件设计流程，采用工作流（workflow）技术 [146]，得到任务集合。对于任务分解后的粒度设计、活动约束结构等方面的研究可参考文献 [147, 284]，在此不再赘述。

对于不同的产品特性，企业具有不同的创新期望 (如突破创新或渐进创新等)，

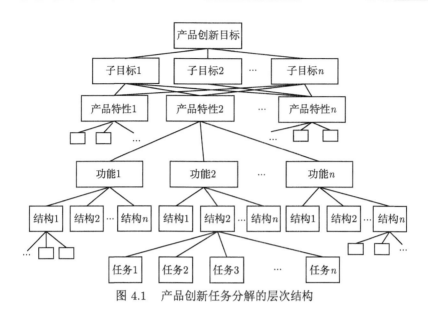

图 4.1 产品创新任务分解的层次结构

本书将其描述成产品特性的创新空间。创新空间是对产品创新程度大小的描述，创新程度要求越高，需要投入的创新资源越多。本书根据创新空间大小，将产品特性细分为高创新、一般创新和无须创新三类，如图 4.2 所示。按照图 4.1 的任

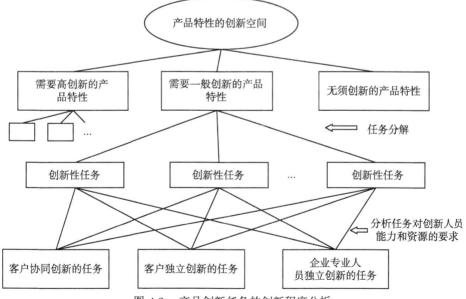

图 4.2 产品创新任务的创新程度分析

务分解过程，由创新性产品特性可以分解得到一系列创新性任务。

外部主体（如客户）对产品创新的作用主要包括两个方面。其一，为产品创新提供相关资源，包括产品需求信息、产品使用经验以及创新知识等 [76]；其二，拥有一定创新知识、技能和经验的客户能够协同企业完成部分产品创新任务 [89]。同时，根据 Rampino 的观点 [259]，创新人员的资源 (知识、信息、时间等)、创新能力、认知能力以及心理或情感反应对产品创新的实现和任务的完成具有重要影响。由此，本书根据任务对创新人员资源和能力的要求，将任务根据主体协同的程度分为三类，分别为需要外部主体协同创新、外部主体独立创新以及企业专业人员独立创新。

上述产品创新任务分解方式根据产品创新的需要和目标，将复杂的产品创新工作分解成一系列粒度较小和易于管理的任务集合。根据产品特性的创新程度，将任务按照创新程度进行分类，以体现产品创新的特性。同时，分析每项产品创新任务对创新人员的资源和能力要求，以客户协同产品创新为例，按照客户协同的程度将产品创新任务分为客户协同创新的任务、客户独立创新的任务以及企业专业人员独立创新的任务。通过该方式有助于企业识别需要进行创新性设计的产品特性、创新性设计任务以及客户协同的任务，便于客户的指派、任务可执行性分析以及产品创新目标的实现。

产品创新任务分解仍需要考虑其他众多约束，如任务粒度、内聚度以及任务工作量等，上述提出的任务分解方法，只是将产品创新任务进行细分，得到一系列子任务，而对于任务分解过程中的任务粒度和可行性的判断分析等可参考文献 [147, 155, 284]。

4.3　产品创新任务与协同创新主体匹配方法

对于任务的分配或任务与参与主体的匹配，一般的方法是以单项任务为单元，依次对每项任务匹配一个或多个主体，如图 4.3 所示。该种方法能够保证为每项任务指派合适的主体，同时对于每个主体而言，能够完成匹配到的任务。然而，这种思路具有一定的局限性：第一，当任务数量和参与主体数量较大时，以单项任务为匹配单元，匹配所需时间长，效率较低；第二，各项任务之间具有一定的关联性和耦合关系，以单项任务为匹配单元，使得参与不同任务的主体之间的沟通和交流的频率增加，进而导致任务完成效率的降低以及成本的增加。基于上述考虑，本书提出基于任务分组的产品创新任务与客户匹配方法，如图 4.4 所示。

根据图 4.4，得出具体的匹配过程，如下所示。

(1) 产品创新任务分组。任务分组是将分解得到的各项任务按照任务之间的关联程度进行分类。任务分组的目标是使单个任务组的内聚度高，不同任务组之

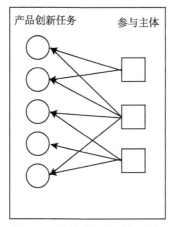

图 4.3　　按单个任务进行匹配

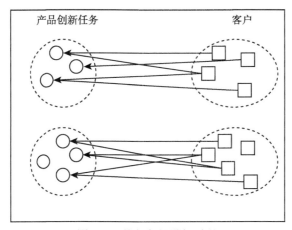

图 4.4　　按任务组进行匹配

间耦合度低。内聚度高说明同一任务组内的任务之间关联程度高，便于参与该任务组的创新主体之间进行沟通和交流；耦合度低反映了不同任务组之间存在较少的信息交流，降低参与不同任务组的创新主体之间的沟通交流，提升工作效率。

（2）初步筛选。企业专业人员根据每个产品创新任务组的特点和要求，结合外部主体的教育背景、创新知识、创新能力、沟通能力、协同经验、产品使用经验、产品需求信息等方面，为每项任务组初步匹配合适的主体，形成初始主体集合。这些初始主体与企业专业人员相互协同，形成不同的协同创新组织。

（3）任务与主体匹配度确定。根据主体对产品创新的作用，分析主体的资源属性、能力属性和态度属性。然后，针对任务组中的每项任务，由企业专业人员和客户共同对主体的各项属性与任务的匹配程度进行评价，以确定两者之间的匹配度。为反映评价信息的不确定性和模糊性，采用模糊集理论分析和表示任务与客户的匹配度，后文定义为模糊匹配度。

(4) 任务与主体匹配模型建立与求解。以主体与任务的匹配度最大化为目标，以产品创新时间、成本等为约束条件，建立匹配模型，并进行求解，从而为每项任务匹配合适的客户。

产品创新任务与主体匹配方法的实施，一方面能够提升匹配的效率，因为将整个产品创新工作划分为多个任务组，任务组内的任务数量相对有限，同时为每个任务组初步选择的主体数量也相对有限，相对于直接对数量较大的任务和主体进行匹配，该种匹配方式更为有效；另一方面能够提升产品创新任务完成的效率，由于任务组内的任务之间具有关联性，任务完成过程中需要不同客户之间进行沟通和交流，上述方法中参与同一任务组的主体相对集中，便于协同，进而有助于提升任务完成的效率。

4.4　产品创新任务与协同创新主体匹配模型

4.4.1　协同创新主体属性分析

客户等外部主体对产品创新的作用主要体现在：第一，为产品创新提供相关资源，包括产品需求信息、产品使用经验以及创新知识等，这些资源能够帮助企业准确地抓住市场需求，降低"粘滞"信息的不利影响，提高产品的新颖性等[76, 285]；第二，由于产品复杂度的增加，企业难以仅依靠自身资源和能力完成产品创新工作，而拥有一定创新知识、技能和经验的客户能够协同企业完成部分产品创新任务[89]。

根据主体能够提供的资源和对产品创新的作用，本书将主体的属性分为资源属性、能力属性和态度属性，这三个方面决定了主体对产品创新可能的贡献大小，也是为其匹配合适任务的依据。其中，资源属性是指主体拥有的对产品创新任务完成具有推动作用的信息和知识等；能力属性是指主体协同产品创新的技术和技能；态度属性是指主体参与产品创新工作的积极性、与他人共享协同的意愿等。

定义 $F = \{\text{RE,CA,AT}\}$ 为客户的属性集合。其中，RE 表示主体的资源属性，采用主体创新知识来反映，记为 RE_{kn}；CA 表示主体的能力属性；AT 表示主体的态度属性。能力属性可表示为 $\text{CA} = \{\text{CA}_{co}, \text{CA}_{ia}, \text{CA}_{ba}\}$。其中，$\text{CA}_{co}$ 表示主体的协同工作能力；CA_{ia} 表示主体的产品创新能力；CA_{ba} 表示主体的基本工作能力。态度属性可表示为 $\text{AT} = \{\text{AT}_{po}, \text{AT}_{ex}, \text{AT}_{ho}\}$。其中，$\text{AT}_{po}$ 表示主体协同工作努力程度；AT_{ex} 表示主体的协同工作经验；AT_{ho} 表示与其他主体交流和共享的意愿。

(1) 主体的创新知识 RE_{kn}。主体的创新知识是指主体的产品使用经验、使用知识、需求信息、创意等与产品创新相关的信息资源，对产品创新任务的完成具

有重要作用 [90]，可通过知识存量、知识与任务的关联度以及知识的价值三个方面衡量。其中，知识存量反映了主体知识的广度和丰富程度；知识与任务的关联度和知识的价值反映了主体知识对产品创新任务的影响程度。

(2) 主体的协同工作能力 CA_{co}。产品创新任务开展过程中，需要主体之间进行沟通和交流。主体的协同工作能力是指主体与其他创新主体交互协同，充分发挥互补优势的能力。该能力影响了主体与其他主体之间协同的可能性、效果以及对产品创新工作完成的作用大小。

(3) 主体的产品创新能力 CA_{ia}。该属性反映了主体运用自身知识、能力、思维，并结合一定的创新理论、工具和方法，创新性解决产品创新问题的能力。

(4) 主体的基本工作能力 CA_{ba}。该项属性体现了主体利用自身知识和工作经验解决专业领域内一般技术问题的能力。

(5) 主体协同工作努力程度 AT_{po}。该项属性反映了主体参与产品创新的积极性、态度以及共享知识和信息的意愿大小，可通过主体主动联系频率、主体被动联系的接受率以及主体配合程度等方面衡量。

(6) 主体的协同工作经验 AT_{ex}。主体的协同工作经验对降低企业培训成本、缩短任务完成时间以及提升协同工作效率具有重要作用，可通过主体与企业协同的次数进行衡量。

(7) 与其他主体交流和共享的意愿 AT_{ho}。主体之间的相互帮助不仅有助于提升每个客户的产品创新水平，产生学习效应，同时能够有效地提高产品创新的工作效率和效果。因此，主体交流和共享的意愿大小对有效完成产品创新任务具有积极作用，可通过主体之间的沟通次数、与其他主体的信息共享水平等方面度量。

4.4.2 产品创新任务与协同创新主体的模糊匹配度度量

对于任务组中的每项产品创新任务，为其匹配合适的主体，需要考虑主体的资源、能力和态度属性是否满足任务的要求。主体属性与任务要求的契合程度，可借鉴 Kristof 提出的匹配度概念来表示 [286]。一般地，匹配度是一个确切的数值。由于主体与任务之间的匹配度在评价过程中存在一定的模糊性和不确定性，主体和企业专业人员难以直接得出准确的匹配度数值，而倾向于采用模糊性语言变量进行评价，如"匹配度很好""匹配度一般""不匹配"等语言变量 [287]。为处理评价过程中的模糊性和不确定性信息，Zadeh 于 1965 年提出了模糊集理论 [288]。因此，本书基于模糊集理论，提出模糊匹配度来衡量主体对任务要求的满足程度。

对于模糊匹配度的确定，一般方法是通过计算客户各项属性的量化值和各项任务要求的量化值，然后采用相似度算法进行匹配计算。然而，该种方法的应用难度较大，一方面，客户的各项能力和任务要求的准确量化值难以直接获取，获取过程比较复杂；另一方面，能力和任务要求的量化值计算，以及相似度的求解工作量较大。因此，本书考虑由客户和企业专业设计人员共同对客户的资源、能力以及态度属性是否满足产品创新任务的要求进行评价，并对评价结果进行综合。由两者共同评价的原因是：第一，客户对自身各项能力和知识最为了解，由客户自身进行评价，不仅能够降低企业或者其他专家获取客户知识、能力等信息所产生的信息"粘滞"的影响，而且相对于收集、获取、转化、量化客户知识和能力等一系列工作，由客户直接评价能够降低工作的复杂度和工作量；第二，企业专业设计人员相对客户对产品创新任务要求更为清楚，可为客户提供必要的信息，同时有助于避免由客户独立评价产生的评价结果不合理的问题。通过上述方法，能够直接地反映客户属性与任务要求的匹配程度，避免定量化确定客户能力、知识和任务要求，降低计算工作量和复杂度。

客户与产品创新任务的模糊匹配度度量过程具体如下。

1. 语言变量的模糊量化

考虑到客户和企业专业设计人员大多采用模糊性语言变量进行评价，为将语言变量量化，本书采用三角模糊数来表示客户和企业专业设计人员的评价结果。一个三角模糊数为 $\tilde{M} = (a, b, c)$，其中 a, b, c 分别表示专家评价的最小值、中间值及最大值。语言变量和三角模糊数之间的对应关系如表 4.1 所示。

表 4.1　语言变量和三角模糊数之间的对应关系

语言变量	三角模糊数
很差	(0,0,0.2)
差	(0,0.2,0.4)
一般	(0.3,0.5,0.7)
好	(0.6,0.8,1.0)
很好	(0.8,1.0,1.0)

2. 模糊匹配度计算

假设一个任务组中包含 n 项任务，记为 $T = \{t_1, t_2, \cdots, t_i, \cdots, t_n\}$，其中 t_i 表示第 i 项任务。经过初步选择，共有 m 个客户参与到该任务组，记为 $C = \{c_1, c_2, \cdots, c_j, \cdots, c_m\}$，其中 c_j 为第 j 个客户。参与该任务组的企业专业人员记为 $E = \{e_1, e_2, \cdots, e_k, \cdots, e_p\}$，其中，$e_k$ 表示第 k 个设计人员，p 表示设计人员数量。

由专业设计人员和客户采用语言变量分别对客户的各项属性对任务组内每项产品创新任务的满足程度进行评价，评价结果如表 4.2 所示。

然后，根据表 4.1 中语言变量和三角模糊数之间的对应关系，将客户与企业专业设计人员的语言评价转化为三角模糊数，并将转化后的评价值进行综合，得

表 4.2 客户各项属性对产品创新任务要求满足程度的评价

属性	t_1	t_2	$\cdots$	t_i	$\cdots$	t_n
RE_{kn}	很好	好	$\cdots$	一般	$\cdots$	好
CA_{co}	好	一般	$\cdots$	差	$\cdots$	很好
CA_{ia}						
CA_{ba}	$\vdots$	$\vdots$		$\vdots$		$\vdots$
AT_{po}						
AT_{ex}						
AT_{ho}	一般	差	$\cdots$	很好	$\cdots$	好

到客户与任务的模糊匹配度值为

$$\mathrm{FMD}_{ji} = \omega_C \sum_{s=1}^{O} \omega_s \tilde{M}_{jis} + \omega_E \sum_{s=1}^{O} \sum_{k=1}^{P} \omega_s \tilde{M}_{kjis} \tag{4.1}$$

由于客户只对自身的能力和知识了解，因此对其他客户与各项任务的匹配程度不予评价。其中，FMD_{ji} 表示第 j 个客户与第 i 项任务之间的模糊匹配度；s 表示客户的第 s 个属性，$s = \{1, 2, \cdots, O\}$；O 表示属性数量；$\tilde{M}_{jis}$ 表示第 j 个客户对自身第 s 个属性对第 i 项任务满足程度评价值的三角模糊数；$\tilde{M}_{kjis}$ 表示第 k 个设计人员对第 j 个客户的第 s 个属性对第 i 项任务满足程度评价值的三角模糊数；ω_C、ω_E 分别表示客户与专业设计人员在评估过程中的相对重要性，且有 $0 \leqslant \omega_C, \omega_E \leqslant 1$，$\omega_C + \omega_E = 1$；$\omega_s$ 表示客户第 s 个属性的相对重要性大小，对于不同的任务，不同属性的权重大小是变化的，$0 \leqslant \omega_s \leqslant 1$。

4.4.3 匹配模型构建

客户协同产品创新过程中，企业倾向于利用客户与企业专业人员在知识结构和创新技能等方面的不对称性[289]，充分发挥两者的互补优势，因此在任务与客户匹配的过程中，企业更为关注客户的知识和能力能否得到发挥，能否满足任务对知识、能力以及信息的需求。例如，对于产品创意生成任务，拥有创新性思维、对企业产品有深入了解以及能提出新产品创意的领先客户更适合该项任务，可以将这类客户指派给该项任务。客户的创新资源和能力等属性与产品创新任务要求之间的合理匹配对促进客户作用充分发挥和解决任务开展所面临的问题具有重要意义。因此，本书将客户与任务之间的模糊匹配度最大化作为两者匹配的目标函数，即

$$\max Z = \sum_{i=1}^{n} \sum_{j=1}^{m} \mathrm{FMD}_{ji} x_{ji} \tag{4.2}$$

其中，$x_{ji} = 1$ 或 0，当 $x_{ji} = 1$ 时，表示第 j 个客户协同完成第 i 项任务；当 $x_{ji} = 0$ 时，表示第 j 个客户不参与第 i 项任务。

在一个产品创新任务组内，客户与任务之间的模糊匹配度越大，表明客户越能胜任任务的要求以及发挥自身的特长和作用。

此外，产品创新任务与客户匹配还应满足以下约束条件。

1. 客户数量约束

对于同一任务组内的每项产品创新任务，需要多个客户参与，这些客户相互联系和协同，形成一个创新小组共同完成任务。假设协同任务 t_i 完成的客户所构成的创新小组为 y_i，则该小组可以表示为 $y_i = \sum_j x_{ji}$。对于每项任务，如果参与的客户过多，则会产生一些不必要的交流和沟通，达成一致的过程比较耗时；如果参与的客户过少，则难以有效地完成任务的工作量。因此，本书对参与每项任务的客户数量进行限定，即满足

$$h_1 \leqslant \sum_j x_{ji} \leqslant h_2 \tag{4.3}$$

其中，h_1、h_2 分别表示参与某项任务最小和最大的客户数量。对于不同的企业和产品创新项目，参与客户数量可以进行相应调整。

2. 成本约束

每项产品创新任务的开展都会产生一定的固定成本，假设同一任务组内的每项任务开展的固定成本相同，记为 C_f。由于每项任务的参与客户不同，每项任务的变动成本存在差异，本书主要考虑由客户协同所产生的变动成本，包括企业需要支付给客户的薪酬等，令 C_{ji} 表示第 j 个客户参与任务 t_i 发生的成本。由此可以得到客户协同任务 t_i 开展的成本为 $C_f + \sum_j C_{ji} x_{ji}$。

假设企业对任务 t_i 的客户协同预期成本为 C_i，则该项任务与客户匹配需要满足以下成本约束条件：

$$C_f + \sum_j C_{ji} x_{ji} \leqslant C_i \tag{4.4}$$

3. 时间约束

参与同一产品创新任务的客户，在任务完成过程中需要协同、沟通和交流，因此，客户完成任务的时间不仅包括客户协同完成任务内容所需的时间，还应包括客户之间协同所产生的时间。令 $T_i(y_i)$ 为创新小组 y_i 完成任务 t_i 的时间，可以表示为

$$T_i(y_i) = T_{\text{dvp}}(y_i) + T_{\text{com}}(y_i) \tag{4.5}$$

其中，$T_{\text{dvp}}(y_i)$ 表示创新小组 y_i 完成任务内容所投入的时间；$T_{\text{com}}(y_i)$ 表示创新小组 y_i 所投入的由客户协同而产生的时间。

文献 [283] 提出的组织投入任务的时间是由任务的复杂度和组织的技术能力两个方面确定的，本书认为创新小组完成任务内容所投入的时间是由任务本身的复杂度和创新小组与任务的平均模糊匹配度决定的。令 u_i 为任务 t_i 的复杂度，由技术交叉度、密集度以及协调复杂度等方面决定；$\sum\limits_{j} \mathrm{FMD}_{ji} \Big/ y_i$ 为创新小组与任务的平均模糊匹配度。由此可以得到创新小组完成任务内容所投入的时间为

$$T_{\mathrm{dvp}}\left(y_i\right) = u_i \bigg/ \dfrac{\sum\limits_{j} \mathrm{FMD}_{ji}}{y_i} \tag{4.6}$$

其中，u_i 表示实际投入时间；对于任务 t_i，令客户 c_j 和 c_l 参与该项任务，$d\left(c_j, c_l\right)$ 表示客户 c_j 和 c_l 之间的协同程度，协同程度大小与客户之间的协同工作经验、协同工作能力以及协同积极性相关，且有 $0 \leqslant d\left(c_j, c_l\right) \leqslant 1$。由此，在同一任务中，客户之间的协同时间表示为

$$T_{\mathrm{com}}\left(y_i\right) = \sum_{j} \sum_{l=1,j\neq l} \frac{u_i}{d\left(c_j, c_l\right)} \tag{4.7}$$

由此得到产品创新任务与客户匹配的时间约束为

$$\frac{u_i y_i}{\sum\limits_{j} \mathrm{FMD}_{ji}} + \sum_{j} \sum_{l=1,j\neq l} \frac{u_i}{d\left(c_j, c_l\right)} \leqslant T_i \tag{4.8}$$

其中，T_i 表示任务 t_i 计划的客户协同完成时间。

基于上述分析，建立产品创新任务与客户匹配模型，如下：

$$\max Z = \sum_{i=1}^{n} \sum_{j=1}^{m} \mathrm{FMD}_{ji} x_{ji}$$

s.t.

$$\begin{cases} C_f + \sum\limits_{j} C_{ji} x_{ji} \leqslant C_i \\ \dfrac{u_i y_i}{\sum\limits_{i} \mathrm{FMD}_{ji}} + \sum\limits_{j} \sum\limits_{l=1,j\neq l} \dfrac{u_i}{d\left(c_j, c_l\right)} \leqslant T_i \\ h_1 \leqslant \sum\limits_{j} x_{ji} \leqslant h_2 \\ y_i = \sum\limits_{j} x_{ji} \\ x_{ji} = 0\text{或}1 \end{cases} \tag{4.9}$$

4.5　模 型 求 解

由式 (4.9) 可知，产品创新任务与客户匹配模型是一个模糊线性规划 (fuzzy linear programming, FLP) 模型。目前，对于 FLP 问题的求解方法根据问题的形式有所不同，本书中的 FLP 问题属于目标函数和约束条件的系数为三角模糊数的模糊系数型线性规划问题。FLP 问题常用和便捷的求解方法是基于排序函数的模糊数排序比较方法 [290]。由于模糊数难以直接比较且是非线性排列，难以直接用来计算，因此排序比较方法中的重要工作之一是将模糊数进行转化。考虑到任务与客户匹配模型中的模糊数为三角模糊数，本书参考 Liou 和 Wang 提出的模糊数排序方法，该方法将模糊数转化为积分值，不要求隶属度函数为标准型，能够有效处理三角模糊数和梯形模糊数的排序问题 [291]，同时求解过程考虑了决策者的偏好。

假设一个三角模糊数为 $\tilde{M} = (a, b, c)$，其隶属度函数可以表示为 [292]

$$u_{\tilde{M}}(x) = \begin{cases} 0, & x < a, x > c \\ \dfrac{x-a}{b-a}, & a \leqslant x \leqslant c \\ \dfrac{c-x}{c-b}, & b \leqslant x \leqslant c \end{cases} \tag{4.10}$$

其左边、右边的隶属度函数可以表示为 [291]

$$\begin{aligned} u_{\tilde{M}}^{\mathrm{L}}(x) &= \begin{cases} \dfrac{x-a}{b-a}, & a \leqslant x \leqslant b, a \neq b \\ 1, & a = b \end{cases} \\ u_{\tilde{M}}^{\mathrm{R}}(x) &= \begin{cases} \dfrac{x-c}{b-c}, & b \leqslant x \leqslant c, b \neq c \\ 1, & b = c \end{cases} \end{aligned} \tag{4.11}$$

由于 $u_{\tilde{M}}^{\mathrm{L}}(x)$ 和 $u_{\tilde{M}}^{\mathrm{R}}(x)$ 是连续单调函数，$u_{\tilde{M}}^{\mathrm{L}}:[a, b] \rightarrow [0, 1]$，$u_{\tilde{M}}^{\mathrm{R}}:[b, c] \rightarrow [0, 1]$。因此，函数 $u_{\tilde{M}}^{\mathrm{L}}(u)$ 和 $u_{\tilde{M}}^{\mathrm{R}}(u)$ 的反函数存在，表示如下：

$$\begin{aligned} g_{\tilde{M}}^{\mathrm{L}}(u) &= \begin{cases} a + (b-a)u, & a \neq b, u \in [0, 1] \\ a, & a = b \end{cases} \\ g_{\tilde{M}}^{\mathrm{R}}(u) &= \begin{cases} c + (b-c)u, & b \neq c, u \in [0, 1] \\ c, & b = c \end{cases} \end{aligned} \tag{4.12}$$

其中，$g_{\tilde{M}}^{\mathrm{L}}(u)$ 和 $g_{\tilde{M}}^{\mathrm{R}}(u)$ 分别表示隶属度函数的反函数，且有 $g_{\tilde{M}}^{\mathrm{L}}:[0, 1] \rightarrow [a, b]$，$g_{\tilde{M}}^{\mathrm{R}}:[0, 1] \rightarrow [b, c]$。

将隶属度函数的反函数进行积分，将三角模糊数 $\tilde{M}$ 转化为积分值，如下：

$$I\left(\tilde{M}\right) = (1-\alpha)\int_0^1 g_{\tilde{M}}^{\mathrm{L}}(u)\,\mathrm{d}u + \alpha\int_0^1 g_{\tilde{M}}^{\mathrm{R}}(u)\,\mathrm{d}u$$

$$= \frac{1-\alpha}{2}a + \frac{1}{2}b + \frac{\alpha}{2}c \tag{4.13}$$

其中，α 表示决策者的偏好和态度，称为决策者偏好系数，$0 \leqslant \alpha \leqslant 1$，$\alpha$ 越大表示决策者越乐观[291]。

通过上述方法将三角模糊数转化为一个积分值，然后代入到匹配模型中，得到转化后的模型，如下：

$$\max Z = \sum_{i=1}^n \sum_{j=1}^m \left(\frac{1-\alpha}{2}a_{ji} + \frac{1}{2}b_{ji} + \frac{\alpha}{2}c_{ji}\right)x_{ji}$$

s.t.

$$\begin{cases} C_f + \sum_j C_{ji}x_{ji} \leqslant C_i \\ \dfrac{u_i y_i}{\sum_j \left(\dfrac{1-\alpha}{2}a_{ji} + \dfrac{1}{2}b_{ji} + \dfrac{\alpha}{2}c_{ji}\right)} + \sum_j \sum_{l=1,j\neq l} \dfrac{u_i}{d\left(c_j, c_l\right)} \leqslant T_i \\ h_1 \leqslant \sum_j x_{ji} \leqslant h_2 \\ y_i = \sum_j x_{ji} \\ x_{ji} = 0\text{或}1 \end{cases} \tag{4.14}$$

其中，a_{ji}、b_{ji}、c_{ji} 分别表示第 j 个主体与第 i 项任务模糊匹配度的最小值、中间值、最大值。

通过上述过程，将 FLP 问题转化为经典的线性规划问题，可采用线性规划方法进行求解。

4.6 实 例 分 析

以深圳某 ODM 企业的某款手机开发为例，说明上述匹配方法和方法的应用过程。为使该手机能够更好地满足客户的要求，提高销售量，企业从其客户关系管理信息系统中选择多个客户参与手机的概念设计，包括功能设计和界面设计等。其中，对于手机界面设计中的视觉要素设计，通过对视觉要素设计任务的分解和分组，得到了五个任务组。对于其中的一个任务组，包括图标创新设计、导航条设计、应用程序小部件设计、动作设计以及辅助功能设计等五个子任务，在此记为 $\{t_1, t_2, t_3, t_4, t_5\}$。经过初步选择，共有 10 名客户参与该任务组，形成初始客户集合，记为 $\{c_1, c_2, \cdots, c_{10}\}$。企业共有 3 名专业人员主导该任务组的完成，记为 $\{e_1, e_2, e_3\}$。

针对该任务组，客户和专业人员评价客户各属性对任务要求的满足程度，其中一个评价结果如表 4.3 所示。

表 4.3　客户属性对任务要求满足程度评价结果

项目	RE_{kn}	CA_{co}	CA_{ia}	CA_{ba}	AT_{po}	AT_{ex}	AT_{ho}
t_1	很好	好	好	一般	好	好	好
t_2	一般	好	好	一般	好	一般	好
t_3	好	好	一般	一般	好	差	好
t_4	一般	一般	一般	差	好	差	好
t_5	差	一般	一般	一般	好	一般	好

根据表 4.1 中的语言变量和三角模糊数之间的对应关系，将上述评价结果转化为三角模糊数。取客户与企业专业人员的权重相等，即有 $\omega_C = \omega_E$。对于手机图标创新设计而言，本书取客户各属性的权重分别为 $\{0.2, 0.1, 0.2, 0.1, 0.1, 0.2, 0.1\}$。根据式 (4.1) 计算得到客户与各任务之间的模糊匹配度，如表 4.4 所示。

表 4.4　客户与各任务之间的模糊匹配度

项目	c_1	c_2	$\cdots$	c_9	c_{10}
t_1	(0.14,0.23,0.47)	(0.07,0.18,0.27)	$\cdots$	(0.04,0.13,0.21)	(0.11,0.24,0.35)
t_2	(0.01,0.11,0.19)	(0.48,0.63,0.78)	$\cdots$	(0.10,0.26,0.41)	(0.02,0.09,0.17)
t_3	(0.31,0.46,0.59)	(0.02,0.13,0.20)	$\cdots$	(0.04,0.12,0.22)	(0.23,0.41,0.63)
t_4	(0.01,0.13,0.23)	(0.05,0.17,0.25)	$\cdots$	(0.11,0.29,0.42)	(0.08,0.19,0.36)
t_5	(0.12,0.24,0.39)	(0.05,0.18,0.38)	$\cdots$	(0.21,0.39,0.56)	(0.08,0.29,0.42)

对于图标创新设计任务组中的每项任务，假设每项任务的固定成本相同，变动成本仅考虑企业付给每个参与该项任务的客户的薪酬成本，由此得到客户协同完成每项任务的成本，如表 4.5 所示，括号中第一项为固定成本，第二项为变动成本。

表 4.5　客户协同完成每项任务的成本

项目	c_1	c_2	$\cdots$	c_9	c_{10}	成本约束
t_1	(600,500)	(600,600)	$\cdots$	(600,200)	(600,400)	1000
t_2	(600,1000)	(600,700)	$\cdots$	(600,500)	(600,700)	1200
t_3	(600,900)	(600,500)	$\cdots$	(600,300)	(600,700)	1100
t_4	(600,700)	(600,600)	$\cdots$	(600,600)	(600,500)	1300
t_5	(600,800)	(600,1000)	$\cdots$	(600,800)	(600,400)	1400

根据任务所需的技术复杂度、协调复杂度、技术交叉度等方面确定任务的复杂度，给出各任务的复杂度集为 $u_i = \{0.3, 0.8, 0.7, 0.9, 0.9\}$。根据各主体之间的协同工作经验、教育程度、知识背景等确定主体之间的协同程度，如表 4.6 所示。

表 4.6 主体协同程度

主体	c_1	c_2	$\cdots$	c_9	c_{10}
c_1	1	0.7	$\cdots$	0.2	0.5
c_2	0.7	1	$\cdots$	0.7	0.4
$\vdots$	$\vdots$	$\vdots$	$\vdots$	$\vdots$	$\vdots$
c_9	0.2	0.7	$\cdots$	1	0.2
c_{10}	0.5	0.4	$\cdots$	0.2	1

对于每项任务，企业预期的完成时间为 $T_i = \{0.9, 1.1, 1.7, 1.2, 1.3\}$，时间的单位为月。根据上述分析并结合式 (4.12)，将式 (4.9) 的 FLP 问题转化为系数为确定值的线性规划问题，取 $h_1 = 2$，$h_2 = 4$，利用通用代数建模系统 (general algebraic modeling system，GAMS) 对模型进行求解。当取决策者偏好系数 $\alpha = 0.5$ 时，求解的任务与客户匹配方案如表 4.7 所示。

表 4.7 $\alpha = 0.5$ 时的任务与客户匹配方案

决策者偏好系数	匹配方案	创新小组	目标值
$\alpha = 0.5$	$x_{31} = 1, x_{61} = 1$ $x_{22} = 1, x_{32} = 1$ $x_{43} = 1, x_{53} = 1, x_{73} = 1$ $x_{44} = 1, x_{54} = 1, x_{84} = 1$ $x_{75} = 1, x_{85} = 1, x_{95} = 1$	$y_1 = \{c_3, c_6\}$ $y_2 = \{c_2, c_3\}$ $y_3 = \{c_4, c_5, c_7\}$ $y_4 = \{c_4, c_5, c_8\}$ $y_5 = \{c_7, c_8, c_9\}$	(9.48,13.13,14.76)

由此可知，10 名客户中共选择 8 名客户参与该手机图标创新设计任务组，为 $\{c_2, c_3, c_4, c_5, c_6, c_7, c_8, c_9\}$。

然后取 $\alpha = 0$ 和 $\alpha = 1$，分别求解任务与客户匹配方案，结果如表 4.8 所示。

表 4.8 $\alpha = 0$ 和 $\alpha = 1$ 时的任务与客户匹配方案

决策者偏好系数	匹配方案	创新小组	目标值
$\alpha = 0$	$x_{21} = 1, x_{31} = 1, x_{61} = 1$ $x_{22} = 1, x_{32} = 1$ $x_{43} = 1, x_{53} = 1$ $x_{44} = 1, x_{54} = 1, x_{84} = 1$ $x_{75} = 1, x_{85} = 1, x_{95} = 1$	$y_1 = \{c_2, c_3, c_6\}$ $y_2 = \{c_2, c_3\}$ $y_3 = \{c_4, c_5\}$ $y_4 = \{c_4, c_5, c_8\}$ $y_5 = \{c_7, c_8, c_9\}$	(9.57,13.05,14.33)
$\alpha = 1$	$x_{21} = 1, x_{61} = 1$ $x_{22} = 1, x_{32} = 1, x_{42} = 1$ $x_{43} = 1, x_{53} = 1, x_{73} = 1$ $x_{54} = 1, x_{84} = 1$ $x_{75} = 1, x_{95} = 1, x_{105} = 1$	$y_1 = \{c_2, c_6\}$ $y_2 = \{c_2, c_3, c_4\}$ $y_3 = \{c_4, c_5, c_7\}$ $y_4 = \{c_5, c_8\}$ $y_5 = \{c_7, c_9, c_{10}\}$	(9.73,13.58,14.88)

由表 4.8 可知，当 $\alpha = 0$ 和 $\alpha = 1$ 时，参与每项任务的客户发生变化，以及目标函数值也发生了变化。因此，不同的决策者偏好，对任务与客户匹配方案将产生影响，得到多种匹配方案。

4.7   本 章 小 结

本章提出了基于任务分组的产品创新任务与客户匹配方法，能够解决一般的任务与参与主体匹配思路存在的匹配效率较低以及可能导致参与主体交互频率增加的问题；将模糊集理论应用到客户与任务匹配度度量中，提出了模糊匹配度的概念。相对于采用明确值表示客户与任务之间的匹配程度，采用模糊集方法更符合实际以及反映客户与专业设计人员评价信息的模糊性和不确定性；以客户与任务匹配度最大化为目标，以时间、成本等为约束，建立了任务与客户匹配的 FLP 模型，采用模糊数排序方法进行求解，给出了不同决策者偏好下的匹配方案。

第 5 章　多主体创新贡献评价方法

为提升客户协同的积极性和维持协同的稳定性，需要对协同创新客户进行有效激励，而客户贡献度的合理测度是制订激励方案的重要基础和依据。针对直接度量协同创新客户对产品创新或任务的贡献度存在难度较大且结果的合理性难以保证的问题，本章基于任务分解思想将产品创新工作分解成任务、子任务直至最小任务单元——活动，并提出度量客户对活动贡献度的方法。然后提出了综合 FEAHP 法和 DEA 法的任务重要性评价方法，以实现在任务数量较多情况下，有效地确定任务的重要程度。综合客户对活动的贡献度、活动相对任务以及任务相对产品创新工作的重要程度得到客户对任务和产品创新的贡献度，从而实现客户贡献度的量化测度。最后通过实例研究，说明本书所提方法的应用过程及可行性。

5.1　引　　言

根据产品创新任务与协同创新客户匹配的方法与模型，可以得到任务与客户的匹配方案，即为任务指派合适的客户。在客户协同完成任务过程中，客户根据产品创新任务的要求，提供拥有的信息、创新知识以及利用自身的创新能力协同解决相关问题。由于不同客户在知识和能力等方面存在差异性，对于同一任务，不同的客户对任务完成的价值和作用不同，即对任务完成的贡献度具有差异性。合理地量化测度客户对产品创新任务及整个产品创新工作的贡献度，不仅能够使决策者了解不同客户在任务开展中的价值和重要度，也是企业制订激励方案、实现有效激励以及构建公平合理的协同创新环境的关键。

目前，国内外学者主要是通过实际调研访谈、理论分析以及实证研究等方式定性地探讨了客户对产品创新的作用和价值，还未明确提出定量化度量客户贡献度的方法和过程。对于客户贡献度的度量，如果直接度量其对整个产品创新工作的贡献度难度较大、准确性不高。因为客户根据自身的知识、能力和经验等特点，只参与部分产品创新任务[80]，对于参与很少部分任务的客户，收集其对整个产品创新工作贡献度的数据相对较难；此外，直接度量得到的评估结果未能合理地反映客户的实际贡献度大小，因为不同的任务对整个产品创新的影响程度不同，那些协同完成重要且影响程度大的任务的客户，其对产品创新的贡献度就相对更大。

根据上述分析,本书提出基于任务分解思想的客户贡献度测度的新思路和方法。将产品创新工作不断分解直至最小的任务单元——活动,并提出度量客户对活动贡献度的尺度和方法。由于活动的工作内容相对明确、目标相对清晰以及参与的客户或企业专业人员数量较少,因此度量客户对活动的贡献度难度较小且结果更为合理。在此基础上,综合活动相对所属任务的重要程度,得到客户对任务的贡献度。同理,分析任务相对产品创新工作的重要程度,结合客户对任务的贡献度,即可求解客户对产品创新的贡献度。

5.2　创新贡献概念及测度方法

根据客户协同产品创新的相关定义 [5, 27],结合本书研究内容,定义客户贡献度为客户利用自身所拥有的与产品创新相关的信息、知识、经验和能力等,为产品创新目标实现所做出的努力和贡献的总和。按照本章引言部分提出的客户贡献度度量思路,客户对产品创新的贡献度可分为客户对最小任务单元——活动的贡献度、客户对任务的贡献度以及客户对整个产品创新工作的贡献度三个层次。客户贡献度测度过程如图 5.1 所示。

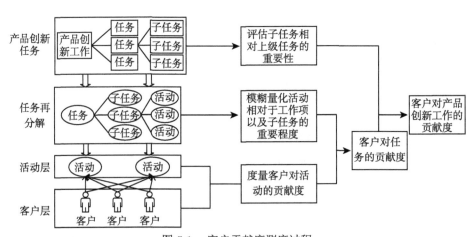

图 5.1　客户贡献度测度过程

根据图 5.1,得出客户贡献度测度方法的具体步骤如下。

(1) 首先将产品创新工作分解成一系列的子任务,然后再将子任务进一步分解成最小的任务单元——活动,最后量化客户对活动目标实现的作用和影响,作为客户对活动的贡献度。

(2) 不同的活动相对子任务的重要度具有差异性,通过分析活动相对子任务的重要度,综合客户对活动的贡献度,即可得到客户对子任务的贡献度。本书认为客户对某项活动的贡献度越大,该活动对子任务越重要,则客户对子任务的贡献度越大。

(3) 以此类推,只要确定每项子任务相对上级任务的重要度,就可求解得到客户对上级任务的贡献度,以此类推可得到客户对整个产品创新工作的贡献度。在此过程中,子任务相对上级任务的重要度评估是关键和基础。一般地,一项任务包含的子任务数量较多,本书提出综合 FEAHP 法和 DEA 法的子任务重要度确定方法,可较为有效地确定各子任务的相对重要程度。

综上所述,本章基于任务分解思想,将复杂且难以定量化的客户贡献度测度问题不断细化,从而得到客户对活动、任务以及整个产品创新工作的贡献度大小,为企业评估客户的重要性及其对产品创新的作用,制订合理的激励方案,以及为后续改善客户协同产品创新过程和方式提供依据与参考。

5.3 基于任务重要度的创新贡献评价方法

5.3.1 协同创新客户对任务的贡献度测度

采用工作分解结构 (work breakdown structure,WBS) 可以将每项产品创新任务根据其工作流进一步分解成一系列的工作 (简称工作项),然后再进一步分解,直至不能分解为止,并将最小的工作项称为活动[293]。此外,任务分解的同时,其所对应的目标也可进一步细分为多个子目标。

任务完成过程可以视为任务目标状态的变化过程。当某项任务完成时,其目标从初始状态变为预期状态 (最终状态),如图 5.2 所示。

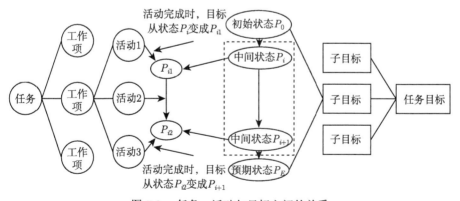

图 5.2 任务、活动与目标之间的关系

例如,在图 5.2 中,任务和任务目标通过分解,分别得到多项活动和子目标。其中,一个子目标的初始状态为 P_0,预期状态为 P_E,P_i 和 P_{i+1} 为两个中间状态。通过活动 1, 将子目标的中间状态从状态 P_i 变成 P_{i1}; 通过活动 2 和活动 3 将目标从状态 P_{i+1} 转变成 P_{i2}。如此, 通过活动不断地完成, 即可逐步实现预期子目标。

根据每项活动的特点和要求, 活动由客户或企业专业人员或两者协同完成。对客户而言, 其通过提供相关资源 (包括需求信息、产品使用知识、经验以及创新知识等)、帮助其他创新主体、承担部分工作内容等方式, 为活动目标状态的变化做出努力和贡献。因此, 客户对活动的贡献度可以看成客户通过自身努力和工作促使活动目标状态变化的程度。目标实现程度越大, 越接近预期目标, 则客户的贡献度越大。

假设一个工作项 TC 经过分解得到 n 项活动, 表示为 $\{WU_1, WU_2, \cdots, WU_j, \cdots, WU_n\}$, 其中 WU_j 表示第 j 项活动。对于工作项 TC 而言, 其所包含的活动具有不同的重要性。令 ω_j 表示活动 WU_j 相对工作项 TC 的重要度, 且有 $0 \leqslant \omega_j \leqslant 1$, $\sum_{j=1}^{n} \omega_j = 1$。

对于 ω_j, 难以直接采用确定型数值表示, 专家和企业人员更倾向于采用模糊性语言进行评估, 本书采用五级模糊语言集合 {很重要, 重要, 一般, 不重要, 很不重要} 描述。在此基础上, 为得到各项活动相对工作项的重要性量化值, 需要将模糊语言变量转化为模糊量化值, 本书采用三角模糊数来量化语言变量。模糊语言变量与三角模糊数之间的对应关系如表 5.1 所示。

表 5.1   模糊语言变量与三角模糊数之间的对应关系

模糊语言变量	很不重要 (LI)	不重要 (NI)	一般 (MI)	重要 (I)	很重要 (VI)
三角模糊数	(0,0,0.25)	(0,0.25,0.50)	(0.25,0.50,0.75)	(0.50,0.75,1.00)	(0.75,1.00,1.00)

假设共有 Q 个专家对活动相对工作项的重要度进行评价, $\tilde{x}_{jq} = \{x_{jqa}, x_{jqb}, x_{jqc}\}$ 表示第 q 个专家对活动 WU_j 相对工作项 TC 的重要度评价值的三角模糊数, $x_{jqa}, x_{jqb}, x_{jqc}$ 分别表示评价的最小值、中间值和最大值, $q = 1, 2, \cdots, Q$。综合所有专家的评价值得到 WU_j 相对 TC 的重要度评价值为

$$\tilde{x}_j = (x_{ja}, x_{jb}, x_{jc}) = \sum_{q=1}^{Q} w_q \tilde{x}_{jq} \tag{5.1}$$

其中, x_{ja}, x_{jb}, x_{jc} 分别表示 WU_j 相对 TC 的重要度评价值的最小值、中间值和最大值; w_q 表示第 q 个专家的相对重要性, $0 \leqslant w_q \leqslant 1$, $\sum_{q=1}^{Q} w_q = 1$。

由于上述评价值是一个三角模糊数, 本书采用文献 [294] 中的方法, 对三角

模糊数清晰化处理，并进行归一化，得到 ω_j：

$$\omega_j = \frac{\dfrac{x_{ja} + 2x_{jb} + x_{jc}}{4}}{\displaystyle\sum_{j=1}^{n} \left(\frac{x_{ja} + 2x_{jb} + x_{jc}}{4} \right)} \tag{5.2}$$

对于活动 WU_j，假设其目标的预期状态为 p_{je}，初始状态为 p_{j0}。客户 C_k 为参与活动 WU_j 的创新主体，并经过其努力和工作，促使 WU_j 的目标状态从初始状态 p_{j0} 变成中间状态 p_{jm}。为简化求解，本书假设活动目标状态变化呈线性变化。活动目标状态变化示意如图 5.3 所示。

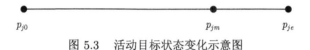

$$p_{j0} \qquad\qquad\qquad p_{jm} \qquad\qquad p_{je}$$

图 5.3　活动目标状态变化示意图

由此得到客户 C_k 对活动 WU_j 的贡献度 CWU_k^j：

$$\mathrm{CWU}_k^j = \frac{|p_{jm} - p_{j0}|}{|p_{je} - p_{j0}|} \tag{5.3}$$

式 (5.3) 表示客户对活动目标状态变化的贡献程度。由式 (5.3) 可知，$0 \leqslant \mathrm{CWU}_k^j \leqslant 1$。当 $p_{jm} = p_{je}$ 时，表示客户的努力和工作实现了活动的预期目标，因此 $\mathrm{CWU}_k^j = 1$，此时认为客户 C_k 对活动 WU_j 的贡献度最大；当 $p_{jm} = p_{j0}$ 时，说明客户的努力和工作对活动目标的实现没有作用，则有 $\mathrm{CWU}_k^j = 0$，此时认为客户 C_k 对活动 WU_j 的贡献度最小。例如，某项活动 WU_j 的目标是使成本从 100 降到 50，则 $p_{j0} = 100$，$p_{je} = 50$，客户 C_k 利用自身的知识和能力，将成本降到了 80，由此得到客户 C_k 对活动 WU_j 的贡献度 $\mathrm{CWU}_k^j = |80 - 100|/|50 - 100| = 0.4$。

根据上述分析，本书提出了客户对活动贡献度定量度量的尺度，即为百分比数值。通过该值一方面可以评估客户对活动目标实现的贡献度大小，另一方面可用于比较不同客户之间的贡献度大小，且不受目标量纲的影响。需要说明的是：p_{jm} 大小的确定需要不同的专家和企业人员根据客户在活动开展过程中的行为和努力，并结合自身经验和活动完成的实际情况共同判断。

一般地，活动的目标包括定量目标和定性目标。对于定量目标，直接采用式 (5.3) 求解；对于定性目标，其预期和初始状态大多采用语言描述的，可采用模糊综合评判法，先将语言描述转化为量化值，然后再进行评估求解，案例部分给出了具体的求解过程，在此不再赘述。此外，一项活动可能包括多个目标，目标之间具有重要性差异。假设活动 WU_j 的目标集合为 $p^j = \{p_1^j, p_2^j, \cdots, p_s^j, \cdots, p_S^j\}$，其

中 p_s^j 表示第 s 个目标。目标的相对重要度集合为 $\{\omega_1^j, \omega_2^j, \cdots, \omega_s^j, \cdots, \omega_S^j\}$，且有 $0 \leqslant \omega_s^j \leqslant 1$，$\sum\limits_{s=1}^{S} \omega_s^j = 1$。对于 ω_s^j 的大小，专家和企业人员可采用 AHP、FAHP 等方法根据实际情况确定。

在考虑活动多个目标的情况下，将客户 C_k 对活动 WU_j 的贡献度 CWU_k^j 修正为

$$\mathrm{CWU}_k'^j = \sum_{s=1}^{S} \omega_s^j \mathrm{CWU}_{ks}^j = \sum_{s=1}^{S} \omega_s^j \frac{|p_{sm}^j - p_{s0}^j|}{|p_{se}^j - p_{s0}^j|} \tag{5.4}$$

其中，CWU_{ks}^j 表示客户 C_k 对活动 WU_j 的第 s 个目标的贡献度；$p_{s0}^j, p_{sm}^j, p_{se}^j$ 分别表示目标 p_s^j 的初始、中间和预期状态。

根据式 (5.4) 求解得到客户对活动的贡献度，再结合活动与工作项之间的关系，可以确定客户对工作项的贡献度：

$$\mathrm{CWU}_k^{\mathrm{TC}} = \sum_{j=1}^{n} \omega_j \mathrm{CWU}_k'^j z_{kj} = \sum_{j=1}^{n} \omega_j \left(\sum_{s=1}^{S} \omega_s^j \mathrm{CWU}_{ks}^j \right) z_{kj} \tag{5.5}$$

其中，$\mathrm{CWU}_k^{\mathrm{TC}}$ 表示客户 C_k 对工作项 TC 的贡献度；$\mathrm{CWU}_k'^j$ 表示客户 C_k 对活动 WU_j 的贡献度，$\mathrm{WU}_j \in \mathrm{TC}$；$\omega_j$ 表示活动 WU_j 相对工作项 TC 的重要度大小；$z_{kj} = 1$ 表示客户 C_k 参与活动 WU_j，$z_{kj} = 0$ 表示客户 C_k 没有参与活动 WU_j。

以此类推，根据工作项与任务之间的隶属关系，以及工作项相对任务的重要度，可以得到客户对任务的贡献度。因此，只要确定了客户对活动的贡献度、活动相对上级工作项以及工作项相对任务的重要程度，即可推理得到客户对任务的贡献度大小。

5.3.2 任务重要性评估

产品创新工作由多项任务构成，可以将产品创新工作分解成多个任务及子任务，任务之间呈树状结构，如图 5.4 所示。

由图 5.4 可知，一个上级任务一般包含多个子任务，不同子任务相对其上级任务具有不同的重要程度。某项子任务对上级任务目标实现越重要，则该任务重要性越大，反之则越小。子任务相对重要性评估实质上是一个 FMCDM 问题，该问题的递阶层次结构示意图如图 5.5 所示。

针对该问题，当子任务数量较少时，可以直接采用式 (5.1) 的方法评估，或者采用最常用的 AHP 方法。然而，当子任务数量较多时，通过式 (5.1) 中的方法或建立两两判断矩阵的方式确定子任务在每个指标上的评价值可行性不高，因为建

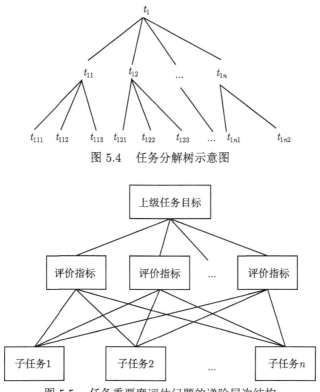

图 5.4　任务分解树示意图

图 5.5　任务重要度评估问题的递阶层次结构

立两两判断矩阵的难度较大以及专家评价容易出现不一致情况[295]。此外，任务重要性评价指标包括定性指标和定量指标，评价过程具有一定的模糊性和不确定性。基于此，本书提出 FEAHP 和 DEA 相结合的方法确定子任务的重要度。

　　其中，FEAHP 用于确定子任务重要性评价指标的权重，语言变量和三角模糊数用于表示和量化专家的评价信息，以解决 AHP 在运用确定型数值表示指标之间相对重要性方面的不足；该方法用于计算各指标之间相互比较的合成值，计算步骤相对较少、计算量较小，能够克服 AHP 不容易通过一致性检验的不足[295]。此外，传统 DEA 方法只能够确定决策单元有无效率，难以对决策单元效率值进行排序[274]，本书对传统的 DEA 应用过程进行了一定的改进，以实现在任务数量较多的情况下，较为有效地确定子任务在各个指标上的表现水平的量化评价值。在此基础上，将任务重要性评价指标的权重与任务在指标上表现水平的量化评价值进行综合计算，得到任务重要程度评价值。

1. 子任务重要性评价指标

子任务相对上级任务的重要性与该任务本身的重要程度以及该任务与其他子任务之间的关联程度有关。对于子任务本身重要程度的评价指标，参考文献 [296] 提出的任务价值系数度量指标，从任务资源投入、任务复杂度两个方面提出了子任务重要度评价指标。由于产品创新中任务资源投入方面主要包括人力、知识、技术等 [259]，因此将任务资源投入分为人力资源、知识资源和技术资源三个方面；任务复杂度主要包括技术复杂度、技术成熟度、协调复杂度、创新程度。对于子任务之间的关联程度主要从任务的技术相关性、时间紧迫性、信息依赖性三个方面度量。由此建立子任务重要度评价指标体系，如图 5.6 所示。

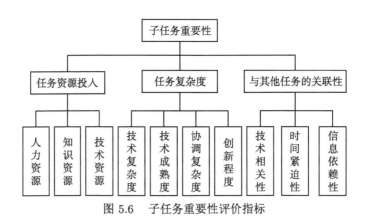

图 5.6　子任务重要性评价指标

由于不同产品创新项目和任务之间具有差异性，企业可根据产品创新和任务的实际情况对上述子任务重要性评价指标进行相应的调整。

2. 指标权重确定

对于子任务重要性评价指标之间的重要性比较，专家一般采用语言变量进行描述。然而语言变量难以直接量化，需要将语言变量转化为模糊量化值。本书采用三角模糊数模糊量化语言变量，如表 5.2 所示。

表 5.2　语言变量与三角模糊数之间的对应关系

语言变量	三角模糊数	倒数
同等重要	(1,1,1)	(1,1,1)
稍微重要	(2/3,1,3/2)	(2/3,1,3/2)
重要	(3/2,2,5/2)	(2/5,1/2,2/3)
很重要	(5/2,3,7/2)	(2/7,1/3,2/5)
非常重要	(7/2,4,9/2)	(2/9,1/4,2/7)

然后由一定数量的专家和企业人员对两个指标相对上一级指标的重要程度进行评价，从而形成两两判断矩阵，如下：

$$E = \begin{bmatrix} \tilde{M}_{11} & \cdots & \tilde{M}_{1v} & \cdots & \tilde{M}_{1H} \\ \vdots & & \vdots & & \vdots \\ \tilde{M}_{u1} & \cdots & \tilde{M}_{uv} & \cdots & \tilde{M}_{uH} \\ \vdots & & \vdots & & \vdots \\ \tilde{M}_{H1} & \cdots & \tilde{M}_{Hv} & \cdots & \tilde{M}_{HH} \end{bmatrix} \tag{5.6}$$

其中，H 表示指标的数量；$\tilde{M}_{uv}$ 表示第 u 个指标 (记为 I_u) 和第 v 个指标 (记为 I_v) 之间的相对重要性评价值，并且 $\tilde{M}_{uv} = \{a_{uv}, b_{uv}, c_{uv}\}$，$a_{uv}, b_{uv}, c_{uv}$ 分别表示评价的最小值、中间值和最大值。

由此得到指标 I_u 的模糊评价值为

$$\tilde{W}_u = \sum_{v=1}^{H} \tilde{M}_{uv} \times \left[\sum_{u=1}^{H} \sum_{v=1}^{H} \tilde{M}_{uv} \right]^{-1} = (a_u, b_u, c_u), \ u, v = 1, 2, \cdots, H \tag{5.7}$$

其中，

$$\begin{aligned} \sum_{v=1}^{H} \tilde{M}_{uv} &= \left(\sum_{v=1}^{H} a_{uv}, \sum_{v=1}^{H} b_{uv}, \sum_{v=1}^{H} c_{uv} \right) \\ \left[\sum_{u=1}^{H} \sum_{v=1}^{H} \tilde{M}_{uv} \right]^{-1} &= \left(1 \Big/ \sum_{u=1}^{H} \sum_{v=1}^{H} c_{uv}, 1 \Big/ \sum_{u=1}^{H} \sum_{v=1}^{H} b_{uv}, 1 \Big/ \sum_{u=1}^{H} \sum_{v=1}^{H} a_{uv} \right) \end{aligned} \tag{5.8}$$

根据文献 [297] 提出的三角模糊数比较方法，两个指标 I_u 和 I_v 的模糊评价值大小 $\tilde{W}_u = (a_u, b_u, c_u)$ 和 $\tilde{W}_v = (a_v, b_v, c_v)$ 比较的可能性度 $V\left(\tilde{W}_v \geqslant \tilde{W}_u\right)$ 为

$$V\left(\tilde{W}_v \geqslant \tilde{W}_u\right) = \begin{cases} 1, & b_v \geqslant b_u \\ 0, & b_u \geqslant c_v \\ \dfrac{a_u - c_v}{(b_v - c_v) - (b_u - a_u)}, & \text{其他} \end{cases} \tag{5.9}$$

同理，根据式 (5.9) 可以得到 $V\left(\tilde{W}_u \geqslant \tilde{W}_v\right)$。一个三角模糊数 $\tilde{M}$ 大于 O 个三角模糊数 $\tilde{M}_o (o = 1, 2, \cdots, O)$ 需要满足 [297]：

$$\begin{aligned} & V\left(\tilde{M} \geqslant \tilde{M}_1, \tilde{M}_2, \cdots, \tilde{M}_O\right) \\ =& V\left(\tilde{M} \geqslant \tilde{M}_1\right) \cap V\left(\tilde{M} \geqslant \tilde{M}_2\right) \cap \cdots \cap V\left(\tilde{M} \geqslant \tilde{M}_O\right) \\ =& \min V\left(\tilde{M} \geqslant \tilde{M}_o\right), \ o = 1, 2, \cdots, O \end{aligned} \tag{5.10}$$

然后将两个模糊数比较的最小值作为指标的权重：

$$V_u = \min\left(\tilde{W}_u \geqslant \tilde{W}_v\right), \ u, v = 1, 2, \cdots, H, \ u \neq v \tag{5.11}$$

由此得到 H 个指标的权重向量 $\omega = [V_1, V_2, \cdots, V_u, \cdots, V_H]^{\mathrm{T}}$。在此基础上，对上述指标权重归一化处理，得到归一化后的指标权重：

$$\omega' = [V_1', V_2', \cdots, V_H'] = \left[V_1\bigg/\sum_{u=1}^{H}V_u, V_2\bigg/\sum_{u=1}^{H}V_u, \cdots, V_H\bigg/\sum_{u=1}^{H}V_u\right]^{\mathrm{T}} \tag{5.12}$$

3. 子任务在指标上的评价值确定

DEA 是一种广泛应用的数学规划方法，通过比较每个决策单元的输入和输出，判断决策单元的效率[274]。然而，直接利用传统的 DEA 方法只能判断决策单元是否有效率，不能确定决策单元效率值之间的排序。因此，本书在传统 DEA 方法的基础上，针对子任务数量较多的情况，提出如下确定子任务在各个指标上评价值的方法，然后与指标权重综合，确定子任务重要度评价值及排序。

假设共有 N 个专家评价子任务在每个指标上的表现情况。令 $G_u = \{T_{u1}, T_{u2}, \cdots, T_{uR_u}\}$ 表示用于描述子任务在指标 I_u 上表现情况的评价等级集合，T_{u1} 表示最高评价等级，T_{uR_u} 表示最低评价等级，R_u 表示评价等级的数量。假设某项任务 TR 的子任务集合为 $\mathrm{TR} = \{t_1, t_2, \cdots, t_i, \cdots, t_m\}$，其中 t_i 表示第 i 个子任务，m 表示子任务数量。N 个专家对任务 t_i 在指标 I_u 上的表现水平进行评价，结果如下：

$$F(I_u(t_i)) = \{(T_{u1}, \mathrm{NB}_{iu1}), (T_{u2}, \mathrm{NB}_{iu2}), \cdots, (T_{uR_u}, \mathrm{NB}_{iuR_u})\} \tag{5.13}$$

其中，NB_{iuR_u} 表示对任务 t_i 在指标 I_u 上的表现情况确定为评价等级 T_{uR_u} 的专家数量，且有 $\mathrm{NB}_{iu1} + \mathrm{NB}_{iu2} + \cdots + \mathrm{NB}_{iuR_u} = N$。

采用上述方法，得到每项子任务在所有指标上表现情况的评价结果，如表 5.3 所示。

表 5.3　任务在指标上的表现情况

任务	任务重要性评价指标											
	I_1			$\cdots$	I_u			$\cdots$	I_H			
	T_{11}	$\cdots$	T_{1R_1}	$\cdots$	T_{u1}	$\cdots$	T_{uR_u}	$\cdots$	T_{H1}	$\cdots$	T_{HR_H}
t_1	NB_{111}	$\cdots$	NB_{11R_1}	$\cdots$	NB_{1u1}	$\cdots$	NB_{1uR_u}	$\cdots$	NB_{1H1}	$\cdots$	NB_{1HR_H}
t_2	NB_{211}	$\cdots$	NB_{21R_1}	$\cdots$	NB_{2u1}	$\cdots$	NB_{2uR_u}	$\cdots$	NB_{2H1}	$\cdots$	NB_{2HR_H}
$\vdots$	$\vdots$		$\vdots$		$\vdots$		$\vdots$		$\vdots$		$\vdots$
t_m	NB_{m11}	$\cdots$	NB_{m1R_1}	$\cdots$	NB_{mu1}	$\cdots$	NB_{muR_u}	$\cdots$	NB_{mH1}	$\cdots$	NB_{mHR_H}

令 $w(T_{ul})(l = 1, 2, \cdots, R_u)$ 为评价等级 T_{ul} 所对应的大小,用于表示该等级的权重。由此可以得到子任务 t_i 在指标 I_u 上的评价值 y_{iu} 为

$$y_{iu} = \sum_{l=1}^{R_u} w(T_{ul}) \mathrm{NB}_{iul}, \quad i = 1, 2, \cdots, m, \quad u = 1, 2, \cdots, H, \quad l = 1, 2, \cdots, R_u$$

(5.14)

上述问题属于一类典型偏好投票选择问题[275],问题求解的关键在于确定合理的评价等级权重 $w(T_{ul})$,DEA 是最为常用的方法。本书以子任务为决策单元,评价等级所对应的权重 $w(T_{ul})$ 为决策变量,建立如下 DEA 模型:

$$\max \beta$$

s.t.

$$\beta \leqslant \sum_{l=1}^{R_u} w(T_{ul}) \mathrm{NB}_{iul} \leqslant 1$$

$$w(T_{u1}) \geqslant w(T_{u2}) \geqslant \cdots \geqslant w(T_{ul}) \geqslant \cdots \geqslant w(T_{uR_u}) \geqslant 0$$

$$w(T_{u1}) - w(T_{u2}) \geqslant w(T_{u2}) - w(T_{u3}) \geqslant \cdots \geqslant w(T_{uR_u-1}) - w(T_{uR_u})$$

(5.15)

其中,该模型的目标是最大化所有子任务在指标上表现水平的评价值总和的最小值,并确定合理的评价等级权重;$w(T_{u1}) \geqslant w(T_{u2}) \geqslant \cdots \geqslant w(T_{ul}) \geqslant \cdots \geqslant w(T_{uR_u}) \geqslant 0$ 和 $w(T_{u1}) - w(T_{u2}) \geqslant w(T_{u2}) - w(T_{u3}) \geqslant \cdots \geqslant w(T_{uR_u-1}) - w(T_{uR_u})$ 是对评价等级强制性排序,以避免出现两个评价等级权重相等的情况[276]。通过该约束条件,可以实现对各子任务在所有指标上表现水平评价值的排序,而不会将子任务仅分为两类。

通过对上述线性规划模型进行求解,可以确定各评价等级的权重,记为 $\{w'(T_{u1}), w'(T_{u2}), \cdots, w'(T_{ul}), \cdots, w'(T_{uR_u})\}$。然后根据式 (5.14),得到子任务 t_i 在指标 I_u 上的综合评价值 y'_{iu} 为

$$y'_{iu} = \sum_{l=1}^{R_u} w'(T_{ul}) \mathrm{NB}_{iul}, \quad i = 1, 2, \cdots, m, \quad u = 1, 2, \cdots, H, \quad l = 1, 2, \cdots, R_u$$

(5.16)

同理,针对不同的指标,建立上述模型并进行求解,确定每项子任务在所有指标表现水平上的综合评价值。然后与子任务重要性评价指标权重加权求和,得到最终的子任务重要度综合评价值 Y_i:

$$Y_i = \sum_{u=1}^{H} V'_{iu} y'_{iu} = \sum_{u=1}^{H} V'_{iu} \sum_{l=1}^{R_u} w'(T_{ul}) \mathrm{NB}_{iul} \qquad (5.17)$$

然后采用式 (5.18) 对子任务重要性综合评价值归一化,得到 Y'_i:

$$Y'_i = \sum_{i=1}^{m} Y_i / m \qquad (5.18)$$

5.3.3　协同创新客户对产品创新贡献度度量

由前文分析可知，客户对产品创新的贡献度由客户对任务的贡献度和任务的重要度决定。为形象说明客户对产品创新贡献度求解过程，图 5.7 为示例。

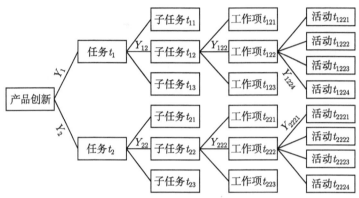

图 5.7　客户对产品创新贡献度求解过程示例

假设客户 C_k 参与了活动 t_{1224} 和 t_{2221}，根据式 (5.4) 可以求解得到客户对这两项活动的贡献度，分别记为 CWU_k^{1224}、CWU_k^{2221}。通过式 (5.18) 确定了活动相对工作项、工作项相对子任务、子任务相对任务以及任务相对产品创新工作的重要程度，如图 5.7 所示的 Y_{1224}、Y_{2221}、Y_{122}、Y_{222}、Y_{12}、Y_{22}、Y_1、Y_2。由此，可以求解得到客户对产品创新的贡献度 CWU_k 为

$$\mathrm{CWU}_k = Y_1 Y_{12} Y_{122} Y_{1224} \mathrm{CWU}_k^{1224} + Y_2 Y_{22} Y_{222} Y_{2221} \mathrm{CWU}_k^{2221} \tag{5.19}$$

5.4　实　例　分　析

以某 OEM 企业的某款手机界面创新设计为例，说明上述客户贡献度测度方法的应用过程。将手机界面设计中的手机视觉要素设计工作进行分解，得到 15 项任务，如图 5.8 所示。

其中，对于手机视觉要素设计中的手机图标设计 (t_5)，将该任务进一步分解至活动层面，主要包括 5 项活动，分别为图标含义设计 (t_{51})、图标色彩设计 (t_{52})、图标造型语言设计 (t_{53})、图标图形设计 (t_{54})、图标动画效果设计 (t_{55})。

针对图标设计，假设有 2 位客户参与协同，记为 $C = \{C_1, C_2\}$。其中客户 C_1 参与图标图形设计活动 t_{54}，客户 C_2 参与图标色彩设计活动 t_{52}。活动 t_{54} 包含两个目标，分别是样式美观、表达的含义明确易于理解，记为 $P^{54} = \{p_1^{54}, p_2^{54}\}$；活动 t_{52} 的目标为配色合理，记为 p^{52}。对于上述三个定性目标，本书将目标状态分

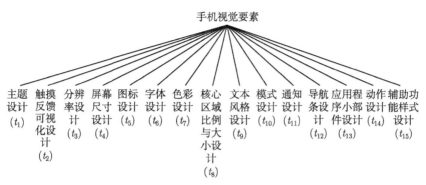

图 5.8 手机视觉要素设计工作分解

为 5 个等级，并赋予 1~5 分。例如，对于活动 t_{54}，其目标的预期状态 $P_{54e}=5$，初始状态 $P_{540}=0$，中间状态为 $P_{54m}=1,2,3,4$。5 分为最高等级，表示图形样式十分美观，表达的含义明确易于理解，配色十分合理。专家和企业人员根据活动的实际情况，赋予目标 $\{p_1^{54},p_2^{54}\}$ 的权重分别为 $\{\omega_1^{54},\omega_2^{54}\}=\{0.5,0.5\}$，目标 p^{52} 的权重为 $\omega^{52}=1$。

对于上述两个活动，客户根据自身使用手机的知识、经验、需求、创新知识以及创新能力，为该活动提供一定信息和知识，并协同完成活动内容。在活动完成后，由 5 位专家和企业人员，记为 $E=\{E_1,E_2,E_3,E_4,E_5\}$，评价客户 C_1 对活动 t_{54} 和活动 t_{52} 的目标完成的贡献度。评价结果如表 5.4 所示。

表 5.4 客户对活动目标实现程度贡献度的评价值

项目	E_1 (0.25)	E_2 (0.25)	E_3 (0.25)	E_4 (0.25)	E_5 (0.25)	综合值
p_1^{54}	4	3	5	4	3	4.750
p_2^{54}	3	3	4	4	4	4.500
p^{52}	3	2	3	3	3	3.500

由此得到客户 C_1 通过自身努力和工作使图标图形设计活动 t_{54} 目标状态从初始状态 $P_{540}=0$ 变成中间状态 $P_{54m}=0.5\times4.750+0.5\times4.500=4.625$；客户 C_2 使活动 t_{52} 目标状态从初始状态 $P_{520}=0$ 变成中间状态 $P_{52m}=1\times3.500=3.500$。根据式 (5.3)，得到客户 C_1 和 C_2 对活动 t_{54} 和 t_{52} 的贡献度为

$$\text{CWU}_1^{54}=\frac{|4.625-0|}{|5-0|}=0.925;\quad \text{CWU}_2^{52}=\frac{|3.50-0|}{|5-0|}=0.700$$

由于图标设计任务包含的活动数量较少，本书直接采用式 (5.1) 中的模糊综合评判法确定各活动相对设计任务的重要度。5 位专家和企业人员利用表 5.1 中

的模糊语言评价活动相对任务的重要性，结果如表 5.5 所示。

表 5.5　活动相对任务重要性的模糊语言评价

活动	t_{51}	t_{52}	t_{53}	t_{54}	t_{55}
语言评价	(MI, I, I, MI, I)	(I, VI, VI, I, I)	(I, I, VI, I, I)	(VI, VI, I, VI, I)	(I, MI, MI, I, MI)

根据表 5.1 中语言变量与三角模糊数之间的关系，按照式 (5.1) ~ 式 (5.2) 求解各活动相对图标设计任务的相对重要度，为 $\{\omega_{51}, \omega_{52}, \omega_{53}, \omega_{54}, \omega_{55}\} = \{0.142, 0.251, 0.210, 0.268, 0.129\}$。根据客户对活动的贡献度以及活动与任务之间的关系，利用式 (5.5) 计算得到客户 C_1 和 C_2 对图标设计任务 t_5 的贡献度为

$$CWU_1^5 = \omega_{54}CWU_1^{54} = 0.268 \times 0.925 = 0.248$$
$$CWU_2^5 = \omega_{52}CWU_2^{52} = 0.251 \times 0.700 = 0.176$$

由此可知，客户 C_1 相对 C_2 对图标设计任务的贡献度要大。

在此基础上，分析客户 C_1 和 C_2 对手机视觉要素设计工作的贡献度大小。由于手机视觉要素设计工作包含 15 项子任务，任务数量较多，采用 FEAHP 和 DEA 相结合的方法求解子任务相对视觉要素设计工作的重要程度。以任务与其他任务关联性下的三个指标技术相关性、时间紧迫性、信息依赖性为例，说明指标权重确定过程，三个指标分别记为 I_1、I_2、I_3。首先建立三个指标之间两两判断矩阵，如表 5.6 所示。

表 5.6　指标相对重要性判断矩阵

项目	技术相关性 (I_1)	时间紧迫性 (I_2)	信息依赖性 (I_3)
技术相关性 (I_1)	(1,1,1)	(2/3,1,3/2)	(3/2,2,5/2)
时间紧迫性 (I_2)	(2/3,1,3/2)	(1,1,1)	(2/3,1,3/2)
信息依赖性 (I_3)	(2/5,1/2,2/3)	(2/3,1,3/2)	(1,1,1)

然后根据式 (5.7) ~ 式 (5.8) 计算三个指标的模糊评价值为

$$\tilde{W}_{I_1} = (19/6, 4, 5) \times (6/73, 2/19, 30/227) = (0.260, 0.421, 0.661)$$
$$\tilde{W}_{I_2} = (7/3, 3, 4) \times (6/73, 2/19, 30/227) = (0.192, 0.316, 0.529)$$
$$\tilde{W}_{I_3} = (31/15, 5/2, 19/6) \times (6/73, 2/19, 30/227) = (0.170, 0.263, 0.419)$$

对上述指标模糊评价值，按照式 (5.9) 分析指标比较的可能性度：

$$V\left(W_{I_1} \geqslant W_{I_2}\right) = 1$$
$$V\left(W_{I_1} \geqslant W_{I_3}\right) = 1$$

$$V\left(W_{I_2} \geqslant W_{I_1}\right) = \frac{0.260 - 0.529}{(0.316 - 0.529) - (0.421 - 0.260)} = 0.719$$

$$V\left(W_{I_2} \geqslant W_{I_3}\right) = 1$$

$$V\left(W_{I_3} \geqslant W_{I_1}\right) = \frac{0.260 - 0.419}{(0.263 - 0.419) - (0.421 - 0.260)} = 0.502$$

$$V\left(W_{I_3} \geqslant W_{I_2}\right) = \frac{0.192 - 0.419}{(0.263 - 0.419) - (0.316 - 0.192)} = 0.811$$

由此根据式 (5.11)，将两个指标模糊评价值的最小比较值作为指标的权重：

$$V\left(W_{I_1}\right) = \min\left(1, 1\right) = 1$$
$$V\left(W_{I_2}\right) = \min\left(0.719, 1\right) = 0.719$$
$$V\left(W_{I_3}\right) = \min\left(0.502, 0.811\right) = 0.502$$

最后根据式 (5.12) 对三个指标权重归一化处理，得到归一化后的指标权重为

$$\omega' = [1/2.221, 0.719/2.221, 0.502/2.221]^{\mathrm{T}} = [0.450, 0.324, 0.226]^{\mathrm{T}}$$

同理，得到其他指标的权重大小，如表 5.7 所示。

表 5.7　子任务重要性评价指标权重

指标	权重	子指标	权重
任务资源投入	0.324	人力资源	0.226
		知识资源	0.324
		技术资源	0.450
任务复杂度	0.450	技术复杂度	0.302
		技术成熟度	0.218
		协调复杂度	0.253
		创新程度	0.227
与其他任务的关联性	0.226	技术相关性	0.450
		时间紧迫性	0.324
		信息依赖性	0.226

在确定子任务重要性评价指标权重后，需要确定子任务在各指标上的评价值。假定评价等级为 $G_u = \{T_{u1}, T_{u2}, \cdots, T_{uR_u}\} = \{$很好，好，一般，差，很差$\} = \{VG, G, M, B, VB\}$。企业可根据实际情况，采用其他评价等级集合，且不同指标允许存在不同的评价等级。企业共邀请了 10 位专家对 15 项子任务在各指标上的表现情况进行评价，部分结果如表 5.8 所示。

表 5.8 中的数值代表对子任务在某个指标上表现情况评价为某个等级的专家数量。例如，对子任务 t_1 在指标人力资源投入上的表现情况，有 2 位专家评价为很好，7 位专家评价为好，1 位专家评价为一般。

表 5.8　子任务在指标上表现情况的评价值

子任务	评价指标																
	人力资源					...	技术复杂度					...	信息依赖性				
	VG	G	M	B	VB	...	VG	G	M	B	VB	...	VG	G	M	B	VB
t_1	2	7	1			...		6	4			...	1	8	1		
t_2	1	6	3			...		4	5	1		...		6	4		
t_3		5	5			...		1	4	5		...		6	3	1	
⋮	⋮	⋮	⋮	⋮	⋮	⋮	⋮	⋮	⋮	⋮	⋮	⋮	⋮	⋮	⋮	⋮	⋮
t_{15}		2	4	4		...		3	5	2		...		3	5	2	

根据专家评价值，按照式 (5.14) ～ 式 (5.15) 计算各评价等级的最佳权重，如表 5.9 所示。

表 5.9　各评价等级的最佳权重

项目	人力资源	知识资源	技术资源	技术复杂度	...	信息依赖性
$w'(\text{VG})$	0.114	0.102	0.093	0.088	...	0.121
$w'(\text{G})$	0.077	0.078	0.056	0.061	...	0.080
$w'(\text{M})$	0.051	0.057	0.042	0.037	...	0.065
$w'(\text{B})$	0.033	0.041	0.029	0.025	...	0.052
$w'(\text{VB})$	0.029	0.032	0.021	0.018	...	0.044
β	0.485	0.471	0.458	0.442	...	0.506

由此根据式 (5.16) ～ 式 (5.18) 求解得到各子任务重要度评价值以及归一化后的子任务重要度，如表 5.10 所示。

表 5.10　子任务重要性综合评价值

任务	t_1	t_2	t_3	t_4	t_5	t_6	t_7	t_8	t_9	t_{10}	t_{11}	t_{12}	t_{13}	t_{14}	t_{15}
重要性评估	0.636	0.449	0.512	0.567	0.794	0.580	0.721	0.613	0.765	0.651	0.591	0.624	0.653	0.733	0.834
归一化后的重要性评价值	0.065	0.046	0.053	0.058	0.082	0.060	0.074	0.063	0.079	0.067	0.061	0.064	0.067	0.075	0.086

在确定客户对图标设计任务的贡献度以及各子任务相对视觉要素设计工作的重要程度后，根据式 (5.19)，计算得到客户 C_1 和客户 C_2 对手机视觉要素设计工作的贡献度大小，为

$$\text{CWU}_1 = 0.082 \times \text{CWU}_1^5 = 0.082 \times 0.248 = 0.020$$
$$\text{CWU}_2 = 0.082 \times \text{CWU}_2^5 = 0.082 \times 0.176 = 0.014$$

由此得到客户 C_1 和客户 C_2 对手机视觉要素设计工作的贡献度大小，且客户 C_1 的贡献度要比客户 C_2 的贡献度大。

5.5 本 章 小 结

现有研究主要通过理论分析、实证研究以及调研访谈的方式分析客户对产品创新的作用和价值，未提出量化度量客户对产品创新贡献度的过程和方法，本章基于任务分解的思想提出了客户贡献度量化测度的新思路和方法。将产品创新工作不断分解至内容相对清晰、目标相对明确、参与主体相对较少的多项活动，并从目标实现的角度提出了度量客户对活动贡献度的方法；建立了任务重要度评价指标体系，提出了综合 FEAHP 和 DEA 方法的任务重要性评价方法，解决了任务数量较多情况下，如何较为有效地确定各任务重要程度的问题。在此基础上，提出了综合客户对活动的贡献度、活动相对任务以及任务相对产品创新工作重要性的度量客户对任务和产品创新贡献度的方法，解决了直接度量客户对产品创新或任务贡献度存在的难度较大且结果合理性难以保证的问题；案例分析结果表明，本书所提的方法合理可行、易于操作，分析的结论能够为企业确定客户贡献度、制订激励方案以及评估客户重要性提供决策依据和参考。

第三篇
产品协同创新中的变更响应

第 6 章 产品设计中客户需求变更响应过程模型及其关键问题分析

本章首先提出了产品协同创新中变更响应的总体研究思路;其次分析了客户需求变更下复杂产品设计基本特征;基于此,建立了复杂产品设计中客户需求变更响应过程模型;针对快速响应模型中的关键技术,从需求变更请求决策、产品再配置、设计任务再分配以及设计资源再调度等四个方面展开深入研究。

6.1 引　　言

产品组成零部件之间错综复杂的关联关系使得设计任务之间存在着多种天然的交互耦合关系[85],这些相互作用在设计任务之间以不同形式存在,如数据流传递、资源共享等。当产品组成零部件中的一个或局部因客户需求变更需要调整时,对应的设计任务可能随之调整,相应地,与任务对应的资源也可能随时调整[52]。因此,客户需求变更使复杂产品设计难度大大增加,这给企业设计者及决策者准确回答"是否接受需求变更请求""产品再配置方案如何""何时可完成设计任务""变更成本如何"等关键问题提出了巨大挑战。

基于上述分析,当客户需求变更时,科学的复杂产品设计客户需求变更响应至关重要。通过前文对国内外学者在此领域研究成果的分析可发现,虽然对该问题的认识已非常深入,但至今仍然缺乏一套系统、有效的理论方法体系指导决策者及设计人员在工程实际中有效地解决此类问题。

为此,在本章中,基于对产品设计基本特征的分析,针对第 1 章中提到的问题给出一套系统的解决方案,以此构建复杂产品设计中需求变更响应过程模型;然后,分析响应过程模型中的关键环节,并提出相应的解决思路。通过本章的研究,将上述关键问题的解决方案有机统一为一个整体,为系统理论方法体系的形成奠定基础。

6.2 总体研究思路

为明确协同创新变更响应的研究过程,首先给出总体研究思路,如图 6.1 所示。

为实现研究目标,针对前文所述研究内容,研究共分为四个阶段:需求变更下复杂产品设计特征分析、复杂产品设计中客户需求变更响应过程模型研究、复

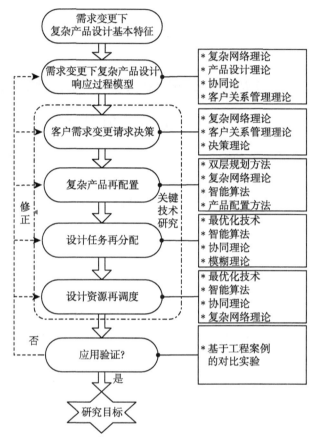

图 6.1　复杂产品设计中客户需求变更响应问题总体研究思路

杂产品设计中客户需求变更响应过程若干关键技术研究以及实例应用验证。每一阶段具体内容如下所述。

第一阶段：需求变更下复杂产品设计特征分析。

复杂产品相比一般产品而言在结构组成上存在巨大差别，其往往由成千上万个零部件组成，且零部件之间约束关系更为复杂。由此使得复杂产品设计多以单批量或小批量定制模式展开。此外，复杂产品往往伴随高设计成本以及高技术集成，这同时增加了设计过程的风险。为此，在设计过程中，协同设计是其常见的表现形式。通过以上分析可见，复杂产品设计与普通产品设计存在差异，当客户需求变更时，此类差异体现得更加明显。倘若其中某一环节处理不当，造成的损失或影响，远大于普通产品设计。因而，在研究需求变更下复杂产品设计响应模型之前，有必要深入分析需求变更下复杂产品设计特征。

第二阶段：复杂产品设计中客户需求变更响应过程模型研究。

　　根据第 1 章中对复杂产品设计中客户需求变更响应问题的描述以及国内外研究现状的分析发现，针对该问题目前仍缺乏一套系统、科学的理论体系。因此，在本阶段研究中，结合第一阶段中需求变更下复杂产品设计特征，从总体上提出复杂产品设计中客户需求变更响应过程模型，并以此作为解决该问题的理论指导。

　　第三阶段：复杂产品设计中客户需求变更响应过程若干关键技术研究。

　　为进一步深入研究复杂产品设计中客户需求变更响应过程，在对响应过程分析的基础上，明确其中的关键环节，然后结合相关理论方法，对关键环节中涉及的关键技术展开深入研究。

　　第四阶段：实例应用验证。

　　为验证复杂产品设计中客户需求变更响应过程模型及其关键技术研究成果的可行性与有效性，本书将对工程实际中的客户需求变更问题以及相关研究文献中的类似问题展开分析，通过对相关问题解决效果的对比，验证研究的价值。

6.3　面向复杂产品的协同设计实践

　　为提高研究成果的可行性及有效性，有必要对复杂产品及其设计过程的基本特征进行深入分析。基于国内外学者研究成果，经分析，复杂产品及其设计过程的基本特征如下所述。

6.3.1　复杂产品基本特征

　　基于当前国内外学者对复杂产品特征的研究成果 [39,40,46,298−300]，本书对其进行了总结，并与一般产品特征加以比较，如表 6.1 所示。

表 6.1　复杂产品基本特征

复杂产品	一般产品
零部件数量繁多	数量较少
单位成本高	单位成本低
产品生命周期长	产品生命周期较短
高技术及知识集成	技术及知识较少
零部件定制化比重大	零部件定制化比重小

　　(1) 零部件数量繁多。复杂产品（如航天器、发动机、风电机组等）一般包含数千甚至上万个组成零部件，而且零部件之间连接的种类相比一般产品多。

　　(2) 单位成本高。复杂产品设计往往涉及更多的资源，这无形中增加了设计过程所需的成本；此外，由于复杂产品本身用途或作用的特殊性，对其零部件设计质量要求更高，因而也会增加更多的成本。

(3) 产品生命周期长。复杂产品在工业生产过程中一般承担着特殊的任务，不一样的角色定位使得其往往具有更长的生命周期，如机电设备、飞机、远洋轮渡等。

(4) 高技术及知识集成。众多的组成零部件使得复杂产品的设计任务数量繁多，任务之间的关系复杂。为完成这些设计任务，往往需要众多学科知识的集成运用；同时，复杂产品较高的质量要求使得在设计过程中高技术的使用程度较高。

(5) 零部件定制化比重大。由于复杂产品的高成本特性及特殊用途，在工业实际中，其订单数量一般较少，而且不同用户对其各自产品的特殊需求较多，因此复杂产品的设计一般多采用少批量或单批量的方式进行。

6.3.2　复杂产品设计基本特征

如前文所述，为更有针对性地研究复杂产品设计中客户需求变更响应问题，有必要充分了解复杂产品设计的特征。为此，结合上节中复杂产品基本特征，在前人研究基础上[47,301−307]，本节将对复杂产品设计的基本特征加以总结，如下所述。

(1) 单批量或少批量定制。由于复杂产品的高价值及高成本，客户对其订单批量一般较小，对于某些特殊定制装备，如发电机转子、航天器等大多是单件生产。

(2) 多学科优化设计。由于复杂产品属于高技术集成产品，其设计过程一般涉及系统论、经济学、材料、力学、消费心理学等多学科，如图 6.2 所示，因而，复杂产品设计具有典型的多学科优化设计特征。

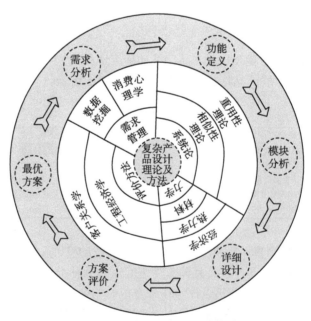

图 6.2　复杂产品设计方法体系

(3) 设计任务迭代耦合程度复杂。如前文所述，在复杂产品过程中，设计任务通常存在多设计变量、多设计目标、多设计约束的多重耦合。在复杂产品设计过程中，考虑不同设计目标和设计约束时，同一个设计任务变量的最优设计值不同，且设计任务变量取值的变化会引起关联设计变量最优值的变化。因此复杂产品设计过程是一个强耦合、多迭代的模型，耦合示意图如图 6.3 所示。

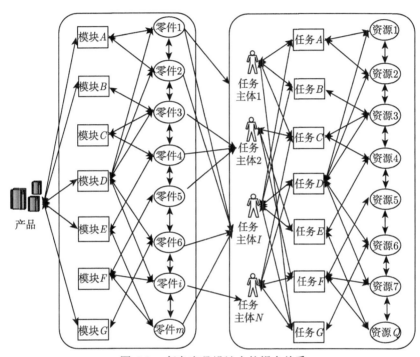

图 6.3　复杂产品设计中的耦合关系

(4) 多采用协同设计模式。由于设计任务复杂、数量繁多，且复杂产品的高价值及高成本伴随着高设计风险，因此，为提高设计效率、降低设计风险，复杂产品多采用协同设计模式，如图 6.4 所示。

(5) 数据量庞大。在复杂产品设计过程中，除本身复杂的结构外，其设计的知识库同样较大，而且，加之设计过程中因耦合交互衍生的数据量更是难以统计。因此，数据量庞大是复杂产品设计又一显著特征。

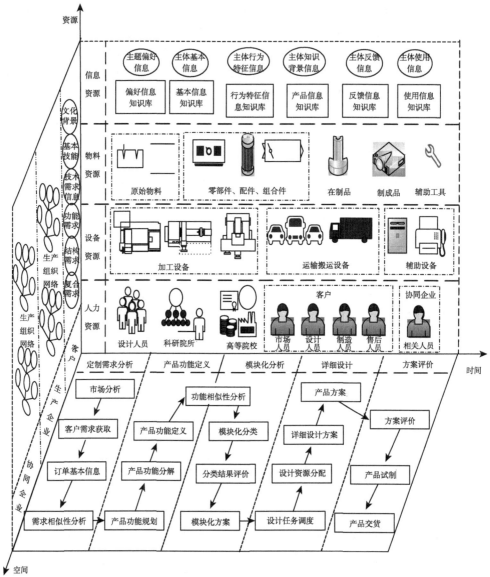

图 6.4　复杂产品协同设计模式

6.4　客户需求变更下产品设计的基本特征

基于复杂产品及其设计的基本特征，当客户需求变更时，其设计过程又呈现出以下特点。

(1) 设计成本增加。由于设计过程中客户需求的变更，已完成的设计任务会受到不同程度的影响,这不可避免地会产生沉没成本;而且,为响应客户需求的变更,企业不得不重新分析现行的设计方案,这同样会在一定程度上增加设计成本。

(2) 设计过程复杂程度增加。由于设计任务之间的交互迭代,客户需求变更导致的变更传播不可避免,这大大增加了设计任务的耦合程度及其解耦难度;同时,与任务相关的资源也不得不重新分配,这也在一定程度上增加了设计过程的复杂程度。

(3) 产品定制程度增加。客户根据自身需求提出变更请求,每一次变更的提出都会提高产品的特性与客户需求的契合程度,产品本身的个性化程度也随之提高。

(4) 设计周期延长。为应对需求变更,企业需从初始任务开始分析变更的影响程度,以及任务变更后的资源调度策略,这将可能导致某些任务不得不重新开展,某些资源临时调配,这些因素都将在某些程度上延长产品的设计周期。

(5) 数据量增加。显然,变更的出现将产生新的需求信息,使得企业设计者和决策者不得不对这些新增信息与原有信息加以融合分析,在这一过程中,设计者和决策者要处理的数据量将明显增加。

6.5 产品设计中客户需求变更响应目标

由于上述特征,使得企业在产品设计变更响应时难度较大、效率较低。为此,有必要提出相应的模型或方法来解决上述难题。针对不同的特征,复杂产品设计中面向客户需求变更响应模型的目标便可从根本上确定为:当客户提出产品需求变更时,企业决策者应通过对需求变更影响的准确分析,明确是否接受需求变更请求并对客户做出及时回应;然后,对于接受的需求变更,应尽可能高效地对相应的产品再配置方案、设计任务再分配方案及资源再调度方案进行调整,尽早确定产品交付时间,并给客户最终的响应反馈。

因此,缩短响应时间、降低响应成本、提高响应方案的准确性是上述目标实现的关键。为此,有必要从以下几个方面展开。

(1) 系统全面表达复杂产品设计中内在关联及其演化机制,提高响应决策的准确性。由于复杂产品自身结构、设计任务以及设计资源等各方面的复杂关系,使得需求变更传播路径难以准确掌握,造成产品特性变更范围难以快速确定,这将导致后续响应措施无法科学合理展开。因此,本书期望通过相关方法的研究及模型的建立,能系统全面表达复杂产品设计中客户、需求、产品、特性、任务以及资源之间的内在关联,以准确分析变更传播路径,进而为提高响应决策方案的准确性奠定基础。

(2) 提高复杂产品再配置中相关零部件的搜索参数及调整效率。面向客户需求变更的响应包括对需求变更请求的决策、复杂产品的再配置、设计任务的再调度以及设计资源的再分配等方面。其中，复杂产品的再配置是决定设计任务的再调度与再分配的前提。因此，再配置效率是决定整个响应周期的关键。本书研究期望通过缩短复杂产品再配置时间，从而达到缩短整个响应时间的目的。

(3) 提高设计任务再分配及资源再调度问题求解效率并提高解决方案的全局最优性。在复杂产品设计过程中，复杂产品的组成零部件繁杂多样，使得其相关设计任务数量众多且存在复杂的耦合关联。这对于设计任务再分配问题的求解提出了较大挑战。因此，本书期望通过降低这一问题的复杂程度，达到提高任务再分配及资源再调度效率的目的，进而为提高响应效率奠定基础。

6.6　产品设计中客户需求变更响应过程模型

6.6.1　复杂系统建模的常用方法讨论

根据复杂系统属性的差异，其建模方法也应不同。常用的建模方法简述如下。

(1) 推理法。当系统结构及基本特征比较清晰时，通常基于现有理论或方法，对系统进行分析推理，进而得到相应的系统模型。

(2) 模拟法。当系统结构及基本特征不完全清晰时，一般基于相应的计算机仿真模型来分析系统相关行为，然后根据参数的输入和仿真结果的评价构建系统模型。

(3) 辨识法。当系统结构及基本特征完全不清晰时，一般基于对系统输入、输出参数的测算，按照一定的标准分析系统特性并构建系统模型。

(4) 复杂网络建模技术。当系统复杂且具有一定随机性时，复杂网络建模方法是一个有效工具，而且复杂网络建模方法对于分析大系统中的小世界效应、无标度特性以及高聚集性等特征具有较好效果。

(5) 混合法。一般的系统往往复杂多变，单一方法难以准确描述系统结构及基本特征，此时往往采用多种方法混合来构建系统模型。

6.6.2　产品设计中客户需求变更响应过程建模的原则

实用性等是进行复杂产品设计中客户需求变更响应过程建模要遵循的基本原则，而且还要充分考虑复杂产品设计中客户需求变更响应过程的基本特征。通过分析，复杂产品设计中客户需求变更响应过程建模的基本原则如下。

(1) 实用性。复杂产品设计中客户需求变更响应过程模型的构建就是要便于解决在复杂产品设计过程中当客户需求发生变更后如何响应的相关问题。

(2) 真实性。构建的复杂产品设计中客户需求变更响应过程模型应较好地反映响应过程的实际，准确表达复杂产品设计中客户需求变更响应过程各环节组成和关系。

(3) 简明性。在真实反映复杂产品设计中客户需求变更响应过程实际的基础上，应尽可能简明地表达模型以减少建模时间和成本。

(4) 针对性。复杂产品设计中客户需求变更响应过程模型应当根据实际问题有针对性地反映客观需求。

(5) 渐进性。人们对复杂产品设计中客户需求变更响应过程的认识是循序渐进的，因此在复杂产品设计中客户需求变更响应过程建模应该由简单到复杂逐渐进行。

6.6.3 产品设计中客户需求变更响应过程模型研究

如前文所述，复杂产品设计中客户需求变更响应模型的主要目标是企业决策者应对客户需求的变更及时做出以下决策：是否接受需求变更请求？变更接受后产品设计方案如何？何时可交付？然而，由于复杂产品本身及其设计过程的复杂性，在现有方法下客户需求变更下的响应效率及方案准确性难以提高。因此建立系统、科学、合理的复杂产品设计中客户需求变更响应模型对提高企业的敏捷能力至关重要。

为解决上述问题，本节将针对复杂产品设计中客户需求变更响应模型进行深入研究，以期构建一套较系统的、符合复杂产品设计特征的理论方法体系，为工程实际中具体问题的求解提供理论依据和技术支撑。另外，本章作为产品协同创新变更响应的总体研究章节，该部分成果也可为后续对该问题的深入研究明确方向。

基于前文研究成果，并结合上节中复杂产品及其设计的特征，本书构建的复杂产品设计中客户需求变更响应过程模型如图 6.5 所示。

如图 6.5 所示，复杂产品设计中客户需求变更响应过程模型主要分为两个阶段：一级响应和二级响应。其中，一级响应阶段主要针对客户需求变更是否接受这一问题展开，即客户需求变更请求；在二级响应阶段，主要针对产品的再配置方案如何以及何时可以完成产品设计任务展开，即复杂产品再配置、设计任务再分配以及设计资源再调度等内容。值得说明的是，一级响应的结果是二级响应的基础，只有在一级响应阶段接受需求变更请求且该结果准确可靠时，二级响应阶段的展开才有价值。通过二级响应过程模型，企业便可针对客户的需求变更对客户做出反馈：是否接受需求变更请求？如果接受产品方案，何时可完成产品设计？

复杂产品设计中客户需求变更二级响应过程模型具体内容如下所述。

(1) 客户需求请求决策。客户根据自身所处环境的变化或技术的变革对产品提出需求变更请求，决策者和设计者应尽可能在第一时间对其请求做出回应，即是否接受该变更。此时，对变更请求的科学决策至关重要。为此，本书提出了基于客户需求变更影响评估的变更决策方法，即决策者首先对该变更对整个设计过

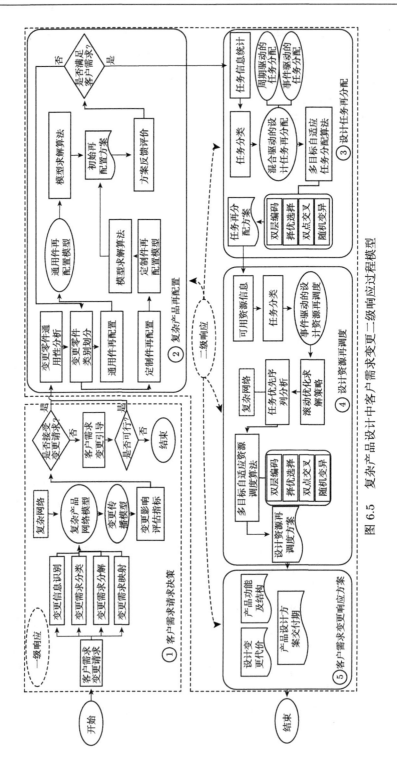

图 6.5　复杂产品设计中客户需求变更二级响应过程模型

程的影响加以分析，根据影响程度的大小做出准确决策。因而，对于变更影响的评估成为其中一个关键问题，然而由于复杂产品中的变更传播，全面准确评估此影响极具挑战。为此，基于近年来迅猛发展的复杂网络理论[308−313]，可将复杂产品结构视为一个产品复杂网络，基于此，结合当前系统动力学相关理论[313]，可确定需求变更在产品结构网络中的传播路径，在此基础上，便可确定受到影响的设计任务及资源。然后，根据复杂网络理论提出可评估全局影响的评价指标，结合企业经营实际中的历史数据对其赋值，进行求解即可得到为满足客户需求变更要求企业应该付出的代价，基于这一结果便可间接表明该变更对整个设计过程的影响。基于此，根据企业的生产成本及客户的终生价值的大小[314−322]，便可对是否接受此变更做出决策。当难以满足客户的需求变更，且客户存在较大价值时，企业应根据上述评价结果对客户进行引导，修正其变更条件。如果达成一致，那么企业按照修正后的方案进行再设计；如无法达成一致，企业应拒绝客户的需求变更请求。

(2) 复杂产品再配置。如果企业接受了客户的需求变更请求，还应进一步对产品的交付时间加以调整并反馈，为此首先应根据需求的变更要求对产品进行再配置。在此，为提高产品再配置效率，本书提出了基于零件通用性分类的复杂产品再配置方法。首先，基于复杂网络的零件分类方法，对变更零件全局相关性进行分析，从零件功能及数量两个方面将零件划分为通用件和定制件，为提高零件的再配置针对性奠定基础；其次，针对通用件的再配置，提出自上而下-自下而上的双层优化模型，并给出基于嵌入双层迭代比较规则的遗传算法对其求解，针对定制件的再配置，基于 HIB 和 SIB 规则，分别构建相应的再配置优化模型。通过上述再配置方法的研究，期望能够在保证产品质量的前提下，有效缩短再配置中的参数搜索及调整效率，进而提高产品再配置效率，为客户需求变更响应过程的进一步展开奠定基础。

(3) 设计任务再分配。为进一步完成复杂产品设计过程中对客户需求变更的响应，还需根据最终的产品配置方案对设计任务进行协调，初步明确设计任务完成时间。为此，需要完成对产品设计任务分配方案的调整。基于前文中对变更影响的研究，可确定受到变更波及影响的设计任务以及与这些任务存在关联的其他任务。此时，对这些任务的基本信息如开始时间、执行时间、交货期以及拖期惩罚等加以统计分析。然而，复杂产品设计过程的复杂性，设计任务的相关信息很难得到精确值，即具有一定的模糊性，因此在任务再分配过程中应充分考虑设计任务信息的模糊性；然后，在任意时刻，可将其分为待调度任务、调度中任务以及已调度任务等三类；基于此，为提高设计任务分配方案的调整效率，提出基于周期驱动和事件驱动的混合驱动再分配策略，该策略不但可以及时应对客户需求变更，还可有效地对设计过程中的客户需求变更进行预测。在此基础上，以多目标自适应任务分配算法作为求解方法，完成对复杂产品设计任务分配方案的及时协调，得到调整后的任务规划方案。

(4) 设计资源再调度。任务与资源之间总是相依相存，资源调度是保证任务正常进行的基础，而资源调度方案又是根据任务规划方案设计，因此，为最终确定产品设计任务的完成时间，完成对客户需求变更的响应，还需对任务相关资源加以再调度。首先，对设计资源的基本信息如资源种类、应到达时间以及配送成本等进行统计分析，基于此可将其分为：待分配资源、正分配资源以及已分配资源等三类。由于设计任务每调整一次，其资源就可能重新分配一次，所以为降低资源再调度问题的复杂程度，提高实时调度效率，提出基于事件驱动的滚动资源调度优化策略。其次，为尽可能降低客户需求变更对设计过程的影响，提出了基于复杂网络脆弱性的任务重要度评价方法，结合设计任务的时间优先度，可确定设计任务在资源调度时的优先顺序，保证整个设计过程最重要的任务优先得到满足。当资源不足时，应按照优先度对其依次供应。在上述过程的基础上，以多目标自适应资源调度算法对上述问题进行求解，得到客户需求变更下的资源调度调整方案。

基于上述阶段，便可得到当客户需求变更时复杂产品再配置方案、设计任务再分配方案以及设计资源再调度方案。基于此即可确定产品何时可交付给客户，然后，根据此类信息便可对客户需求变更做出进一步反馈，完成对该变更的响应。

6.7　变更响应过程中的关键问题

复杂产品设计中客户需求变更响应是一项复杂的系统工程，为使其具有更高的理论价值和工程价值，有必要对其关键问题进行深入研究。为此，基于前文所述，在客户需求变更下的复杂产品设计响应过程中，其关键问题有需求变更影响评估、复杂产品再配置效率提升、模糊信息条件下设计任务再分配问题求解以及紧缺型设计资源再调度问题求解等四个方面，以下将对这四个方面展开深入分析。

6.7.1　需求变更影响评估

目前，满足客户需求、提高客户满意度是企业获得市场份额、提高竞争力的必要途径 [180, 323]。但是，企业的设计能力及生产能力是有限的，客户基于自身利益提出需求变更请求，不可避免地，有些请求可能超过企业生产能力或成本预算，此时如果还一味以满足客户需求为目标，那么企业自身的经营效益就可能会受到影响。所以，当客户提出需求变更请求时，企业决策者和设计者应首先对变更的影响进行分析，决定是否接受需求变更请求。

然而，如前文所述，客户需求变更导致的产品局部特性改变常常因产品组成零部件间的关联传播到其他部件，而与其相应的设计任务同样因这种变更传播引起连锁反应，加之任务之间的耦合迭代，最终使得对客户需求变更影响的评估极为困难。所以单凭决策者和设计者的经验已经难以做出准确合理的判断，而如果无法对客户需求变更请求做出准确决策，由于复杂产品的高成本及高价值特征，企业可能会受到巨大的影响。特别地，如果接受变更请求，在设计过程中一旦发现企业自身能力无法完成设计任务，不但企业自身效益受到影响，甚至会造成无法估量的社会经济损失。

所以，为保证企业及客户双方利益最大化，如何系统准确评估客户需求变更对整个设计过程的影响，进而对需求变更请求做出合理决策，是实现复杂产品设计中客户需求变更响应的一个关键问题。

6.7.2　复杂产品再配置效率提升

如果客户的需求变更被企业接受，那么如何完成复杂产品的再配置是关系到企业设计成本的关键，因此，有效的复杂产品再配置方法是实现科学响应的前提。事实上，复杂产品的基本特征决定了其设计过程的高成本和长周期。而客户的需求变更有可能导致之前设计过程成本的浪费，产生一定的沉没成本，所以，对于再配置而言，其设计成本往往更高。所以，合理、快速的配置方案是缩短响应时间、降低再配置成本的有效途径。当前，复杂产品的再配置主要分为两种：一是基于模块组合的快速配置；二是基于参数调整的快速配置。而复杂产品组成零部件成千上万，当需求变更时，由于变更的传播，受影响或需要调整的零部件可能来自不同模块。当异构模块组合时，零部件间的耦合或冲突难以避免，当需要调整的零部件数量较多时，这对设计者而言无疑又是一项严峻的挑战。

基于上述分析，复杂产品再配置效率及方案最优性提升方法是提高复杂产品设计中客户需求变更响应效率、降低成本的关键技术，因而也是实现复杂产品设计中客户需求变更响应的一个关键问题。

6.7.3　模糊信息条件下设计任务再分配问题求解

在复杂产品设计过程中，当产品配置完成后，为明确复杂产品再设计完成时间，就应对其相关设计任务进行重新规划。而复杂产品设计任务量大，耦合程度高，这本身就增加了任务再分配的难度，同时更加凸显了合理分配方案的重要性。当产品再配置方案完成后，设计任务再分配方案应尽可能及时完成调整。如果无法快速完成，复杂产品设计资源难以匹配，设计任务难以执行，由此便可能导致设计周期的延长。在此情况下，复杂产品本身较高的设计成本将会变得更高，这同样使得企业的经营成本增加，利润自然降低。然而，当客户需求变更时，产品设计过程已经展开，设计过程的复杂性使得设计任务信息难以精确获取，此时如何在设计任务信息模糊条件下尽可能高效完成设计任务再分配变得更加困难，由此便难以进一步提升设计任务再分配方案的全局最优性。这样一来，复杂产品再设计任务的完成时间就难以准确确定，而且导致后续设计资源的调度缺乏足够可靠的数据支撑。

从上述分析中可发现，设计任务的再分配对于需求变更响应至关重要，因而是实现复杂产品设计中客户需求变更响应的一个关键问题。

6.7.4 紧缺型设计资源再调度问题求解

当客户需求发生变更时，设计任务规划方案往往需要进行调整。这种调整不仅影响设计任务的开始和完成时间，还会对设计资源的需求产生新的挑战。如果这些设计资源无法及时调整和重新分配，可能会导致设计任务受阻，进而影响整个设计过程的顺利进行。特别是在设计任务再分配完成后，如果紧缺型设计资源没有得到及时有效的再调度，可能会出现资源利用不足或不均衡的情况。这不仅使得设计任务的执行受到限制，还可能导致设计过程中的延误和不确定性。另外，当需求变更引发新的设计任务时，对于已经紧张的设计资源而言，这可能引发新的资源需求。在这种情况下，如何在多个设计任务对相同紧缺资源产生需求的情况下进行合理调度，成为确保设计过程稳定性和高效性的关键因素。

因此，紧缺型设计资源的再分配是实现复杂产品设计中客户需求变更响应的又一个至关重要的问题。只有通过有效的资源调度，才能确保设计过程顺利进行，满足客户需求的变更，同时降低不确定性，提高设计任务的成功实施率。

6.8 本 章 小 结

本章是产品协同创新中的变更响应的总体研究部分。首先提出了总体研究思路；基于该思路，结合前人研究成果分别总结并分析了复杂产品及其设计的基本特征；在此基础上，构建了复杂产品设计中客户需求变更响应过程模型，明确响应过程及其所需理论方法；其次，分析了复杂产品响应过程中的关键环节及关键技术。

第 7 章　产品设计中客户需求变更请求决策

当客户提出需求变更时，企业应尽快对其做出回应是否接受需求变更请求。因此，作为客户需求变更下复杂产品设计响应的基础环节，客户需求变更请求决策的准确与否至关重要。而复杂产品设计过程的复杂性导致决策结果难以准确实现。为此，本章结合复杂网络理论提出基于客户需求变更影响评估的变更请求决策方法。首先，分析客户需求变更请求的决策过程，为后续研究奠定基础；其次，在分析复杂产品结构关系及客户关系的基础上，分别建立复杂产品结构网络和客户–需求–特性关联网络，并研究其相关基本参数；再次，从零部件间传播和客户间传播两个方面提出变更传播模型，基于此，深入分析变更的直接影响和间接影响两个方面，并提出网络变化率（networks variation ratio，NVR）、网络额外变更成本（extra change costs，ECCs）以及网络响应收敛时间等影响评价指标；最后，以风机设计过程中的需求变更为例，验证了本书研究的可行性。

7.1　引　　言

为了适应多变的市场环境，客户本身作为市场竞争中的一员不得不实时调整经营策略，此时客户对产品的需求便有可能随之调整[314, 316]。另外，降低成本是客户和企业不断追求的目标，为此，可能出现一系列的技术革新，当新的技术出现时，产品的结构和配置也有可能随之改进[184]。在上述情况下，客户需求便呈现出不确定性及动态性特点。因此，企业就不得不面对客户提出的需求变更请求。当客户提出需求变更请求时，其首先希望得到的反馈就是企业能否接受该变更。

客户基于自身利益提出需求变更请求，虽然企业为提高效益大多以满足客户需求、提高客户满意度为经营宗旨，但是，对任何企业而言，其设计能力均是有限的[324]。不可避免地，有些变更后的需求可能超过企业生产能力或成本预算，倘若对变更影响评估不准确，设计过程展开后才发现设计任务无法完成，此时不但客户满意度下降，企业自身的经营效益也可能会受到影响，严重的甚至影响国家经济和社会生活的发展。因此，企业对客户需求变更请求的决策至关重要。

当客户提出需求变更时，假如原有的产品设计方案仍未实施，此时该变更对整个设计过程的影响主要体现在交付时间的推迟，通过产品方案的改进可能将其弥补；如果原有的设计方案已经实施，该需求变更对整个设计过程的影响便难以衡量。

　　实际上，对于复杂产品而言，如前文所述，零部件之间的复杂关联，产品设计任务之间的耦合迭代程度较高，这使得某一局部的改变可能会传播到其他部位，带来更大范围和程度的影响。如果单凭决策者和设计者的经验对该需求变更请求加以判断，很难准确全面地掌握变更对整个过程的影响，决策的准确性便难以保证。

　　综上所述，当客户提出需求变更时，企业如何对其影响进行准确评估并做出合理决策是关系到客户及企业双方利益的关键问题。对于此，国内外学者自 20 世纪 90 年代以来展开了深入研究，提出了如 DSM、DRM 以及佩特里网等多种分析工具 [51]，但是对复杂产品而言，仍然缺乏行之有效的分析方法。

　　近年来迅猛发展的复杂网络理论为解决此问题提供了新的思路 [325, 326]。作为现实世界的抽象模型 [327, 328]，复杂网络理论在解决复杂问题时体现出了明显的优势 [329, 330]，其研究已在交通运输 [331]、电力系统 [332] 等领域取得丰硕成果。国内外学者也将复杂网络理论结合企业运营管理领域中的实际问题进行了初步探索，并取得了良好效果，如马萨诸塞大学达特茅斯分校著名学者丹·布拉哈于 2007 年在 *Management Science* 期刊上发表论文 "The statistical mechanics of complex product development: empirical and analytical results"，首次验证了有人参与的产品设计网络的统计特征，这些特征与无标度（scale-free）复杂网络及其小世界特性（small-world）高度吻合，该研究成果为企业运营决策提供了新方法 [333]。樊蓓蓓等基于复杂网络理论对产品结构中的零件关系、结构建模及模块划分等进行了深入研究 [334-336]，取得了较好的研究效果。杨格兰也利用复杂网络理论对产品族模块的划分进行了研究 [337]。此外，上海交通大学著名学者褚学宁及其学生同样基于复杂网络理论对产品设计中的问题展开了深入研究。其中，李玉鹏等基于复杂网络理论中的社团划分方法对产品族模块划分及评价进行了研究 [338]；更有价值的是，Cheng 和 Chu 对复杂产品设计过程中的变更问题进行了分析，并提出了评估变更影响的三个指标：度可变性（degree-changeability）、可达可变性（reach-changeability）及介数可变性（betweenness-changeability）[339]，并指出了复杂网络用于解决复杂产品设计问题的潜力。

　　在上述这些研究成果的启发下，本章构建了复杂产品需求变更的决策过程模型。本书首先将复杂产品结构及相关客户群体、产品特性以复杂网络对其建模；其次根据前人研究成果，从客户需求获取、需求分类、需求分解及需求映射等方面提出客户需求变更的处理流程；再次，研究变更传播过程以分析需求变更对全局的影响，进而结合复杂产品设计特征提出相应的评价指标；最后，根据评价结果即可对客户需求变更请求做出决策。

7.2 需求变更请求决策过程

基于前文及 7.1 节所述，企业对客户需求变更请求的决策会直接影响后续产品结构配置、任务分配以及资源调度，因此需求变更请求决策在整个响应过程中属于基础环节，即一级响应，同时也是关系到企业经济效益的关键环节。为实现更加准确的客户需求变更请求决策，本节首先将针对其决策过程模型展开研究。

由于复杂产品组成零部件之间的复杂关联，客户需求的变更可能因变更传播产生更大范围的影响，因而影响程度难以估量。此外，企业的客户之间同样可能存在不同的社会关系，如果其中某一客户对其需求进行了变更，其他客户得知消息后，同样可能产生对其需求提出变更的想法，此时企业需要面对的不仅仅是因某个客户的需求变更引起的直接影响，还需考虑由该客户的波及效应导致的其他间接影响。

为此，本书提出了基于复杂网络理论的客户需求变更评估方法。将复杂产品结构视为一个复杂网络，产品零部件之间的关系视为网络中的关联边。为实现这一研究过程，首先提出客户需求变更的处理流程，基于此可将客户的需求变更请求映射到产品特性的变更上；其次，分析复杂产品组成零部件之间的关系，继而建立产品的复杂网络模型，通过对传播路径的搜索即可明确受到影响的产品零部件，在此基础上可生成变更后的复杂网络，通过变更前后复杂网络相关参数的比较计算相关网络参数的变化值。这样，由于需求变更产生的直接影响即可求出。对于该客户对其他客户产生的间接影响，本书同样基于复杂网络理论展开分析，通过客户间的波及效应确定提出需求变更的客户对其他客户的影响程度，再根据每个客户的实际约束完成对其他客户影响的评估。综合上述需求变更的直接影响和间接影响，便可对客户需求的变更请求进行决策。

如图 7.1 所示，需求变更请求决策过程模型主要包含以下几个步骤。

步骤 1：需求变更分析。客户提出的需求通常更加侧重于产品功能或外观描述，而产品设计任务执行的基本目标是功能的具体特性参数，因此在产品设计过程初始阶段，还需对客户需求进行分析，以期将不规则的、笼统的描述转换为标准化的、可执行的产品功能特性参数。对于客户的需求变更处理同样如此，针对此问题，国内外学者已经展开了大量研究并形成了较为完善的理论体系，因此，本章基于前人研究成果提出了客户需求变更分析流程，如图 7.2 所示。

(1) 需求变更识别。首先，对当客户提出需求变更请求时，企业应对其进行识别，以明确客户为何进行提出需求变更，变更的主要内容是什么等。著名学者曾明哲教授以及焦建新等均对客户需求识别方法进行了深入研究 [340, 341]。

(2) 需求变更描述标准化。当企业对客户需求变更意图明确后，为进一步展开

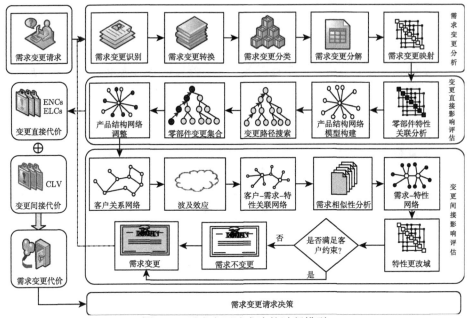

图 7.1   需求变更请求决策过程模型

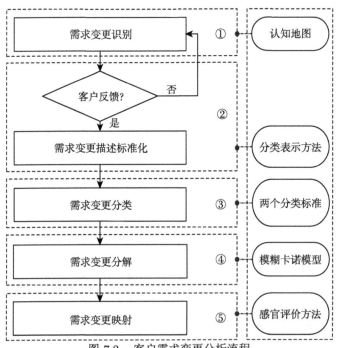

图 7.2   客户需求变更分析流程

分析，需将客户不规范的、模糊的需求语言进行标准化，其方法可参照重庆大学但斌教授的相关研究成果 [45, 342, 343]。

(3) 需求变更分类。为提高设计者对需求变更的处理效率，有必要对变更信息加以分类，通过划分类别明确客户提出的需求变更侧重点，进而为需求的分解奠定基础。需求分类方法同样参照但斌教授的研究成果进行 [45, 342, 343]。

(4) 需求变更分解。设计任务的目标是实现具体的产品功能特性，所以在分类的基础上还需对其进行分解，需求分解的方法可参照学者 Wang 提出的模糊卡诺方法进行 [344]。

(5) 需求变更映射。基于上述步骤，客户需求变更已经转换成可识别的标准化的信息，然后，根据文献中提出的智能感官评价方法（intelligent sensory evaluation method，ISEM）[345] 便可将客户需求的变更信息映射在产品组成零部件的具体特性上。

步骤 2：变更直接影响评估。客户需求变更产生的直接影响是指因变更使企业在对该客户产品设计过程中付出的代价总和。为评估这一直接影响，本书采取的研究步骤如下所述。

(1) 零部件特性关联分析。复杂产品零部件众多，且零部件之间关联关系复杂，要分析变更的影响，必须首先明确零部件之间的关联关系。

(2) 产品结构网络模型构建。基于零部件之间的关联关系，通过复杂网络理论构建复杂产品网络结构模型，为全面分析直接影响奠定基础。

(3) 变更路径搜索。为分析变更对全局的影响，必须明确变更的传播路径。为此根据复杂网络中网络节点及边的负载与容量的关系，本书提出了复杂产品结构网络中基于变更传播分析的变更路径搜索方法。

(4) 零部件变更集合。根据零部件之间变更传播结果和变更路径，可明确网络节点以及边的变化情况。

(5) 产品结构网络调整。基于零部件变更情况，更新复杂产品结构网络模型。

步骤 3：变更间接影响评估。客户需求变更间接影响是指由该变更导致的其他客户对各自需求做出的调整给企业造成的影响。由于客户本身的社会属性，企业的客户之间必然存在不同类型、不同程度的关联，当其中某一客户提出需求变更时，其他客户得知消息后不可避免地会考虑是否做出类似变更。如果其他客户同样提出变更请求，那么企业面临的挑战更加严峻。为分析客户需求变更可能产生的间接影响，本书基于复杂网络理论研究客户之间的波及效应，进而评估可能存在的间接影响。该研究步骤主要如下。

(1) 构建网络模型。根据客户之间的社会关系构建客户关系网络（customer relationship network，CRN）模型，根据客户与其自身需求之间的关系构建客户–

需求关联网络模型，同时根据需求与产品特性之间的关系构建需求–特性关联网络模型，形成客户–需求–特性关联网络。

(2) 波及效应分析。根据构建的复杂网络模型，研究客户–需求–特性关联网络的波及效应，明确客户之间的互相影响程度。

(3) 需求变更分析。根据客户之间的波及效应，结合受波及的客户自身的现实约束，分析受波及客户需求变更的可能性。

(4) 间接影响评估。如果受波及的客户同样提出客户需求变更请求，这时根据步骤 2 中所述步骤，可对其变更影响进行分析，最终得到受波及客户的需求变更产生的影响，也就是该客户需求变更的间接影响。

步骤 4：需求变更请求决策。根据客户需求变更产生的直接影响和间接影响，结合企业自身的设计生产能力，对其进行决策，决定是否接受此次变更。

7.3 复杂产品结构网络

根据前文对客户需求变更请求决策过程模型的分析，本节首先对复杂产品结构网络及其基本参数进行研究。

7.3.1 复杂产品零部件关联关系

通常而言，复杂产品包含大量组成部件或零件，每个组成部件或零件又包含若干特性。这些特性通过一定的关联将零部件组合在一起，实现产品的功能。而这些零部件之间通常也存在着不同类型的关系，如尺寸约束、形状约束等。在前人研究成果上 [346, 347]，本书将复杂产品零部件的关联关系归纳为两类：隶属（parent-child）关系和约束（constraint）关系。

(1) 隶属关系。如图 7.3 所示，零部件之间的隶属关系属于一种纵向关联关系，即某一零部件由若干零件组成，而其组成零部件之间相互独立存在。当父零部件特性需要调整时，应当通过子零部件特性的变更实现。此时，子零部件变更的数量需根据实际需求确定，如果只需要改变其中一个或几个零部件特性，父特性的更改并不会影响其他子零部件特性的变化。然而，任一子零部件特性的变化都将会导致其父零部件的更改。假设以 v_i 表示第 i 个零部件，其子零部件表示为 $v_{ic,a}$，那么其隶属关系可用通用函数 $y(v_i) = f(x(v_{ic,1}), x(v_{ic,2}), \cdots, x(v_{ic,a}))$ 表示，其中 $y(v_i)$ 表示零部件 v_i 的特性值，$x(v_{ic,a})$ 表示每个子零部件的特性值。

(2) 约束关系。如图 7.4 所示，零部件之间约束关系是一种横向关联关系。与隶属关系不同的是，当存在约束关系的任意一个零部件特性发生改变时，其相关联的其他零部件特性均会受到影响并发生改变。因此，约束关系的通用函数可表示为 $g(x(v_i), x(v_j), x(v_k)) = 0$。

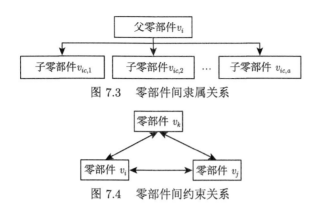

图 7.3 零部件间隶属关系

图 7.4 零部件间约束关系

7.3.2 基于网络的复杂产品结构建模

复杂网络通常用来对现实中具有层次结构、复杂内部关联的对象进行抽象建模[326,348−350]。根据零部件的功能及特征，使得复杂产品本身具有较强的层次性。因此，在本书中，复杂产品结构可视为一个复杂网络，产品的每个零部件即为网络节点，零部件之间的关联关系为网络边。零部件之间的关联关系越紧密说明网络边的权重越大。假设某复杂产品有 n 个零部件，每个零部件有 m 条边。因此，复杂产品结构网络 G_p 可表示为

$$G_p = (V_p, E_p, W_p) \tag{7.1}$$

其中，V_p，E_p，W_p 分别表示复杂产品结构网络 G_p 节点集合、边集合以及权重集合，且 $V_p = \{v_{p,1}, v_{p,2}, \cdots, v_{p,n}\}$，$E_{p,i} = \{e_{p,i1}, e_{p,i2}, \cdots, e_{p,im}\}$，$W_{p,i} = \{w_{p,i1}, w_{p,i2}, \cdots, w_{p,im}\}$。

值得说明的是，由于零部件之间存在隶属关系和约束关系，因而在复杂产品结构网络中，网络的边存在单向边和双向边。单向边表示零部件之间的隶属关系，双向边表示零部件之间的约束关系。特别地，对于存在约束关系的零部件而言，其对应的网络节点之间的边由于约束强度的不同并不等价，即因为 $w_{ij} \neq w_{ji}$，所以 $e_{ij} \neq e_{ji}$。

基于上述分析，可见复杂产品结构网络 G_p 是一个有向加权复杂网络。

7.3.3 复杂产品结构网络基本参数

复杂网络通常表现出不同于一般模型的性质，而这些性质都是通过其基本参数反映出来的[326,351,352]。而且在本书中，对于客户需求变更的请求决策也是基于对网络参数的分析展开，因此，在本节中，将对复杂产品结构网络 G_p 的基本参数加以分析。一般地，对有向加权复杂网络而言，其基本参数主要有包括权重（weight）、最短路径（shortest distance）、网络负载（load）及网络容量（capacity）。

1. 权重

对有向加权复杂网络而言，权重又分为点权（node weight）和边权（edge weight），分别表示节点和边在网络中的重要性。目前，权重主要有两类：相似权 (similarity weight) 和相异权（dissimilarity weight）。对于相似权而言，其取值越大，说明越重要；相反，对于相异权而言，其取值越小，说明越重要。在本书中，统一使用相似权。

(1) 点权。与无向网络中度（degree）的含义类似，点权表示节点在网络中的重要程度。在有向网络中，点权同样分为入点权（in node weight）和出点权（out node weight），分别用 ID_k 和 OD_k 表示，且对节点 i，有

$$\mathrm{ID}_i = \sum_{j \in V_{p,i}} w_{p,ji} \tag{7.2}$$

$$\mathrm{OD}_i = \sum_{j \in V_{p,i}} w_{p,ij} \tag{7.3}$$

因而，节点 i 的点权 s_i 可表示为

$$s_i = \sum_{i \neq j \in V_p} w_{p,ij} = \mathrm{OD}_i + \mathrm{ID}_i \tag{7.4}$$

(2) 边权。与点权含义类似，边权表示边在网络中的重要程度。其取值可以是物理值，也可以是实际值，因此对于任意 $w_{ij} \in [0, +\infty)$。在本书中，基于对复杂产品零部件之间的关联关系的定义，边权可表示为

$$w_{p,ij} = \begin{cases} \sum\limits_{v_{p,i} \in Q^u} \mathrm{d}y\,(v_{p,i})\,/\mathrm{d}x\,(v_{p,ij})\,, & v_{p,j} \in Q^u \\ \sum\limits_{v_{p,i} \in Q^b} (\mathrm{d}g\,(v_{p,j})\,/\mathrm{d}x\,(v_{p,ij})\,, & v_{p,j} \in Q^b \end{cases} \tag{7.5}$$

其中，Q^u 表示零部件 i 的子零部件集合，也就是与节点 i 有隶属关系节点集；Q^b 表示有约束关系的零部件集合，也就是与节点 i 有约束关系的节点集；$y(v_{p,i})$ 和 $x(v_{p,ij})$ 分别表示隶属关系下的节点 i 与其隶属节点集合构成的边集权重；$g(v_{p,j})$ 和 $x(v_{p,ij})$ 分别表示约束关系下的节点 i 与其隶属节点集合构成的边集权重。

2. 最短路径

最短路径是研究网络效率的一个重要参数。对有向加权复杂网络而言，其路径通常以两个节点之间所有边的累积权重衡量。累积权重越大，说明两点之间的路径越短。因此，对于任意节点 i 和节点 j，其路径 $d_{p,ij}$ 可表示为

$$d_{p,ij} = \frac{1}{1/w_{p,ik} + 1/w_{p,kj}} \tag{7.6}$$

其中，节点 k 为 $d_{p,ij}$ 上节点 i 和节点 j 经过的节点。基于式 (7.6)，有向加权复杂网络的最短路径 $d_{p,ij}^*$ 为

$$d_{p,ij}^* = \min\{d_{p,ij}\} \tag{7.7}$$

3. 网络负载

网络负载是反映当前网络状态的重要参数，是一个全局几何量。对复杂产品结构网络而言，其可用来反映当前零部件参数的取值。同样的，网络负载也分为点负载和边负载两种。

(1) 点负载。对于节点 k，其负载含义为对于所有经过 k 的最短路径，其每个单位数量上的最短路径长度。换言之，就是网络最短路径中经过该节点的路径数目占最短路径总数的比例。所以，对于节点 k 点负载 $\mathrm{Load}_{p,k}$ 公式为

$$\mathrm{Load}_{p,k} = \sum_{i=1,j=1,i\neq j}^{n} \frac{\tau_{p,ij}^{k}}{\tau_{p,ij}} \tag{7.8}$$

其中，$\tau_{p,ij} = \|d_{p,ij}^*\|$ 表示网络中最短路径的数目；$\tau_{p,ij}^{k}$ 表示 $\tau_{p,ij}$ 经过节点 k 的最短路径数目。

(2) 边负载。与点负载含义类似，边负载表示网络中所有最短路径中经过该边的路径数目占最短路径总数的比例。对于任意边 $e_{p,rs}$（$r=1,2,\cdots,n$, $s=1,2,\cdots,n$）有

$$\mathrm{Load}_{p,rs} = \sum_{\substack{i=1,j=1,r=1,s=1 \\ i\neq j, r\neq s}}^{n} \frac{\tau_{p,ij}^{rs}}{\tau_{p,ij}} \tag{7.9}$$

其中，$\tau_{p,ij}^{rs}$ 表示 $\tau_{p,ij}$ 经过边 $e_{p,rs}$ 的最短路径数目。

4. 网络容量

网络容量是与负载密切相关的一个网络全局几何量，它表示网络中负载的允许最大值。容量的大小严格受网络现实条件（如成本、技术等）的制约。在复杂网络中，与负载相对应，容量同样分为点容量和边容量。针对容量与负载的关系，国内外学者曾展开了深入研究 [353]，设节点 k 的容量由 $\mathrm{Capacity}_{p,k}$ 表示，根据文献研究成果，其式如下：

$$\mathrm{Capacity}_{p,k} = (1 + \alpha_{p,k})\mathrm{Load}_{p,k} \tag{7.10}$$

其中，$\alpha_{p,k} \geqslant 0$ 表示网络的容忍能力，其含义是在当前约束条件下，在完成当前负载分配后还剩余的负载。对复杂产品而言，它反映了企业对零部件的设计能力。

式 (7.10) 说明复杂网络的负载与容量之间是线性关系，这显然不足以说明复杂系统中的非线性关系。为此，基于 Motter 和 Lai 的研究成果 [353]，本书提出了复杂产品结构网络的容量–负载关系表达式：

$$
\begin{aligned}
\text{Capacity}_{p,k} &= \left(1 + \beta_p \exp\left(\text{PCI}_{p,k}\right)\right) \text{Load}_{p,k} \\
&= \left(1 + \beta_p \exp\left(\mu_{p,k}^T - \text{LSL}_k^T \middle/ 3\sigma_{p,k}^T\right)\right) \text{Load}_{p,k}
\end{aligned}
\tag{7.11}
$$

其中，$\text{PCI}_{p,k}$ 表示企业对复杂零部件 k 的工序能力指数；LSL_k^T 表示一定阶段内零部件 k 的设计周期下限；$\mu_{p,k}^T$ 表示平均设计周期；$\sigma_{p,k}^T$ 表示设计周期的标准差；β_p 是一个常量，表示单位负载变化导致的成本变化值。基于此，可得到网络容量与负载的关系曲线，如图 7.5 所示。

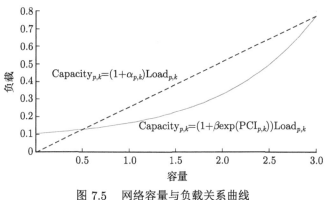

图 7.5　网络容量与负载关系曲线

7.4　客户–需求–特性关联网络

7.4.1　网络构建

事实上，客户自身的社会属性决定了客户会不断地与其所处的社会环境产生各种各样的关联 [354]。一个企业的客户之间可能存在一定的联系，如其中一个客户可能是另一个客户的供应商、客户、亲属或者朋友。不论是业务关联还是其他社会关系，其中一个客户的决策变化通过口碑效应（word-of-mouth effect）可能影响其他客户的决策 [354]。此时，如果一个客户需求发生变化，其他与之有关联的客户难免不会考虑自己是否该调整自身策略，客户之间的这种关联关系称为客户的波及效应（ripple effect）。相关研究及实践表明，波及效应已成为导致客户决策变更的重要原因之一 [355, 356]。

如前文所述，企业的客户之间可能存在一种或多种关联，这些关联使客户之间形成了客户关系网络。企业的一个客户可能存在多个需求，不同客户也可能产生相同的需求，基于客户关系网络又形成客户需求网络（customer demands network, CDN）。同时，企业根据客户的不同需求进行产品方案设计，其直接表现为产品的各种特性。换言之，在定制生产中，企业最终将客户个性化需求转换为具备相应特性的产品。因此，在客户需求与产品特性间又存在一定映射关系。而同一产品的不同特性或不同产品的不同特性之间又存在隶属或约束关系[347]，因而，特性之间本身又构成了产品特性网络（product features network, PFN）。所以，在本书中，客户–需求–特性关联网络（customesr-requirements-features network, CRFN）实际上是包含客户关系网络、客户需求网络以及产品特性网络的超网络。

(1) 客户关系网络 G_c。以每一个客户为顶点，顶点集合记为 $V_c = (v_{c1}, v_{c2}, \cdots, v_{ci}, \cdots, v_{cn})$，其中 v_{ci} 表示第 i 个客户；客户之间的关联关系为边，记 e_{cij} 表示客户 i 与 j 之间的连边；由于不同的客户之间业务关联不同，所以客户之间的紧密程度各异，因此，每条关联边的权重也不一样，记 w_{cij} 表示 e_{cij} 的权重。

综上所述，企业的客户关系网络 G_c 可表示为

$$G_c = (V_c, E_c, W_c) \tag{7.12}$$

其中，$W_c = (w_{ci1}, w_{ci2}, \cdots, w_{cij}, \cdots, w_{cin})$，$i, j = 1, 2, \cdots, n$，$i \neq j$。

(2) 客户需求网络 G_d。基于客户关系网络，以每个客户的需求为顶点，顶点集合记为 $V_d = (v_{d1}, v_{d2}, \cdots, v_{dr}, \cdots, v_{dm})$，其中 v_{dr} 表示第 r 个需求，m 为需求总数；客户之间的关联关系为边，记 e_{drs} 表示客户 r 与 s 之间的连边，其关联边权重 w_{drs} 可解释为客户间需求的相似程度。类似地，客户需求网络可表示为

$$G_d = (V_d, E_d, W_d) \tag{7.13}$$

其中，$W_d = (w_{dr1}, w_{dr2}, \cdots, w_{drs}, \cdots, w_{drm})$，$r, s = 1, 2, \cdots, m$，$r \neq s$。

(3) 产品特性网络 G_f。假设在现有客户需求下，生成的产品共包含 l 个特性，以此作为产品特性网络顶点集合，记为 $V_f = (v_{f1}, v_{f2}, \cdots, v_{fk}, \cdots, v_{fl})$，其中 v_{fk} 表示第 k 个产品特性，l 表示特性总数。类似地，记 e_{fkh}（$k, h = 1, 2, \cdots, l$）表示特性 k 与 h 之间的连边，其关联边权重 w_{fkh} 可解释为特性间的关联程度。因而，产品特性网络 G_f 可表示为

$$G_f = (V_f, E_f, W_f) \tag{7.14}$$

(4) 客户–需求–特性关联网络 $G_{c\text{-}d\text{-}f}$。基于前文所述，客户-需求–特性关联网络 $G_{c\text{-}d\text{-}f}$ 由客户关系网络 G_c、客户需求网络 G_d 以及产品特性网络 G_f 组成。显然，客户关系网络与客户需求网络之间存在密切关联，记 E_{cd} 表示 G_c 与 G_d 的关联边集合，W_{cd} 为相应边的权重集合。由于产品特性是根据客户需求转化而来，

因此在 G_d 与 G_f 之间存在映射关系，而 G_c 与 G_f 之间通过 G_d 实现关联而不存在直接关系。记 E_{df} 表示 G_d 与 G_f 的关联边集合，W_{df} 为相应边的权重集合。对于，基于上述分析，客户–需求–特性关联网络 $G_{c\text{-}d\text{-}f}$ 可表示为

$$G_{c\text{-}d\text{-}f} = (G_c, G_d, G_f, E_{cd}, E_{df}, W_{cd}, W_{df}) \tag{7.15}$$

7.4.2　网络权重

客户–需求–特性关联网络 $G_{c\text{-}d\text{-}f}$ 是一个加权复杂网络，其权重是网络分析的重要参数[357]。基于前文所述，该网络中同时存在多种关联，如 E_c、E_d、E_f、E_{cd} 以及 E_{df}，相应地，关联对应的权重也存在多种，如 W_c、W_d、W_f、W_{cd} 以及 W_{df}。具体地，对于网络中的某一项权重，均有可能受到多种因素的影响，如客户关系网络 G_c 中，客户之间可能同时存在多种关系，如物料供应关系、能源供应关系、技术支持关系等。此时，w_{ij} 的值就应综合考虑各种关系。此外，影响权重的各类因素因环境的复杂性可能具有一定的模糊性。因此，基于上述分析，本书引入三角模糊数。

假设 $\Re = \{r_\kappa | \kappa = 1, 2, \cdots, \partial_i\}$ 表示网络顶点之间各种关系的集合，r_κ 表示第 κ 类关系，$\partial_i = \|\Re\|$ 表示关系种类的总数。节点关联矩阵（node relationship matrix，NRM）可表示为

$$\text{NRM} = \{\text{nrm}_{ij,\kappa} | i, j = 1, 2, \cdots, n; \kappa = 1, 2, \cdots, m_i\} \tag{7.16}$$

其中，$\text{nrm}_{ij,\kappa}$ 表示节点 i 与 j 之间存在第 κ 类关系的数量。

当节点 i 与节点 j 之间存在多种关系时，不同的关系对彼此的影响程度可能不同。记 $p_{ij,\kappa} \in [0, 1]$ 表示节点 i 在第 κ 类关系下对节点 j 的影响概率，并假定各类关系之间相互独立且并行存在。则 $G_{c\text{-}d\text{-}f}$ 上的影响概率集合可表示为

$$P = \left\{ p_{ij} | p_{ij} = 1 - \prod_{\kappa=1}^{m_i} (1 - p_{ij,\kappa})^{\text{nrm}_{ij,\kappa}}, 1 \leqslant i, j \leqslant n \right\} \tag{7.17}$$

其中，p_{ij} 表示节点 i 对节点 j 的影响概率。显然 p_{ij} 取值越大，二者之间关联程度越紧密。因此，在本书中，不妨令 $p_{ij} = w_{ij}$。

为求得 p_{ij} 和 w_{ij} 取值，基于前文所述方法获取初始数据[358]，基于此，本书引入三角模糊数理论[359]，将专家对各类节点之间每类关系的评价语言变量先转化为三角模糊数，基于此再映射到各类关系的影响概率值上。假设专家集为 $Ex = \{Ex_\ell | \ell = 1, 2, \cdots, \Omega\}$，为计算方便同时假设各专家具有相同的权重。评价对象为 $\Re = \{r_\kappa | \kappa = 1, 2, \cdots, \partial_i\}$，其评价指标即为节点之间第 κ 类关系的影响概率 $p_{ij,\kappa}$。评价语言变量设为 $\Theta = \{\Theta_\theta | \theta = 0, 1, \cdots, l - 1\}$，包含预先定义好的

奇数个元素, 如 (关联程度非常小、关联程度较小、关联程度小、关联程度一般、关联程度大、关联程度较大、关联程度非常大)。

如果专家 Ex_ℓ 对节点 i 与节点 j 的第 κ 类关系的评价信息为 $\varphi_{ij,\kappa\ell}$, 则 $\varphi_{ij,\kappa\ell} \in \Theta$, 其三角模糊数表达式为

$$\hat{\varphi}_{ij,\kappa\ell} = \left(\varphi_{ij,\kappa\ell}^{\mathrm{L}}, \varphi_{ij,\kappa\ell}^{\mathrm{M}}, \varphi_{ij,\kappa\ell}^{\mathrm{R}} \right) = \left(\max\left(\frac{\theta-1}{l-1}, 0 \right), \frac{\theta}{l-1}, \min\left(\frac{\theta+1}{l-1}, 1 \right) \right) \tag{7.18}$$

其中, $\varphi_{ij,\kappa\ell}^{\mathrm{L}}, \varphi_{ij,\kappa\ell}^{\mathrm{M}}, \varphi_{ij,\kappa\ell}^{\mathrm{R}}$ 分别表示 $\hat{\varphi}_{ij,\kappa}$ 模糊值的上限、最有可能的取值以及下限。针对节点 i 与节点 j 的第 κ 类关系, 所有专家的评价信息集合 $\hat{\varphi}_{ij,\kappa}$ 可表示为

$$\hat{\varphi}_{ij,\kappa} = (1/\Omega) \otimes (\hat{\varphi}_{ij,\kappa 1} \oplus \hat{\varphi}_{ij,\kappa 2} \oplus \cdots \oplus \hat{\varphi}_{ij,\kappa\Omega}) \tag{7.19}$$

记 $\hat{\varphi}_{ij,\kappa} = \left(\varphi_{ij,\kappa}^{\mathrm{L}}, \varphi_{ij,\kappa}^{\mathrm{M}}, \varphi_{ij,\kappa}^{\mathrm{R}} \right)$, 则

$$\varphi_{ij,\kappa}^{\mathrm{L}} = 1/\Omega \sum_{\ell=1}^{\Omega} \varphi_{ij,\kappa\ell}^{\mathrm{L}} \tag{7.20}$$

$$\varphi_{ij,\kappa}^{\mathrm{M}} = 1/\Omega \sum_{\ell=1}^{\Omega} \varphi_{ij,\kappa\ell}^{\mathrm{M}} \tag{7.21}$$

$$\varphi_{ij,\kappa}^{\mathrm{R}} = 1/\Omega \sum_{\ell=1}^{\Omega} \varphi_{ij,\kappa\ell}^{\mathrm{R}} \tag{7.22}$$

根据 Opricovic 和 Tzeng 的研究 [360], 模糊评价信息便可转化为清晰值, 如式 (7.23) 所示。

$$p_{ij,\kappa} = L + \Delta \frac{\left[\begin{array}{c} \left(\varphi_{ij,\kappa}^{\mathrm{M}} - L \right) \left(\Delta + \varphi_{ij,\kappa}^{\mathrm{R}} - \varphi_{ij,\kappa}^{\mathrm{M}} \right)^2 \left(R - \varphi_{ij,\kappa}^{\mathrm{L}} \right) \\ + \left(\varphi_{ij,\kappa}^{\mathrm{R}} - L \right) \left(\Delta + \varphi_{ij,\kappa}^{\mathrm{M}} - \varphi_{ij,\kappa}^{\mathrm{L}} \right)^2 \end{array} \right]}{\left(\Delta + \varphi_{ij,\kappa}^{\mathrm{M}} - \varphi_{ij,\kappa}^{\mathrm{L}} \right) \left(\Delta + \varphi_{ij,\kappa}^{\mathrm{R}} - \varphi_{ij,\kappa}^{\mathrm{M}} \right)^2 \left(R - \varphi_{ij,\kappa}^{\mathrm{L}} \right) + \left(\varphi_{ij,\kappa}^{\mathrm{R}} - L \right) \left(\Delta + \varphi_{ij,\kappa}^{\mathrm{M}} - \varphi_{ij,\kappa}^{\mathrm{L}} \right)^2 \left(\Delta + \varphi_{ij,\kappa}^{\mathrm{R}} - \varphi_{ij,\kappa}^{\mathrm{M}} \right)} \tag{7.23}$$

其中, $L = \min\left\{ \varphi_{ij,\kappa}^{\mathrm{L}} \right\}$, $R = \max\left\{ \varphi_{ij,\kappa}^{\mathrm{R}} \right\}$, $\Delta = R - L$。

综合式 (7.16) ~ 式 (7.23), $G_{c\text{-}d\text{-}f}$ 的边权重即可得到。

7.5 客户需求变更传播

7.5.1 产品零部件的变更传播

类似于马太效应, 客户总是花费更多的精力关注那些更重要的零部件[361-364]。所以, 在产品设计过程中, 针对这些关键零部件的需求变更概率相对更高 [334]。如

前文所述，由于零部件之间的关联关系，局部变更可能通过其关联传播到其他零部件，造成更大范围的影响。因而，研究零部件之间的变更传播是评估客户需求变更直接影响的关键。

假设客户为理性决策者，对复杂产品零部件而言，在非不可抗因素下，当且仅当其所受影响超过自身能承担的上限时，客户对其需求才提出变更请求。也就是说，当复杂产品中某一零部件的配置参数改变时，与其关联的其他零部件会受到不同程度的影响。如果该影响在零部件本身承受范围内，那么零部件参数就不会改变，一旦超出，产品该零部件的参数会发生更改。这样，变更便实现了传播。

实际上，为了降低设计过程中可能产生的扰动事件，企业通常会对企业产品设计方法设定一定的容错空间，用以吸收这些扰动事件。然而，当变更影响程度超过容错能力允许范围时，变更传播仍然会发生。

基于上述分析，便可确定复杂产品设计过程中变更传播发生的基本条件，如下所述。

(1) 零部件重要度优先原则。重要度更高的零部件更容易发生变更。

(2) 关联重要度优先原则。当某一零部件配置参数发生变更时，与其存在关联的其他零部件可构成一个关联零部件集；其中，与变更零部件关联程度越高的零部件受到的影响程度越大，越容易发生变更。本书中，根据零部件之间的空间关系（是否直接相连），提出基于零部件变更直达性和变更传播性的分析方法，分别用 $C(\text{OD})$ 和 $C(\text{OR})$ 表示，假设初始变更节点为 i，那么：

$$C(\text{OD})_{ij} = 1 - \frac{\sum\limits_{j \in V_p} w_{p,ij}}{w_{p,\max} \cdot (n-1)} \tag{7.24}$$

$$C(\text{OR})_{ij} = 1 - \frac{\sum\limits_{j \in V_p} \max \text{prob}_{ij}}{n-1} \tag{7.25}$$

其中，$w_{p,\max}$ 表示复杂产品结构网络中边权的最大值；prob_{ij} 表示节点 i 与节点 j 之间的关联程度，其值可由式 (7.26) 求得。

$$\text{prob}_{ij} = \begin{cases} w_{ij}, & \text{节点}i\text{与节点 } j \text{ 直接相连} \\ w_{iu} \cdot w_{uj}, & \text{节点 } i \text{ 与节点 } j \text{ 通过节点 } u \text{ 相连} \end{cases} \tag{7.26}$$

在式 (7.24) 和式 (7.25) 中，$C(\text{OD})$ 和 $C(\text{OR})$ 的取值越小，说明节点 i 对其相关联节点的影响程度越大。

(3) 参数上限原则。当与变更节点相关联的其他节点受到影响超过其自身上限限制时，那么该零部件也必须通过调整参数来适应这一变更。

基于上述变更传播原则，便可得到复杂产品结构中在初始变更下受到影响而变更的零部件，遍历所有零部件便可确定变更传播的路径以及需要调整的零部件集，进而可重新绘制客户需求变更后的网络结构图，然后通过网络参数的分析便可得到该变更对产品结构网络的直接影响。其中，变更传播搜索路径搜索流程如图 7.6 所示。

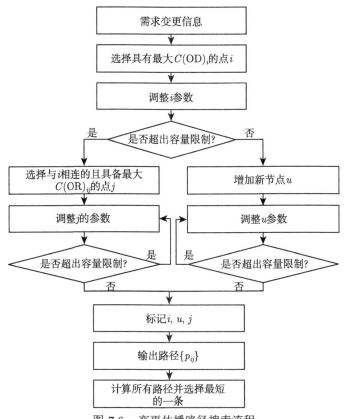

图 7.6　变更传播路径搜索流程

7.5.2　客户间的变更传播

1. 波及效应描述

如前文所述，同一企业的不同客户之间可能存在一种或多种关联。这些关联的存在使得客户的决策可能受到其他客户决策的影响。当某一客户因某种原因对原有需求提出变更请求时，该决策可能因客户间的社会关系散播开来，并以一定的概率影响其他客户。此时，其他有相关或相似需求的客户便会考虑自身需求是否需要变更。此时，称这种现象为客户的波及效应，如图 7.7 所示。

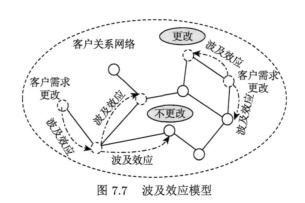

图 7.7　波及效应模型

2. 波及系数

衡量波及效应大小的参数称为波及系数，用 α 表示。在本书中，波及系数表示一个客户对其他客户的影响能力，波及系数越大，说明该客户对其他有关系的客户的影响能力越大，越容易引起其他客户决策的变化。如前文所述，客户之间存在一种或多种关系，然而，由于客户本身及其关系的复杂性，定量化地描述客户之间的影响程度一直是学术界亟待解决的问题之一。近年来，复杂网络理论的迅猛发展为解决这一问题提供了非常有价值的思路。国内外学者在互联网、交通运输网、电力网、社会网络、病毒传播网、科学研究网络、组织网络 [49−51, 53, 333] 等各领域复杂系统取得的大量研究成果证明了复杂网络理论是研究复杂系统结构与功能特性的有效工具，因此，本书将应用复杂网络理论解决客户之间波及效应的量化问题，研究思路如图 7.8 所示。

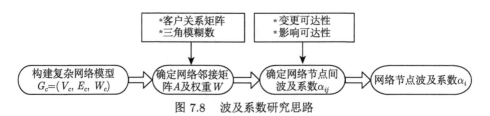

图 7.8　波及系数研究思路

G_c 的波及系数表示其中一个节点对其相邻的节点的影响能力。李玉鹏等 [338] 在研究产品设计变更影响时提出了网络节点的变更可达性指标，如式 (7.27) 所示。

$$\mathrm{RCA}_i = 1 - \frac{\varPhi_{\mathrm{actual},i}}{\varPhi_{\mathrm{max},i}} \tag{7.27}$$

其中，$\mathrm{RCA}_i \in [0,1]$ 表示节点 i 的变更可达性；$\varPhi_{\mathrm{actual},i}$ 和 $\varPhi_{\mathrm{max},i}$ 分别表示节点 i 的实际耦合强度和可能的最大耦合强度，且 $\varPhi_{\mathrm{max},i} = n - 1$。$\mathrm{RCA}_i$ 取值越小，表

明节点 i 的可达性越强, 影响能力越大。

类似地, 本书以影响可达性来衡量网络中的节点对其他节点影响能力。在复杂网络中, 一般认为如果节点具有更强的出度 (out-degree), 表明这个节点对与之相连的节点具有更强的耦合关系。对于加权网络, 这一性质常用节点强度 (out-strength) 来表示, 且其耦合强度取决于节点间的最大影响概率。所以, 对于 G_c, 则

$$\Phi_{\text{actual},ij} = \sum_{j \in V_i, i \neq j} \max\{\lambda_{ij}\} \tag{7.28}$$

其中, V_i 表示节点 i 的相邻节点的集合; λ_{ij} 表示节点连接特征, 有

$$\lambda_{ij} = \begin{cases} w_{ij}, & i \text{ 与 } j \text{ 直接相连} \\ w_{iu} \cdot w_{uj}, & i \text{ 与 } j \text{ 不直接相连, } u \text{ 是二者之间节点} \end{cases} \tag{7.29}$$

结合式 (7.27), 节点 i 对节点 j 的影响可达性 RAA_{ij} 可表示为

$$\begin{aligned} \text{RAA}_{ij} &= 1 - \frac{\displaystyle\sum_{j \in V_i, i \neq j} \max\{\lambda_{ij}\}}{\Phi_{\max,i}} \\ &= 1 - \frac{\displaystyle\sum_{j \in V_i, i \neq j} \max\{\lambda_{ij}\}}{n-1} \end{aligned} \tag{7.30}$$

记节点 i 对节点 j 的波及系数为 α_{ij}, 根据前文所述, 则有

$$\alpha_{ij} = \text{RAA}_{ij} \tag{7.31}$$

因此, 对于节点 i, 其波及系数 α_i 可表示为

$$\alpha_i = \sum_{j \in V_c, j \neq i} w_{ij} \alpha_{ij} \tag{7.32}$$

3. 波及效应下的需求变更传播模型

一般地, 客户需求是根据自身需要并考虑实际约束条件提出, 客户变更后的需求也应遵循这一基本原则。假设所有客户均为完全理性, 即当客户关系网络中客户 i 对其需求提出变更时, 通过波及效应, 该变更信息以一定概率被另一客户 j 得知, 如果有相同或类似需求, 客户 j 便会考虑是否根据客户 i 的变更规则更改自身需求。倘若变更后客户 j 的变更收益与代价较理想且不超过自身条件约束,

那么规定客户 j 变更其现有需求，且变更规则与客户 i 相同。基于 G_d-G_f 网络，便可确定在此需求变更规则下的产品特性更改域。基于此，可得客户间变更需求传播模型，如图 7.9 所示。

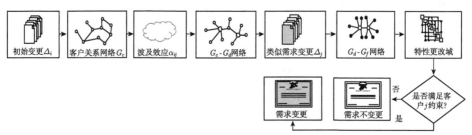

图 7.9　客户间变更需求传播模型

步骤 1：初始变更分析。记 G_c 中第一次客户需求变更为初始变更，不妨假设该变更由客户 i 提出，变更规则为 Δ_i，且 $\Delta_i = \langle \text{attribute,value,relation} \rangle$，其中 attribute 表示客户 i 更改的需求的属性，如产品功能、外观等；value 表示相应属性的更改值，其类型可是单一值或是区间值，relation 表示 attribute 与 value 的关系，如大于、小于、增加、减少等。

步骤 2：客户间波及效应分析。基于 7.5.2 节所述，根据式 (7.27)~ 式 (7.30) 计算客户 i 对其他任一客户 j 的波及系数 α_{ij}。波及系数越大，说明该客户接收到客户 i 变更信息的概率越大。若 $\alpha_{ij} \neq 0$，转入步骤 3；否则，说明客户间互不影响，其他客户需求不会因客户 i 的需求变更而变更。

步骤 3：客户 j 需求虚拟变更及特性映射。基于 G_c-G_d 网络，对 $\alpha_{ij} \neq 0$ 且具有与客户 i 相同或类似需求的客户 j 按照相应的变更规则 Δ_j 进行虚拟调整，若 $\alpha_{ij} \neq 0$ 或没有相关或类似需求，客户 j 不存在此类需求变更。然后，基于 G_d-G_f 网络，将需求变更映射到产品特性变更，得到要变更的特性集合 $CF_j = \{cf_{j1}, cf_{j2}, \cdots, cf_{jq}\}$。其中，$q$ 表示需求变更导致的特性变更总数量；变更规则 $\Delta_j = \beta_{ji}\Delta_i$，$\beta_{ji}$ 表示客户 j 与客户 i 的需求相似度，根据周宏明等提出的方法 [365]，β_{ji} 如式 (7.33) 所示。

$$\beta_{ji} = \sum_{k=1}^{l_j} \sum_{j=1}^{n} (1 - |\omega_{jk}y_{jk} - \omega_{ik}x_{ik}|) \Big/ \sum_{k=1}^{l_j} \sum_{j=1}^{n} \omega_{jk}\omega_{ik} \tag{7.33}$$

其中，y_{jk} 表示经过映射后与客户 j 需求对应的第 k 个产品特性值；ω_{jk} 表示其权重；x_{ik} 表示客户 i 需求对应的第 k 个产品特性值；ω_{ik} 表示其权重；l_j 表示客户 j 的需求对应产品特性的总数。

步骤 4：客户 j 需求变更评价。基于步骤 3 中确定的特性更改集合，结合企业生产实际及客户现实约束可得到变更代价及收益，由此，分析变更后的需求是否满足客户 j 自身约束条件，如式 (7.34) 和式 (7.35) 所示，进而确定需求变更对客户而言是否值得。

$$\sum_{k=1}^{l_j} \mathbb{C}\left(cf_{jk}\right) \leqslant C_j \tag{7.34}$$

$$\sum_{k=1}^{l_j} \mathbb{Q}\left(cf_{jk}\right) \leqslant T_j \tag{7.35}$$

其中，$\mathbb{C}\left(cf_{jk}\right)$、$\mathbb{Q}\left(cf_{jk}\right)$、$C_j$ 及 T_j 分别表示需求变更后预计需要的成本、交付期，允许成本的最大值以及允许交付期的最大值。

另外，对企业而言，实现需求的变更需要花费额外的成本，而这部分成本通常由客户承担。假设特性 cf_{jk} 的变更代价为 $\Delta\mathbb{C}\left(cf_{jk}\right)$，由变更带来的收益为 $\Delta\mathbb{Z}\left(cf_{jk}\right)$，若 $\sum_{k=1}^{l_j} \Delta\mathbb{Z}\left(cf_{jk}\right)/\Delta\mathbb{C}\left(cf_{jk}\right) \geqslant 1$，表明需求的变更将给客户带来更大的收益，此时可认为客户 i 在该变更影响下，客户 j 会以 $\varpi = \alpha_{ij} \cdot \beta_{ji}$ 的概率发生相应的变更，且最终发生变更的特性集合为 $\mathrm{CF}_j = \{cf_{j1}, cf_{j2}, \cdots, cf_{jq}\}$。其中，根据天津大学杜纲等提出的方法 [324]，产品收益可用客户对产品设计特性的感知 $\mathbb{Z}_{jk}$ 来表示，且

$$\mathbb{Z}_{jk} = \sum_{k=1}^{l_j} \left[w_{jk} z\left(y_{jk}\right)\right] \tag{7.36}$$

其中，l_j 表示与 m_j 个需求对应的特性总数；m_j 表示客户 j 的需求总数；$z\left(y_{jk}\right)$ 表示第 k 个设计特性对客户 j 的感知程度，其值可通过对客户的反馈获得，而且其取值越大，说明客户对其接受的程度越大，效用越高。

7.6 变更影响评价及请求决策

通过前文所述的关于产品需求变更分析及传播过程，可将客户初始模糊的变更信息最终转化为复杂产品结构网络的变更。在网络变更中，根据实际要求，可通过节点添加、节点删除、边添加及边删除等方式实现网络结构的演化。然后，通过变更前后网络结构参数的变化即可得到变更对网络结构的影响。本书将基于此思路对变更影响评价展开研究，提出了基于产品结构网络变化率、网络额外变更成本以及网络响应收敛时间等指标的评价方法。

　　基于前文所述，如图 7.10 所示，客户需求变更产生的影响可分为直接影响和间接影响两类。直接影响是指客户对其产品提出的变更导致的该产品设计参数及过程的变化；间接影响是指由于客户间的波及效应，该客户提出的需求变更导致其他客户做出类似变更后产生的影响。其中，对受波及的客户而言，分析其变更影响时，可将其作为新的初始变更依据直接影响分析过程展开，此时变更的间接影响转化为受波及客户的直接影响。

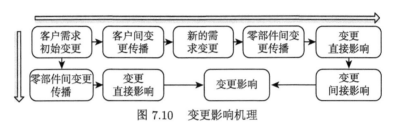

图 7.10　变更影响机理

7.6.1　网络变化率

　　复杂产品客户需求变更影响的评价首先需要给出评价指标。基于上述分析，针对复杂产品结构网络的变化，本书首先提出网络变化率这一评价指标，用以描述在客户需求变更前后、网络结构中变化的节点及边数量。显然，网络变化率越大，产品结构变更的程度越大，说明需求变更对复杂产品设计的影响也就越大。

　　因而，复杂产品结构网络变化率可表示为

$$\mathrm{NVR}_{\alpha} = \frac{\left|\overrightarrow{V_{\alpha}}\right| + \left|\overrightarrow{E_{\alpha}}\right|}{n + m} \tag{7.37}$$

其中，α 表示前文提到的网络容忍能力，在不同的网络容忍能力下，同一个产品结构网络对相同的需求变更会表现出不同的变化程度；$\left|\overrightarrow{V_{\alpha}}\right|$ 和 $\left|\overrightarrow{E_{\alpha}}\right|$ 分别表示产品结构网络在 α 容忍能力下，当客户需求变更时节点以及边的变化数量。因此，求解 NVR_{α} 的关键就是确定 $\left|\overrightarrow{V_{\alpha}}\right|$ 和 $\left|\overrightarrow{E_{\alpha}}\right|$。

　　为此本书提出基于 RUR(resolved-unresolved-resolved, 已完成–未完成–已完成) 的节点网络变化比例分析方法，其基本思想是：将所有的节点状态划分为已完成（resolved）和未完成（unresolved）两种，引入二元变量 $q_{s,i}(t)$，$q_{s,i}(t) = 1$ 表示在 t 时刻权重为 s 的节点为已完成状态，那么 $q_{s,i}(t) = 0$ 表示节点处于未完成状态。在设计过程中，当出现客户需求变更时，如果相关节点原先是已完成状态，那么它将以一定概率变成未完成状态；类似地，如果该节点原先是未完成状态，其同样可能以一定概率变成已完成状态。但是，随着时间的进行，所有节点最终都将转化为已完成状态。其中，基于 7.5.1 节中零部件变更传播原则，在变更发生时刻，可统计得到在客户需求变更下，零部件对该网络的影响。

上述基本思想与病毒在网络中的 SIS(susceptible-infected- susceptible，易感状态–感染状态–易感状态) 传播机理类似，因此，基于复杂网络对病毒传播相关研究成果 [366, 367]，将其应用到复杂产品结构网络中。Volchenkov 等 [366] 提出的 SIS 模型可用以下微分方程组表示:

$$
\begin{aligned}
\frac{h_t - h_{t-1}}{\theta} &= g_{t-\alpha-1} - \delta \langle k \rangle h_t g_t \\
\frac{g_{t-1} - g_{t-2}}{\theta} &= -g_{t-1} + \delta \langle k \rangle h_t g_t \\
\frac{g_{t-2} - g_{t-3}}{\theta} &= -g_{t-2} + g_{t-1} \\
&\vdots \\
\frac{g_{t-\alpha-1} - g_{t-\alpha-2}}{\theta} &= -g_{t-\alpha-1} + g_{t-\alpha}
\end{aligned}
\tag{7.38}
$$

其中，h_t 和 g_t 分别表示在 t 时刻被感染的节点以及健康节点的比例; δ 表示一个常数且 $0 < \delta < 1$; $\langle k \rangle$ 表示无向复杂网络中的节点度。

微分方程组式 (7.38) 是在无向网络前提下提出的，由于产品结构网络是一个有向图，因此结合本书研究背景，本节提出在有向图中的 RUR 模型，如下述微分方程组所示。

$$
\begin{aligned}
\frac{y_{s,t} - y_{s,t-1}}{\varepsilon} &= x_{s,t-t_d-1} - \lambda s y_{s,t} \gamma_{ij,\lambda} \\
\frac{x_{s,t-1} - x_{s,t-2}}{\varepsilon} &= x_{s,t-1} - x_{s,t-1} + \lambda s y_{s,t} \gamma_{ij,\lambda} \\
\frac{x_{s,t-2} - x_{s,t-3}}{\varepsilon} &= -x_{s,t-2} + x_{s,t-1} \\
&\vdots \\
\frac{x_{s,t-\alpha-1} - x_{s,t-\alpha-2}}{\varepsilon} &= -x_{s,t-\alpha-1} + x_{s,t-\alpha}
\end{aligned}
\tag{7.39}
$$

其中，$x_{s,t}$ 和 $y_{s,t}$ 分别表示产品结构网络中权重为 s 的点在 t 时刻未完成以及已完成的比例; λ 表示一个常量，对加权网络有 $\lambda = 1/s \langle i \rangle$[368]; $\gamma_{ij,\lambda}$ 表示网络中节点 i 与节点 j 相互影响的概率，可基于式 (7.23) 求得。

在式 (7.39) 基础上，便可求得在某一时刻具有任意权重的节点受到影响的概率，如式 (7.40) 所示。

$$
y_{s,t} = \frac{\text{count} \left\{ N_{s,i}^* | N_{s,i}^* \in N_i, q_{s,i(t)} = 1, i = 1, 2, \cdots, n \right\}}{n}
\tag{7.40}
$$

其中，$q_{s,i(t)}$ 表示时刻 t 权重为 s 的节点受到的影响; $N_{s,i}^*$ 表示权重为 s 的节点受到影响的总数。

因此，在 t 时刻，受到影响的节点比例为

$$
y_t = \sum_{s=0}^{s_{\max}} y_{s,t}
\tag{7.41}
$$

令 $t = 0$，便可求得变更发生的初始时刻，网络节点的变更比例，即

$$|\overrightarrow{V_\alpha}| = y_{t=0} = \sum_{s=0}^{s_{\max}} y_{s,t=0} \tag{7.42}$$

类似方法可求 $|\overrightarrow{E_\alpha}|$。

7.6.2　网络额外变更成本

复杂产品结构网络变化率反映的是客户需求变更下网络结构的变化程度，对于企业决策者而言，往往更关心客户需求变更带来的经济影响。为此，本书提出了网络经济效益衡量指标——网络额外变更成本。一般地，产品设计或网络构建都需要花费成本，因此网络额外变更成本可直接反应因客户需求变更而增加的设计成本。同样地，网络额外变更成本分为额外节点变更成本 (extra node costs，ENCs) 以及额外边变更成本 (extra edge costs，EECs)。

实际上，在复杂产品设计过程中，设计者通常都会对产品零部件预置一定柔性空间，用以应对可能存在的客户需求变更。在前文所述复杂产品结构网络中，这一特征可由容忍能力 α 来反映。当客户需求变更影响在网络容忍能力范围之内时，变更影响便会被吸收，此时认为在网络再调整的过程中产生的成本便可忽略；如果客户需求变更影响超出网络容忍能力，那么就需要额外投入成本完成产品网络结构的再生。

另外，当客户提出需求变更时，如果设计任务已经开始执行，此时接受变更请求便会产生一定的沉没成本，为此，客户一般都会给予一定补偿。在本书中，假设因客户需求变更产生的沉没成本与客户提供补偿相互抵销。

(1) ENCs。ENCs 是指网络中因节点增加、删除或替换而需增加的成本。根据文献 [369,370] 的研究成果，本节给出复杂产品结构网络在需求变更下的 ENCs 表达式，如式 (7.43) 所示。

$$\text{ENCs} = \begin{cases} 0, & \Delta_{p,v_i} \leqslant \alpha_{p,v_i} \\ \dfrac{\displaystyle\sum_{i \in V_p^*} s_i \, \text{Load}_{p,i}}{\displaystyle\sum_{i \in V_p^*} \text{Load}_{p,i}}, & \Delta_{p,v_i} > \alpha_{p,v_i} \end{cases} \tag{7.43}$$

其中，V_p^* 表示变更节点集。

(2) EECs。与 ENCs 类似，EECs 是指网络中因边增加、删除或调整而需增加的成本。EECs 可根据式 (7.44) 求得。

$$\text{EECs} = \begin{cases} 0, & \Delta_{p,e_{ij}} \leqslant \alpha_{p,e_{ij}} \\ \displaystyle\sum_{i \neq j \in V_p^*} w_{p,ij} \psi\left(\text{prob}_{ij}\right) \Big/ \sum_{i \neq j \in V_p^*} \psi\left(\text{prob}_{ij}\right), & \Delta_{p,e_{ij}} > \alpha_{p,e_{ij}} \end{cases} \tag{7.44}$$

其中，$w_{p,ij}$ 表示任意边的权重；$\psi\left(\text{prob}_{ij}\right)$ 表示边变更的成本函数，其取值与节点之间的关联程度有关，为了研究方便，本书假设 $\psi\left(\text{prob}_{ij}\right) = \text{prob}_{ij}$。因此，式 (7.44) 可转化为

$$
\text{EECs} = \left\{
\begin{array}{ll}
0, & \Delta_{p,e_{ij}} \leqslant \alpha_{p,e_{ij}} \\
\displaystyle\sum_{i \neq j \in V_p^*} w_{p,ij}\, \text{prob}_{ij} \Big/ \displaystyle\sum_{i \neq j \in V_p^*} \text{prob}_{ij}, & \Delta_{p,e_{ij}} > \alpha_{p,e_{ij}}
\end{array}
\right.
\tag{7.45}
$$

基于上述分析，客户需求变更对网络结构的经济影响评价指标 ECCs 可表示为

$$
\text{ECCs} = \text{ENCs} + \text{EECs}
\tag{7.46}
$$

7.6.3 网络响应收敛时间

网络响应收敛时间（network response convergence time，NRCT）是指当网络受到异常因素影响后，由原状态演化到另一种稳定状态所需的时间。因此，通过对网络响应收敛时间的分析可以评估异常因素对网络的影响。

如 7.6.1 节中所述 RUR 模型，在某一时刻，当客户需求变更后，虽然在节点状态可能发生转换，但是所有节点最终都会变更为已完成状态，此时，花费的时间 T^* 即为网络响应收敛时间，且有

$$
T^* = (t|y_t = 1)
\tag{7.47}
$$

其中，y_t 表示产品任务完成率。

至此，便完成了对客户需求变更影响的评价。企业决策者和设计人员根据变更导致的网络变化率及网络额外变更成本的计算结果，结合企业自身条件便可得到决策结果，决定是否接受客户的需求变更请求。

7.7　应　用　案　例

为验证本章研究成果的有效性，本书以某公司 2.5MW 变速恒频风力发电机组设计过程中客户需求变更请求决策为例加以应用。风力发电机组是将风能转换成电能的核心设备，一般而言，风力发电机组可分为 10 大核心部件（叶片、轮毂、变桨系统、发电系统、齿轮箱、主轴、控制系统、偏航系统、机舱、塔架等），每一部件又由若干零部件组成，一般零部件总数可达 3 万个左右。此外，风力发电机组设备使用寿命一般在 20 年左右，而且单台设备价值通常为数百万甚至千万元，综合以上特征可判断风力发电机组属于典型的复杂产品。H 公司是国内一家专业从事风电机组设计、装配制造的大型企业，多年来已形成一个稳定可靠的供应链体系，其市场占有率近年来不断攀升，位居国内前列。然而，由于风力发电机所处环境的多变性，客户对风机产品需求的变更时有发生。在当前竞争异常激烈的风电行业，快速准确地响应客户需求变更对该企业而言至关重要。

图 7.11 是一典型 2.5MW 风机主要结构图, 从图中可清楚地看到, 风机由 10 个主要部件 (叶片、轮毂、变桨系统、发电系统、齿轮箱、主轴、控制系统、偏航系统、机舱、塔架等) 组成 (受篇幅限制, 本书只针对部件之间的关联及其影响展开分析)。基于 7.2 节中所述步骤, 当客户提出需求变更请求时, 在需求分析完成后, 应首先对其零部件之间的组成关系加以分析; 基于此, 构建产品结构网络, 再分析其变更传播过程, 得到需求变更的直接影响和间接影响, 进而对其变更影响程度进行评价决策。

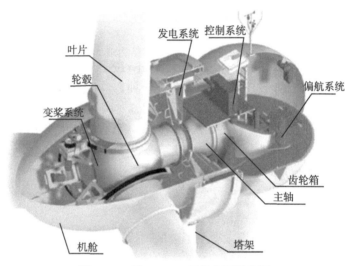

图 7.11　某 2.5MW 风机主要结构图

7.7.1　复杂网络模型

为分析客户需求变更对复杂产品设计过程的影响, 首先应构建与其相关的复杂网络模型。根据前文所述, 本章涉及两个复杂网络模型: 风机结构网络模型和企业客户–需求–特性关联网络模型。

(1) 风机结构网络模型。风机结构主要由 10 个组件构成, 根据设计规格说明书可以确定 10 个组件之间可能存在的隶属关系或约束关系, 得到 10 个组件之间的关联权重, 如表 7.1 所示。基于式 (7.1) 及复杂网络构建规则, 利用 Netdraw 可绘制如图 7.12 所示的风机结构网络图, 它包含 10 个节点以及 90 条边, 基于式 (7.16)~ 式 (7.23) 可得到每个节点的权重, 如表 7.2 所示。

(2) 企业客户–需求–特性关联网络模型。该风机的生产企业 H 依靠强大的产业链, 基于先进的生产技术形成上、中、下产品链全面配套的设计过程, 并参与了多家国际公司的大型生产项目。根据 H 公司 2008 年 3 月至 2013 年 12 月的销售数据, 发现公司当前有 11 个主要客户以及 9 类主要需求。基于相关部门的调

表 7.1　风机组件关联强度矩阵

部件	叶片	偏航系统	变桨系统	机舱	主轴	齿轮箱	控制系统	发电系统	轮毂	塔架
叶片		15	9	24	6	12	13	19	30	27
偏航系统	13		17	3	7	13	9	20	12	4
变桨系统	19	21		5	22	8	12	11	14	5
机舱	15	12	26		35	45	3	19	33	18
主轴	19	24	13	8		7	7	11	16	16
齿轮箱	15	11	14	29	15		18	7	9	11
控制系统	14	10	9	19	11	15		3	7	5
发电系统	25	18	11	14	8	11	3		30	24
轮毂	28	14	15	19	13	11	9	35		28
塔架	15	9	6	3	6	8	9	16	14	

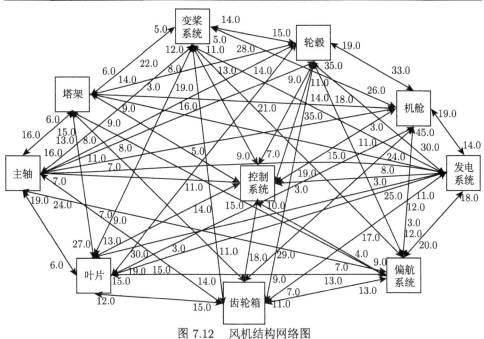

图 7.12　风机结构网络图

研分析，发现在客户中主要存在 11 类主要客户关系，如表 7.3 所示。为确定关联权重，采用专家打分法并确定如表 7.4 所示的评价语言变量，基于式 (7.16) ~ 式 (7.23)，即可得到创新客户之间的关联程度。类似地可得到客户–需求–特性关联网络 G 的所有权重。基于上述分析，可得 H 企业客户–需求–特性关联网络 $G_{c\text{-}d\text{-}f}$ 拓扑结构，如图 7.13 所示 (基于 Ucinet 自动生成)。图 7.13 中，节点 1~11 表示客户 ("○" 所示)，节点 12~20 表示客户对应的需求 ("□" 所示)，节点 21~71 表示满足相应需求所需的产品特性 ("●" 所示)。

表 7.2　网络节点权重及其变更直达性

部件	ID_i	OD_i	s_i	$C(OD)_i$
叶片	163	155	318	0.4733
偏航系统	119	98	217	0.5359
变桨系统	111	117	228	0.4737
机舱	100	206	306	0.5265
主轴	117	121	238	0.5026
齿轮箱	118	129	247	0.5641
控制系统	70	93	163	0.5417
发电系统	122	144	266	0.5185
轮毂	135	172	307	0.4965
塔架	111	86	197	0.4957

表 7.3　客户关系分类

客户关系类别	r_k
工业原料供给	r_1
过程产品供给	r_2
最终产品储运	r_3
多源头物料供给	r_4
废料供给	r_5
热能	r_6
电能	r_7
工艺技术包	r_8
一般技术协同	r_9
兼职	r_{10}
劳动力辅助	r_{11}

表 7.4　语言变量和对应的三角模糊数

语言变量	$\varphi_{ij,\kappa}^{L}$	$\varphi_{ij,\kappa}^{M}$	$\varphi_{ij,\kappa}^{R}$
关联程度非常小	0	0	0.1667
关联程度较小	0	0.1667	0.3333
关联程度小	0.1667	0.3333	0.5000
关联程度一般	0.3333	0.5000	0.6667
关联程度大	0.5000	0.6667	0.8333
关联程度较大	0.6667	0.8333	1.0000
关联程度非常大	0.8333	1.0000	1.0000

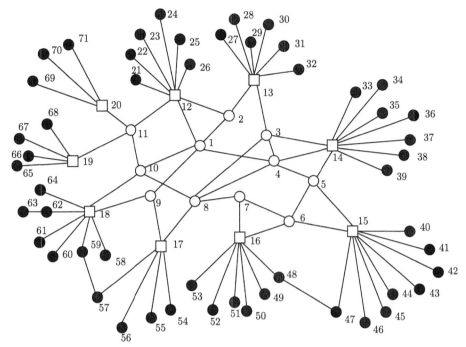

图 7.13 企业 H 的客户–需求–特性关联网络拓扑结构

7.7.2 变更传播路径搜索

在 7.7.1 节网络模型研究基础上，为进一步分析变更影响，还需对变更传播路径展开研究。基于 7.5 节中所述方法，风机设计中的变更传播分析如下所述。

基于客户初始需求，设计人员提出了如图 7.12 所示的风机设计方案，其关键参数如表 7.5 所示，在此条件下，基于式 (7.8)~ 式 (7.11) 可分别求得网络中各节点的负载及容量、边的负载和容量，结果分别如表 7.6~表 7.8 所示。

表 7.5 初始需求下设计方案的关键参数

性能参数	当前值
额定功率	2.5MW
切入风速	4m/s
额定风速	13m/s
叶片角度	5°
运行环境温度	$-20\sim+40^{\circ}\mathrm{C}$
额定电压	690V
齿轮箱变速比	1:72
齿轮热传导率	$38\mathrm{W}\cdot\mathrm{m}^{-1}\cdot{}^{\circ}\mathrm{C}^{-1}$

在风机设计过程中，由于装机环境的变化，客户希望对风机的性能提出变更请求，希望在保证现有基本性能的基础上，对机舱内部冷却性加以提升。经过企

表 7.6　风机结构网络节点负载与容量

部件	负载	容量
叶片	12.938	60.4114
偏航系统	7.642	35.6828
变桨系统	7.267	33.9318
机舱	8.882	41.4727
主轴	9.806	45.7871
齿轮箱	11.321	52.8611
控制系统	7.907	36.9201
发电系统	10.730	50.1016
轮毂	9.266	43.2657
塔架	4.650	21.7122

表 7.7　风机结构网络边负载

部件	叶片	偏航系统	变桨系统	机舱	主轴	齿轮箱	控制系统	发电系统	轮毂	塔架
叶片		15	9	24	6	12	13	19	30	27
偏航系统	13		17	3	7	13	9	20	12	4
变桨系统	19	21		5	22	8	12	11	14	5
机舱	15	12	26		35	45	3	19	33	18
主轴	19	24	13	8		7	7	11	16	16
齿轮箱	15	11	14	29	15		18	7	9	11
控制系统	14	10	9	19	11	15		3	7	5
发电系统	25	18	11	14	8	11	3		30	24
轮毂	28	14	15	19	13	11	9	35		28
塔架	15	9	6	3	6	8	9	16	14	

表 7.8　风机网络边容量

部件	叶片	偏航系统	变桨系统	机舱	主轴	齿轮箱	控制系统	发电系统	轮毂	塔架
叶片	0.0000	70.0395	42.0237	112.0631	28.0158	56.0316	60.7009	88.7166	140.0789	126.0710
偏航系统	60.7009	0.0000	79.3780	14.0079	32.6851	60.7009	42.0237	93.3859	56.0316	18.6772
变桨系统	88.7166	98.0552	0.0000	23.3465	102.7245	37.3544	56.0316	51.3623	65.3702	23.3465
机舱	70.0395	56.0316	121.4017	0.0000	163.4254	210.1184	14.0079	88.7166	154.0868	84.0473
主轴	88.7166	112.0631	60.7009	37.3544	0.0000	32.6851	32.6851	51.3623	74.7087	74.7087
齿轮箱	70.0395	51.3623	65.3702	135.4096	70.0395	0.0000	84.0473	32.6851	42.0237	51.3623
控制系统	65.3702	46.6930	42.0237	88.7166	51.3623	70.0395	0.0000	14.0079	32.6851	23.3465
发电系统	116.7324	84.0473	51.3623	65.3702	37.3544	51.3623	14.0079	0.0000	140.0789	112.0631
轮毂	130.7403	65.3702	70.0395	88.7166	60.7009	51.3623	42.0237	163.4254	0.0000	130.7403
塔架	70.0395	42.0237	28.0158	14.0079	28.0158	37.3544	42.0237	74.7087	65.3702	0.0000

业对客户的变更需求的初步分析，明确了客户的变更需求具体为将风机齿轮箱制动装置热传导率由当前的 38 W·m^{-1}·°C^{-1} 提高到 45 W·m^{-1}·°C^{-1}。基于此，基于需求与零部件特性的相关性（图 7.14），可以确定优先考虑调整的零部件为齿轮箱。根据齿轮箱与风机中其他组件的关系，基于 7.5.1 节中的变更传播原则，对所有部件之间的影响程度进行分析，便可得到如图 7.15 所示的变更传播路径，其中，零部件之间的变更传播性如表 7.9 所示。

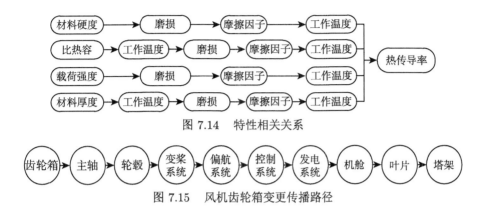

图 7.14　特性相关关系

图 7.15　风机齿轮箱变更传播路径

表 7.9　风机结构网络节点变更传播性

部件	叶片	偏航系统	变桨系统	机舱	主轴	齿轮箱	控制系统	发电系统	轮毂	塔架
叶片		0.9683	0.9841	0.9444	0.9921	0.9762	0.9735	0.9577	0.9286	0.9365
偏航系统	0.9735		0.9630	1.0000	0.9894	0.9735	0.9841	0.9550	0.9762	0.9974
变桨系统	0.9577	0.9524		0.9947	0.9497	0.9868	0.9762	0.9788	0.9709	0.9947
机舱	0.9683	0.9762	0.9392		0.9153	0.8889	1.0000	0.9577	0.9206	0.9603
主轴	0.9577	0.9444	0.9735	0.9868		0.9894	0.9894	0.9788	0.9656	0.9656
齿轮箱	0.9683	0.9788	0.9709	0.9312	0.9683		0.9603	0.9894	0.9841	0.9788
控制系统	0.9709	0.9815	0.9841	0.9577	0.9788	0.9683		1.0000	0.9894	0.9947
发电系统	0.9418	0.9603	0.9788	0.9709	0.9868	0.9788	1.0000		0.9286	0.9444
轮毂	0.9339	0.9709	0.9683	0.9577	0.9735	0.9788	0.9841	0.9153		0.9339
塔架	0.9683	0.9841	0.9921	1.0000	0.9921	0.9868	0.9841	0.9656	0.9709	

在公司 H 的客户群中，与客户 1 有相同需求的客户还有客户 2、客户 10 以及客户 11。由于客户之间的波及效应，客户 1 需求的变更可能会影响其他三个客户的决策。基于前文所述，为分析其他三位客户需求变更的可能性，首先确定客户之间的波及系数。根据式 (7.27) ～ 式 (7.32)，可得客户间的波及系数，如表 7.10 所示。

表 7.10　客户间波及系数

项目	1	2	3	4	5	6	7	8	9	10	11
1		0.7132	0.3135	0.5853	0.1128	0.3791	0.6314	0.223	0.8141	0.7826	0.1127
2	0.5134		0.1324	0.7271	0.3213	0	0.1185	0.1010	0.3021	0.2984	0.0030
3	0	0.0020		0.8215	0.3273	0.2022	0.1010	0.1020	0	0.1001	0.5340
4	0.6351	0.3264	0.5245		0.7564	0.3269	0.3259	0.8396	0.5470	0.3145	0.3187
5	0.2948	0.2148	0.2849	0.6548		0.6834	0.3697	0.3259	0.1037	0.0985	0.1248
6	0.2467	0.0589	0.1265	0.2876	0.6587		0.6986	0.4023	0.1034	0.0983	0
7	0.5686	0.4102	0.1259	0.6978	0.2397	0.6587		0.5741	0.3264	0.3225	0.0756
8	0.2159	0.1238	0.5391	0.6374	0.4325	0.3674	0.6874		0.3284	0.6548	0.0128
9	0.6394	0.3294	0.1038	0.2347	0.1259	0.3284	0.1669	0.2337		0.5697	0.4597
10	0.6687	0.4236	0.2697	0.4225	0.1124	0.0561	0.4189	0.7421	0.7635		0.5622
11	0.1896	0.0984	0.6575	0.0999	0.0031	0	0.0020	0.2341	0.3415	0.5639	

由表 7.10 可知，$\alpha_{1,2} = 0.7132$，$\alpha_{1,10} = 0.7826$，$\alpha_{1,11} = 0.1127$。换言之，客户 1 的需求变更均有一定概率波及其他三位客户。根据式 (7.33)，分别求得 $\beta_{2,1} = 0.8711$，$\beta_{10,1} = 0.7694$，$\beta_{11,1} = 0.8029$。基于此，根据步骤 4 分别对客户 2、客户 10 以及客户 11 加以分析，如表 7.11 所示。结果显示，客户 10 的变更代价满足约束条件，但其变更收益/代价比并不理想，因此可判定客户 10 需求不会变更；客户 11 的变更成本已超出其自身允许最大值，即无法满足需求变更的经济条件；而客户 2 不但变更代价满足现实约束，且变更收益大于变更成本，若采取与客户 1 相类似的变更方式，可为客户 2 带来更大的效益，因而判定客户 2 会选择需求变更，且变更的概率为 0.6212。此时，企业就应及时与客户 2 沟通，以确定变更计划，进而更及时地调整企业的生产计划，减少不必要的损失。实际上，客户 2 在 2009 年 5 月中旬便提出了需求变更的请求，这与本书研究成果相符。表 7.12 为根据本书研究方法预测的变更概率与实际变更情况的对比，分析结果显示预测结果准确度为 90.9%，且第一类错误率以及第二类错误率均为 0，研究结果具有较好的实践指导意义。

表 7.11　需求变更分析

客户	变更特性	单位变更代价		单位变更代价允许最大值		单位变更收益	收益/代价
		成本	交付期	成本	交付期		
2	22	6	1	10	1.8	8	1.333
10	22	7	0.5	9	1	5.9	0.8428
11	22	7	1.3	6	1.3	5.6	0.8

表 7.12　变更概率与实际变更情况对比

客户	变更源	变更条件		变更概率	预测是否变更	现实中是否变更
		约束	收益比			
1	$\Delta 10$ (12,24, +0.1)	✓	2.3950	0.5431	是	是
2	$\Delta 1$ (12,22, +0.1)	✓	1.8730	0.6212	是	是
3	$\Delta 4$ (14,38, −0.08)	×	—	—	否	是
4	$\Delta 5$ (14,37, >60)	✓	1.8740	0.5044	是	是
5	$\Delta 6$(15,40, =50)	✓	0.5466	0.4503	否	否
6	$\Delta 8$(16,50, +0.05)	×	—	—	否	否
7	Δ(6,51, −0.01)	×	—	—	否	否
8	$\Delta 6$(16,49, <0.2)	✓	1.0010	0.2453	否	否
9	$\Delta 10$ (12,24, +0.1)	✓	1.3520	0.7271	是	是
10	$\Delta 1$ (12,22, +0.1)	✓	1.8860	0.4901	是	是
11	$\Delta 1$ (12,22, +0.1)	✓	0.8645	0.0877	否	否

7.7.3　变更影响评价及请求决策

通过上述分析，为满足零部件参数的变更，对风机结构网络而言，基于变更后原网络结构的负载与容量关系（图 7.16），其网络结构需要加以调整，调整后的网络结构如图 7.17 所示，相应的负载与容量的关系如图 7.18 所示。

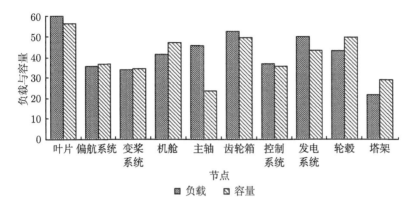

图 7.16　调整后的网络节点负载与容量关系

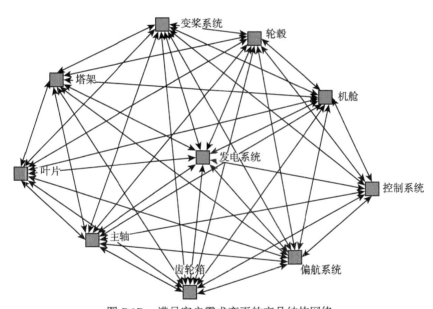

图 7.17　满足客户需求变更的产品结构网络

　　根据上述步骤完成了客户需求变更下的产品结构网络的演化，通过变更前后网络结构的变化便可得到该变更的影响程度。基于式 (7.37) 和式 (7.43)，可得到网络变化率及网络额外变更成本。

$$\mathrm{NVR}_\alpha = \frac{\left| \overrightarrow{V_\alpha} + \overrightarrow{E_\alpha} \right|}{n+m} = (5+23) \div (10+90) = 0.28$$

$$\text{ENCs} = (36.77 \times 240 + 36.77 \times 252 + 47.30 \times 327 + 49.79 \times 285 + 29.02 \times 224)$$

$$\div (36.77 + 36.77 + 47.30 + 49.79 + 29.02)$$

$$= 271.72$$

$$\text{EECs} = 5640 \div 316 = 17.85$$

$$\text{ECCs} = \text{ENCs} + \text{EECs} = 271.72 + 17.85 = 289.57$$

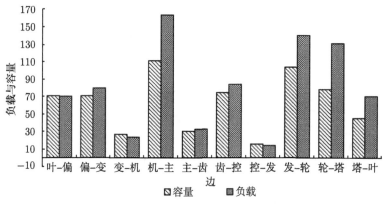

图 7.18　调整后的网络边负载与容量关系

从图 7.19 中可以看出，权重越大的点其变更对网络产生的影响越大。

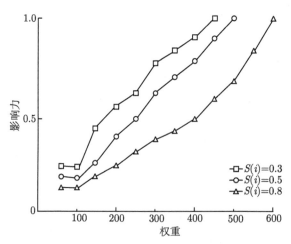

图 7.19　不同权重节点变更下网络响应收敛时间

基于上述结果，结合如表 7.13 所示的变更影响等级表，该变更对产品设计过程的影响便可确定，然后结合企业的生产能力及产品收益，便可对这次变更请求做出决策。通过上述过程的计算分析，可得出结论，该需求变更可以接受。

表 7.13　影响等级表

等级	NVR	描述
I	(0,0.20)	微小影响，更改程度较小，可以接受
II	[0.20,0.40)	较小影响，更改程度较小，可以接受
III	[0.40,0.60)	中等影响，更改较多，慎重接受
IV	[0.60,0.80)	较大影响，更改很多，应该拒绝
V	[0.80,1.00]	巨大影响，几乎全部更改，必须拒绝

另外，在客户间传播中，为进一步分析客户波及效应与客户需求变更的关系，在上述研究基础上，考虑当需求变更的客户波及系数不同时，其他客户需求变更的平均概率变化。为此，根据式（7.27）~ 式（7.32）求得每个客户的波及系数，如表 7.14 所示。同样假设每位客户为理性或风险中性，重复 7.5.2 节中的步骤 1 至步骤 4，得到如图 7.20 所示变化曲线。其中，客户终生价值（customer lifetime value，CLV）曲线是基于文献 [316] 所提出方法，根据企业历史数据求得。

表 7.14　每个客户波及系数

排序	节点	波及系数
1	10	2.298
2	1	2.025
3	7	1.936
4	4	1.753
5	8	1.714
6	9	1.577
7	5	1.126
8	3	1.017
9	2	0.912
10	11	0.751
11	6	0.689

从图 7.20 中可以明显看出，客户需求变更概率与产生初始需求变更客户的波及系数总体呈正相关关系，波及系数较大者，其导致其他客户需求变更的概率更大，而且，此类客户通常具有更高的价值。实际上，波及系数越大，表明客户的影响力越大，这类客户在行业内往往属于具有一定地位或声誉的企业，他们在给企业创造直接收益的同时，还影响着其他客户的投资。因而，企业应与此类客户保持良好的合作关系，这将给企业带来更大的收益。所以，在实际客户关系管理中，企业应对这一类客户倾注更多的精力。

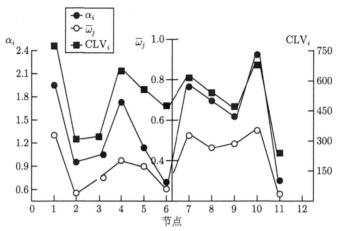

图 7.20　客户需求变更概率与客户价值的关系

7.8　本 章 小 结

　　针对客户需求变更请求决策问题，本章提出了基于复杂网络的变更影响分析方法。首先，提出了需求变更请求的决策过程模型，为后续提供依据；其次，在分析复杂产品结构关系及客户关系的基础上，分别建立了复杂产品结构网络和客户–需求–特性关联网络，并研究了其相关基本参数；再次，从零部件间传播和客户间传播两个方面提出了变更传播模型，基于此，从变更的直接影响和间接影响两个方面展开了深入分析，并提出了网络变化率、网络额外变更成本以及网络响应收敛时间等三个影响评价指标；最后，以风机设计过程中的需求变更作为案例，验证了本书研究的可行性。

第 8 章　面对客户需求变更的产品再配置

在第 7 章研究基础上，企业如果决定接受客户的需求变更请求，那么接下来需要面临的关键问题就是尽快向客户反馈产品的再配置方案。本章针对此问题展开研究：首先提出复杂产品再配置的过程模型，为再配置的开展提供指导；其次基于此，研究复杂产品零部件通用性分析方法，为更加系统、准确地划分零部件类型提供指导；再次，针对不同的零件类型，分别研究其相应的再配置模型；最后通过案例分析以验证本书研究方法的有效性。

8.1　引　　言

随着社会的发展，复杂产品市场的愈发繁荣，客户需求愈发多样化，市场随之不断细分。在动态的市场环境下快速准确把握客户需求并实现产品的优化配置是企业赢得市场竞争的关键[44,317]。如前文所述，在复杂产品设计过程中，市场的动态性使得客户需求往往呈现动态变化的特征，当客户提出需求变更后，其最关心的问题便是变更后的产品方案如何。然而，对企业而言，产品零部件之间复杂的耦合约束关系大大增加了其配置方案调整的难度，一旦无法快速实现产品的再配置，可能导致客户满意度降低[51]。因此，如何实现客户需求变更下的复杂产品再配置成为提高企业市场响应能力的关键。

针对产品配置优化问题，国内外学者展开了一系列研究，并取得了丰硕成果[44,45,184]，这为客户需求下复杂产品再配置问题的解决奠定了坚实的基础。然而，在现有方法下，复杂产品再配置效率仍然难以提升。具体地讲，在复杂产品再配置问题中，当前学术界的共识是以模块化设计方式，通过产品族内通用模块参数的调整或尺寸约束冲突的消解来提高其配置效率[45,179,323,335,336,371,372]，这在客户需求变更程度较小且产品族通用模块比重较大时效果明显。然而，随着客户需求变更程度的增加，且需要调整的零部件通用性较低时，如果仍然采取这一模式，复杂产品配置方案的全局优化效果及其设计效率可能就会受到影响。此外，上述过程展开的前提是对变更零部件类别的合理定位，只有当变更零部件属于通用件，即模块化程度较高时方可适用。然而，当前产品零部件通用性分析大多基于零部件模块的使用数量展开，这对于零部件数量多、定制化程度高的复杂产品而言，并不能完全反映零部件自身的通用性。

　　基于上述分析, 为提高客户需求变更下复杂产品再配置效率, 需要解决的关键问题主要有以下两个。

　　(1) 如何从全局角度分析复杂产品零部件的通用性, 准确定位相关零部件的分类, 进而为有针对性地对其特性进行调整奠定基础。

　　(2) 针对复杂产品中不同类型的零部件, 如何提高其再配置效率及配置方案的满意度。

　　为解决上述问题, 本书基于近年来快速发展的复杂网络理论, 提出基于全局相关性的复杂产品零部件的通用性分析方法; 基于此, 针对其中的通用型零部件, 提出了基于 UB-BU 的联合优化配置模型; 针对其中的定制化零部件, 以成本、交货期和质量为目标, 基于其特性分类提出了 SIB-HIB 配置模型。

8.2　客户需求变更下基于零部件分类的产品再配置过程

　　从第 6 章关于复杂产品特征的总结中可以看出, 协同设计是完成复杂产品设计任务的主要方式。因此, 复杂产品设计过程同样遵循一般定制产品设计过程。当客户需求变更时, 也应按照定制产品中客户需求变更处理的方式展开。因此, 综合当前关于定制生产中客户需求管理的相关研究成果 [222, 227, 373-375], 结合复杂产品设计特征, 在本节中, 给出客户需求变更下复杂产品再配置过程模型, 如图 8.1 所示。

　　图 8.1 所示内容可描述为以下几个阶段。

　　步骤 1: 需求变更分析。当客户提出需求变更时, 其内容一般是对产品整体功能的描述, 因此还需通过需求获取、识别方法将其转化为产品特性的更改, 然后将产品特性更改通过分解、映射等方法转化为零部件特性的更改, 基于此便可明确为客户更改需求需要调整的零部件。

　　步骤 2: 零部件分类。基于步骤 1 中得到的需要调整的零部件, 为提高再配置效率, 依次分析每个零部件的通用性, 以确定该零部件的类型, 进而有针对性地进行再配置。在本书中, 基于 Jiao 和 Tseng[373]、Jiao 和 Zhang[374] 的研究成果, 将复杂产品零部件分为三类: 标准件、通用件以及定制件。对于一般复杂产品而言, 标准件约占零部件总数的 70%, 但是其价值仅仅为复杂产品总价值的 20% 左右; 零件总数的 20% 为通用件, 10% 为定制件, 这些零件约占复杂产品总价值的 80%。所以在本书中, 将重点关注通用件及定制件的再配置优化。

　　为系统分析零部件通用性, 本章提出了基于复杂网络理论的零部件全局相关性分析方法, 该方法不但考虑零部件在复杂产品结构中的使用次数, 还可以反映零部件在产品结构中的作用, 因此可以更准确系统地评价产品零部件的通用性。

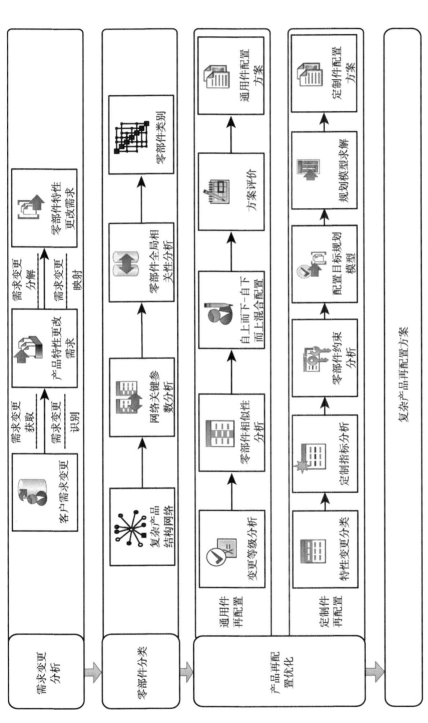

图 8.1 客户需求变更下基于零部件分类复杂产品再配置过程模型

步骤 3：产品再配置优化。基于产品分类，复杂产品的再配置优化主要分为两个方面：一是通用件再配置；二是定制件再配置。

(1) 通用件再配置。在产品再配置中，由于通用件与其他零部件的高相似性，通过零部件的更换或参数的调整即可满足客户需求变更的需要。对复杂产品而言，当更改程度较高时，为提高配置效率，本章提出了自下而上联合优化再配置模型，该模型在模块相似性分析的基础上，首先对相似性最高的相关通用件实施 scaled-based 方法，如果不满足需求，再基于 module-based 方法，转入相似性次高的下一模块，再次应用 scaled-based 方法，直到产品零部件参数满足客户需求为止。其中，由于 scaled-based 方法和 module-based 方法之间的嵌套关系，为实现最优配置，构建了基于自上而下与自下而上混合的再配置模型，并采用嵌入双层迭代规则的混合遗传算法对其求解。

(2) 定制件再配置。定制件的特性直接反映了客户个性化需求，因而针对定制件的需求变更是产品设计中最常见的。对于定制件特性再配置，首先应该考虑客户定制特性；其次，基于时间、成本、质量等约束，在分析原有配置方案重用度的基础上对其加以修正。而客户的定制指标通常表现为相关零部件的特性参数 HIB 和 SIB 两种，基于此，分别构建 HIB 和 SIB 环境下的定制件再配置优化模型。

步骤 4：复杂产品再配置方案。基于上述步骤，即可得到客户需求变更下的复杂产品再配置方案，通过与客户的沟通，即可确定方案是否满足其变更需求。

在复杂产品所有组成零部件中，标准件数量最多，但是其设计难度及价值最低，所以本书中不再重点研究。对于占复杂产品总价值较高的通用件和标准件，本书将分别对其再配置优化过程展开深入研究。

8.3　产品再配置中基于全局相关性的零部件类别划分

在复杂产品中，不同零部件发挥着不同的作用，而且有的零部件价值较高，有的则较低。针对不同的零部件，往往采取不同的设计策略，以提高复杂产品设计效率。因此，当客户需求变更时，在产品零部件参数再配置之间，有必要对相应零部件的种类加以区分。

如前文所述，本书将零部件种类归纳为三类：标准件、通用件以及定制件。为明确零部件种类，在模块化定制产品设计中，Martin 和 Ishii 认为基于零部件通用性的类别划分方法是一种有效方式，并提出了通用性指数（commonality index,CI）加以评价[376]。随后，Jiao 和 Tseng[373]、Blecker 和 Abdelkafi[377] 均提出了类似观点，并分别提出了基于成本和类物料清单的通用性分析方法。基于此，本节将对复杂产品零部件通用性加以分析，进而确定零部件分类。

对于 Martin 及 Jiao 等提出的零部件通用性分析方法，其更侧重于零部件在产品配置中的使用数量，这在一定程度上可以反映零部件的通用性。但是，对复杂产品而言，由于 70% 左右的零部件为标准件，其功能价值仅有 20% 左右，所以仅仅以数量作为通用性分析指标，难以客观反映零部件本身在产品功能上的通用性。

近年来复杂网络理论的进步为揭示复杂系统内部关联提供了有力的技术支撑。而且，在系统优化方面，复杂网络有着天然的方法优势。为此，本书基于复杂网络相关理论方法，在综合考虑零部件数量及功能关联的基础上，尝试从全局角度分析零部件在复杂产品中的通用性。在本书作者研究之前，浙江大学祁国宁教授研究团队曾针对机械产品，利用复杂网络理论对零部件模块关系进行了研究，并取得了显著研究成果 [335, 336, 371, 378, 379]。本书研究将在这一研究成果之上，进一步深入探索复杂网络在复杂产品零部件通用性分析中的应用潜能。

8.3.1　复杂产品族网络

基于 7.3 节中所述方法，构建复杂产品族网络 G_{pf}，如图 8.2 所示。其中，以产品族中的产品和所有零部件为顶点，"产品–产品""零部件–零部件""产品–零部件"的关系为边。通过对产品族中各类关联的分析可知该网络属于有向加权网络。

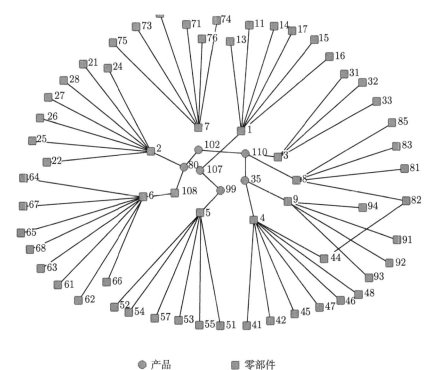

● 产品　　　■ 零部件

图 8.2　复杂产品族网络示意图

8.3.2　全局相关性评价指标

祁国宁教授等认为，零部件的使用次数和使用某个零部件的不同产品数是分析零部件通用性的两个重要参数 [379]。其中，零部件 i 的使用次数 $\text{UC}_i(I)$ 表示该零部件被上一级零部件包含的次数。在复杂产品族网络中，零部件 i 的使用次数就是从其他所有零部件出发，到达该零部件的简单路径数目；使用零部件 i 的不同组件数 $\text{UC}_I(i)$ 定义为：在产品族中使用该零部件的不同组件的个数。在复杂产品族网络中，以所有组件为起点，到达该零部件的所有简单路径中，不同起点的个数就是使用该零部件的产品数。基于以上描述，有

$$\text{UC}_i(I) = \sum_{j \in I} \|\tau_{pf,ji}\| \tag{8.1}$$

$$\text{UC}_I(i) = \{\text{count}(k) \,|\, \tau_{pf,ki} \neq \tau_{pf,k'i}, k, k' \in G_{pf}\} \tag{8.2}$$

其中，$\tau_{pf,ji}$ 表示零部件 i 是否被零部件 j 包含。为了综合反映零部件在功能上的通用性，还需引入新的评价指标。基于 7.3 节中对网络基本参数的阐述可知，在加权网络中，点权可用来表示节点在网络中的重要程度，而点权又分为入权和出权，分别用 ID_i 和 OD_i 表示；此外，点介数 B_i 用来描述节点在网络中的影响力。因此，为更全面衡量节点的全局相关性，应综合考虑以上参数。但是，在实际中，上述参数物理含义并不相同，因此还需对其进行无量纲化，如下：

$$\text{OD}_i' = \frac{\text{OD}_i}{\dfrac{1}{n} \sum_{i \in G_{pf}} \text{OD}_i} \tag{8.3}$$

$$\text{ID}_i' = \frac{\text{ID}_i}{\dfrac{1}{n} \sum_{i \in G_{pf}} \text{ID}_i} \tag{8.4}$$

$$B_i' = \frac{B_i}{\dfrac{1}{n} \sum_{i \in G_{pf}} B_i} \tag{8.5}$$

$$\text{UC}_i'(I) = \frac{\text{UC}_i(I)}{\dfrac{1}{n} \sum_{i \in G_{pf}} \text{UC}_i(I)} \tag{8.6}$$

$$\text{UC}_I'(i) = \frac{\text{UC}_I(i)}{\dfrac{1}{n} \sum_{i \in G_{pf}} \text{UC}_I(i)} \tag{8.7}$$

基于上述分析，本书引入全局相关性指标 Ξ_i 来评价零部件 i 在复杂产品族中的通用性，且有

$$
\Xi_i = \lambda_1 \times \mathrm{OD}_i' + \lambda_2 \times \mathrm{ID}_i' + \lambda_3 \times B_i'
$$
$$
+ \lambda_4 \times \mathrm{UC}_i'(I) + \lambda_5 \times \mathrm{UC}_I'(i) \tag{8.8}
$$

其中，OD_i'、ID_i'、B_i'、$\mathrm{UC}_i'(I)$ 以及 $\mathrm{UC}_I'(i)$ 分别表示零部件 i 在网络中出权、入权、介数、使用次数以及产品数的相对值，λ_1、λ_2、λ_3、λ_4 和 λ_5 为每个相对值的权重，有 $\lambda_1 + \lambda_2 + \lambda_3 + \lambda_4 + \lambda_5 = 1$ 且 $\lambda_1, \lambda_2, \lambda_3, \lambda_4, \lambda_5 \in [0, 1]$。

基于式 (8.8) 计算结果即可得到零部件 i 的通用性，基于此可看到每个零部件的通用性指标分布，如图 8.3 所示，对于分布集中的零部件，可判断其为定制件，如图 8.3 所示的 A 系列零部件；对于较分散的零部件，可判断其为通用件，如图 8.3 所示的 B 系列；对于分布呈线性状态的零部件，可判断其为标准件，如图 8.3 所示的 C 系列零部件。

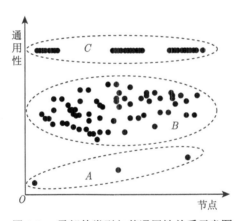

图 8.3 零部件类型与其通用性关系示意图

8.4 产品通用件 UB-BU 混合再配置模型

一般地，基于同一个产品族派生出来的产品由同种类零部件组成，这些零部件的功能和结构相似或一致，其几何形状和尺寸相似并呈现系列化的特点，是同一类零部件的不同型号或者不同规格。将同一类零部件归纳为一个模块，这个零部件模块就是一类零部件的公共属性的抽象集合，而不同型号的零部件就是该零部件模块中的具体实例。符合上述描述的零部件称为通用件。对于复杂产品而言，通用件比例越大，其产品设计模块化程度越高，设计效率也就越高。因而，扩大产品族中通用件的规模是复杂产品设计效率提升的有效途径。

8.4.1   UB-BU 混合再配置过程

对于某个复杂产品，其一般包含若干个模块，每个模块由若干零部件组成，而零部件一般通过其性能参数的优化完成，这种层级关系（图 8.4）使得当客户需求变更时，有两种主要的通用件再配置方法：一种是基于参数尺度变化的参数伸缩型配置（scaled-based）；另一种是基于组件或模块变更的模块配置（module-based）。其中参数伸缩型产品配置更便于优化技术的应用，且模块配置在一定程度上可以转化为参数伸缩型配置。这种转换关系形成了设计过程中两种不同的工作形式：一是自上而下式（up-bottom），二是自下而上式（bottom-up）[380]。

产品族中产品、模块及零部件的关系如图 8.4 所示。

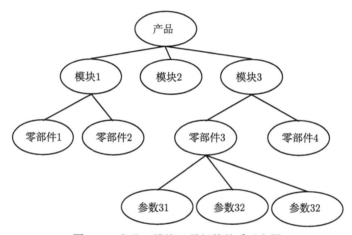

图 8.4   产品、模块及零部件关系示意图

自上而下方法参考已有零部件或产品建立新组件，可以保证新组件的相关尺寸与相关配合关系的一致，避免装配冲突，并能实现基于装配关系的组件尺寸的约束驱动和变型设计。但是这种方法要求在同一个计算机装配模型中对后续组件进行建模，不能调用已经存在的组件，因此不能充分地利用企业已有的设计资源，并给复杂产品的团队分工建模带来一定困难；另外，该方法建立的组件模型，只在该产品中实现基于配合关系的尺寸变型关联，不能在其他产品中重用。

自下而上方法先建立各个零部件模型，然后在配置环境下依次载入，并装配成产品。该方法可以利用团队合作的优势分工建立各组件模型，还可调用企业已有设计资源，提高复杂产品建模效率和企业设计资源的利用率。

基于上述分析，在复杂产品再配置中，提高通用零部件参数调整效率的关键是有足够的可用资源以及对调整过程中出现的冲突的消解，因此综合考虑自上而下及自下而上的配置方法更加适合。然而，产品族的复杂性可能使得资源搜索过程效率较低, 为此, 本书首先将产品族中不同模块按照零部件相似性进行排序, 然后按照相似性高低顺序对每个模块中的零部件依次匹配, 直到达到配置目标。由此可见, 这一过程根据相似性的高低可以分为若干个阶段。同时, 在每个阶段中, 都有可能对相似性较高的零部件参数加以调整, 并验证其是否满足要求。所以, 每个阶段又都包含了 scaled-based 以及 module-based 两个方面。

如前文所述, scaled-based 以及 module-based 两种配置方法存在一定的转换关系, 即 module-based 的实现往往基于 scaled-based 的完成。而对于这两种方法, 又分别存在各自的优化目标和约束条件, 因此从本质上说, 这是一个双层规划问题。

综上所述, 为实现最终的再配置目标, 需要对这两个方面进行自下而上的联合优化, 其过程如图 8.5 所示。

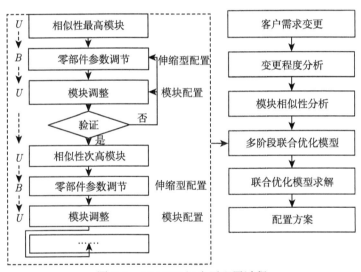

图 8.5 UB-BU 混合再配置过程

8.4.2 再配置双层规划模型

假设复杂产品所在的产品族包含 I 个模块, mod_i 表示第 i 个模块; 模块 mod_i 由 J 个零部件组成, part_{ij} 表示 mod_i 的第 j 个零部件; 零部件 part_{ij} 包含 K_i 个性能参数, para_{ijk} 表示其中第 k 个参数。基于前文分析, 在客户需求变更时, 为实现复杂产品通用件的再配置, 应首先基于变更需求对各个模块进行相似性分析, 选出相似性最高的模块 mod_i, 对其零部件的参数 para_{ijk} 加以调整。其中,

模块 mod_j 对模块 mod_i 的相似度 sim_{ji} 可以基于式（8.9）[365] 求得。

$$\text{sim}_{ji} = \sum_{j=1}^{J_i} (1 - |\omega_j \hbar_j - \omega_i \lambda_i|) / \sum_{j=1}^{J_i} \omega_j \omega_i \tag{8.9}$$

其中，λ_i 表示经过映射后与客户需求变更对应的第 i 个模块特性值；ω_i 表示其权重；$\hbar_j$ 表示产品族中第 j 个模块特性值；ω_j 表示其权重。

在相似性分析的基础上，复杂产品通用件再配置的联合优化模型如下所述。

1. upper-lever 优化

联合优化模型的 upper-lever（上层）需要对产品模块配置进行决策。客户提出需求变更时，如第 3 章分析，如果企业可以满足，那么其任务首先应放在如何保证客户满意度上。而客户满意度往往直接体现在客户所能感知到的产品效用中 [324]。因此，基于前文所述，本书将产品再配置客户满意度以产品的效用 UC 表示，并将其转化为通用件效用 UC_c 和定制件效用 UC_m。

在通用件再配置中，由于模块是体现通用件功能的载体，所以通用件 part_{ij} 再效用需通过模块 mod_i 的效用 $\text{UC}_c(i)$ 表达。也就是说，当选择 mod_i 中的 part_{ij} 作为再配置中的调整对象时，通过对 mod_i 的效用与其成本的分析，即可明确该选择是否可行。对于 $\text{UC}_c(i)$，基于 Jiao 和 Zhang 的研究成果 [374]，以选择该模块后产品的交付时间、产品价格 $\text{pr}_c(i)$ 以及产品质量 $\text{qu}_c(i)$ 对其评价，有

$$\text{UC}_c(i) = \partial_1 \times \text{dt}_c(i) + \partial_2 \times \text{pr}_c(i) + \partial_3 \times \text{qu}_c(i) \tag{8.10}$$

其中，∂_1、∂_2 以及 ∂_3 分别表示交付时间 $\text{dt}_c(i)$、产品价格 $\text{pr}_c(i)$ 以及产品质量 $\text{qu}_c(i)$ 的权重。基于 Kreng 和 Lee 的研究成果 [381]，根据模块与零部件之间的隶属关系，$\text{dt}_c(i)$、$\text{pr}_c(i)$ 及 $\text{qu}_c(i)$ 可根据以下公式得到

$$\text{dt}_c(i) = \max \{\text{dt}_c(ij)\} \tag{8.11}$$

$$\text{pr}_c(i) = \sum_{j=1}^{J} \text{pr}_c(ij) \tag{8.12}$$

$$\text{pr}_c(ij) = \sum_{j=1}^{J} (1 + \Theta_{ij}) \times \text{cost}_c(ij) \tag{8.13}$$

$$\text{qu}_c(i) = \frac{1}{J} \times \|\text{part}_{ij}(\bot)\| \times (1 + \sigma_{ij}) \tag{8.14}$$

其中，$\mathrm{cost}_c(ij)$ 表示 part_{ij} 的配置成本；Θ_{ij} 表示 part_{ij} 的权重；$\|\mathrm{part}_{ij}(\bot)\|$ 表示根据历史统计得到的该模块在配置中的平均使用次数；σ_{ij} 表示统计误差。

对企业而言，总是希望以尽可能小的成本实现尽可能大的效用。所以，在通用件再配置效用分析的基础上，还应对其所需的成本加以核算。在前人研究成果中，关于配置成本的成果非常多，本书采用 Martin 和 Ishii 提出的方法 [382]，将模块配置成本分为参照基型模块成本 $\mathrm{cost}_{c,b}$、材料成本 $\mathrm{cost}_{c,m}(i)$ 以及加工成本 $\mathrm{cost}_{c,p}(i)$ 等三个部分，如式（8.11）所示。

$$\mathrm{cost}_c(i) = \mathrm{cost}_{c,b}(i) + \mathrm{cost}_{c,m}(i) + \mathrm{cost}_{c,p}(i) \tag{8.15}$$

所以，在联合优化模型的 upper-lever 优化中，其目标函数可设为

$$F = \max \sum_{i=1}^{I} \left(\frac{\mathrm{UC}_c(i)}{\mathrm{cost}_c^*(i)} \times x_i \right) \tag{8.16}$$

其中，$\mathrm{cost}_c^*(i)$ 表示下层优化的最优解。

上层规划优化的约束条件主要是对模块及其零部件选择的要求。基于相似分析可选定与变更需求相关性最大的模块，引入二元变量 x_i，$x_i = 1$ 表示模块 mod_i 被选中，$x_i = 0$ 表示未被选中；类似地，对于 mod_i 中零部件 part_{ij}，同样引入一个二元变量 y_{ij}，$y_{ij} = 1$ 表示将在该零部件的基础上进行参数调整，$y_{ij} = 0$ 则表示该零部件未被选用。在确定需要调整的零部件后，通过参数的变化即可实现通用件的再配置。需要说明的是，在配置过程中，为保证研究过程的完整性，应至少存在 1 个模块及 1 个通用件满足客户需求变更的要求。那么有

$$1 \leqslant \sum_{i=1}^{I} x_i \leqslant I \tag{8.17}$$

$$1 \leqslant \sum_{j=1}^{J} y_{ij} \leqslant J \tag{8.18}$$

且 $x_i, y_{ij} \in \{0,1\}$。

综上所述，联合优化模型的 upper-lever 优化模型为

$$F = \max \sum_{i=1}^{I} \left(\frac{\mathrm{UC}_c(i)}{\mathrm{cost}_c^*(i)} \times x_i \right) \tag{8.19}$$

$$\mathrm{UC}_c(i) = \partial_1 \times \mathrm{dt}_c(i) + \partial_2 \times \mathrm{pr}_c(i) + \partial_3 \times \mathrm{qu}_c(i) \tag{8.20}$$

$$\mathrm{dt}_c(i) = \max\{\mathrm{dt}_c(ij)\} \tag{8.21}$$

$$\mathrm{pr}_c\left(i\right)=\sum_{j=1}^{J}\mathrm{pr}_c\left(ij\right) \tag{8.22}$$

$$\mathrm{pr}_c\left(ij\right)=\sum_{j=1}^{J}\left(1+\varTheta_{ij}\right)\times\mathrm{cost}_c\left(ij\right) \tag{8.23}$$

$$\mathrm{qu}_c\left(i\right)=\frac{1}{J}\times\|\mathrm{part}_{ij}\left(\perp\right)\|\times\left(1+\sigma_{ij}\right) \tag{8.24}$$

$$1\leqslant\sum_{i=1}^{I}x_i\leqslant I \tag{8.25}$$

$$1\leqslant\sum_{j=1}^{J}y_{ij}\leqslant J \tag{8.26}$$

$$x_i,y_{ij}\in\{0,1\} \tag{8.27}$$

2. lower-lever 优化

在上层规划优化中,目标函数包含效用和成本两个方面。从式(8.11)~ 式(8.14)可以看出,模块的成本是由其所属零部件的配置成本决定的。也就是说,上层规划优化的结果是在 lower-lever（下层）中成本的优化下完成的。此时,引入二元变量 z_{ijk}, $z_{ijk}=1$ 表示参数 para_{ijk} 被调节, $z_{ijk}=0$ 表示参数 para_{ijk} 未被调节,那么有 $1\leqslant\sum_{k=1}^{K}z_{ijk}\leqslant K_i$。令 mod_i 中零件 part_{ij} 调节的参照基型模块成本为 $\mathrm{cost}_{c,b}(ijk)$、材料成本为 $\mathrm{cost}_{c,m}(ijk)$ 以及加工成本为 $\mathrm{cost}_{c,p}(ijk)$。所以,lower-lever 优化的目标函数可定为

$$\mathrm{cost}_i^*\left(i\right)=\min\mathrm{cost}\left(i\right)=\min\left(\mathrm{cost}_{c,b}\left(i\right)+\mathrm{cost}_{c,m}\left(i\right)+\mathrm{cost}_{c,p}\left(i\right)\right) \tag{8.28}$$

且有

$$\mathrm{cost}_{c,b}\left(i\right)=\sum_{j=1}^{J}\mathrm{cost}_{c,b}\left(ij\right)=\sum_{j=1}^{J}\sum_{k=1}^{K}\mathrm{cost}_{c,b}\left(ijk\right)\times z_{ijk} \tag{8.29}$$

$$\mathrm{cost}_{c,m}\left(i\right)=\sum_{j=1}^{J}\mathrm{cost}_{c,m}\left(ij\right)=\sum_{j=1}^{J}\sum_{k=1}^{K}\mathrm{cost}_{c,m}\left(ijk\right)\times z_{ijk} \tag{8.30}$$

$$\mathrm{cost}_{c,p}\left(i\right)=\sum_{j=1}^{J}\mathrm{cost}_{c,p}\left(ij\right)=\sum_{j=1}^{J}\sum_{k=1}^{K}\mathrm{cost}_{c,p}\left(ijk\right)\times z_{ijk} \tag{8.31}$$

因而式（8.28）可转化为

$$
\mathrm{cost}_i^*(i) = \min\left(\sum_{j=1}^{J}\sum_{k=1}^{K_i} \mathrm{cost}_{c,b}(ijk) \times z_{ijk} + \sum_{j=1}^{J}\sum_{k=1}^{K_i} \mathrm{cost}_{c,m}(ijk) \times z_{ijk} \right.
$$

$$
\left. + \sum_{j=1}^{J}\sum_{k=1}^{K_i} \mathrm{cost}_{c,p}(ijk) \times z_{ijk} \right) \tag{8.32}
$$

在再配置过程中，同样假设存在可行的调整方法，使得参数配置方案满足客户需求。同时，在配置过程中，还应满足客户在时间及成本等方面的要求，令点成本上限为 C_c，para_{ijk} 的最晚完成时间为 $\max\{\mathrm{dt}(ijk)\}$，则有

$$
\sum_{k=1}^{K} \mathrm{cost}_c(ijk) \leqslant C_c \tag{8.33}
$$

$$
\max\{\mathrm{dt}(ijk)\} \leqslant \mathrm{dt}_c(ij) \tag{8.34}
$$

此外，在参数调节过程中，仍受到零部件尺寸 $h_1(ijk)$、技术性能 $h_2(ijk)$（热导率、功率、制定性能、温控性能等）等约束 H_1 和 H_2，此类约束条件可表示为

$$
\sum_{k=1}^{K} h_1(ijk) \times z_{ijk} \leqslant H_1 \tag{8.35}
$$

$$
\sum_{k=1}^{K} h_2(ijk) \times z_{ijk} \geqslant H_2 \tag{8.36}
$$

基于上述分析，下层规划优化模型可表示为

$$
\mathrm{cost}_i^*(i) = \min\left(\sum_{j=1}^{J}\sum_{k=1}^{K_i} \mathrm{cost}_{c,b}(ijk) \times z_{ijk} + \sum_{j=1}^{J}\sum_{k=1}^{K_i} \mathrm{cost}_{c,m}(ijk) \times z_{ijk} \right.
$$

$$
\left. + \sum_{j=1}^{J}\sum_{k=1}^{K_i} \mathrm{cost}_{c,p}(ijk) \times z_{ijk} \right) \tag{8.37}
$$

$$
1 \leqslant \sum_{k=1}^{K} z_{ijk} \leqslant K_i \tag{8.38}
$$

$$
\sum_{k=1}^{K} \mathrm{cost}_c(ijk) \leqslant C_c \tag{8.39}
$$

$$
\max\{\mathrm{dt}(ijk)\} \leqslant \mathrm{dt}_c(ij) \tag{8.40}
$$

$$\sum_{k=1}^{K} h_1\,(ijk) \times z_{ijk} \leqslant H_1 \tag{8.41}$$

$$\sum_{k=1}^{K} h_2\,(ijk) \times z_{ijk} \geqslant H_2 \tag{8.42}$$

$$z_{ijk} \in \{0,1\} \tag{8.43}$$

3. 双层规划模型

基于前文对上层规划优化及下层规划优化的描述, 复杂产品通用件的 UB-BU 混合联合优化再配置模型如下所示。

$$F = \max \sum_{i=1}^{I} \left(\frac{\mathrm{UC}_c\,(i)}{\mathrm{cost}_c^*\,(i)} \times x_i \right) \tag{8.44}$$

$$\mathrm{UC}_c(i) = \partial_1 \times \mathrm{dt}_c(i) + \partial_2 \times \mathrm{pr}_c(i) + \partial_3 \times \mathrm{qu}_c(i) \tag{8.45}$$

$$\mathrm{dt}_c\,(i) = \max\{\mathrm{dt}_c\,(ij)\} \tag{8.46}$$

$$\mathrm{pr}_c\,(i) = \sum_{j=1}^{J} \mathrm{pr}_c\,(ij) \tag{8.47}$$

$$\mathrm{pr}_c\,(ij) = \sum_{j=1}^{J} (1 + \Theta_{ij}) \times \mathrm{cost}_c\,(ij) \tag{8.48}$$

$$\mathrm{qu}_c(i) = \frac{1}{J} \times \|\mathrm{part}_{ij}(\bot)\| \times (1 + \sigma_{ij}) \tag{8.49}$$

$$1 \leqslant \sum_{i=1}^{I} x_i \leqslant I \tag{8.50}$$

$$1 \leqslant \sum_{j=1}^{J} y_{ij} \leqslant J \tag{8.51}$$

$$x_i, y_{ij} \in \{0,1\} \tag{8.52}$$

$$f = \mathrm{cost}_i^*\,(i) = \min\left(\sum_{j=1}^{J}\sum_{k=1}^{K_i} \mathrm{cost}_{c,b}\,(ijk) \times z_{ijk} + \sum_{j=1}^{J}\sum_{k=1}^{K_i} \mathrm{cost}_{c,m}\,(ijk) \times z_{ijk} \right.$$

$$+ \sum_{j=1}^{J} \sum_{k=1}^{K_i} \mathrm{cost}_{c,p}\left(ijk\right) \times z_{ijk} \Bigg) \tag{8.53}$$

$$1 \leqslant \sum_{k=1}^{K} z_{ijk} \leqslant K_i \tag{8.54}$$

$$\sum_{k=1}^{K} \mathrm{cost}_{c}\left(ijk\right) \leqslant C_c \tag{8.55}$$

$$\max\left\{\mathrm{dt}\left(ijk\right)\right\} \leqslant \mathrm{dt}_{c}\left(ij\right) \tag{8.56}$$

$$\sum_{k=1}^{K} h_{1}\left(ijk\right) \times z_{ijk} \leqslant H_1 \tag{8.57}$$

$$\sum_{k=1}^{K} h_{2}\left(ijk\right) \times z_{ijk} \geqslant H_2 \tag{8.58}$$

$$z_{ijk} \in \{0,1\} \tag{8.59}$$

8.4.3 嵌入双层迭代比较规则的遗传算法

客户需求变更下的复杂产品再配置联合优化是一类具有主从关系递阶结构的层次优化问题，本质上为双层规划，属于非确定性多项式难题（non-deterministic polynomial hard，NP-hard）[383]。其求解难度随着问题复杂程度的增加急剧加大，尤其在目标函数非线性且不可微或约束条件为非凸时，基于传统求解方法难以实现优化目标。Du 等提出了基于 Stackelberg 博弈的求解策略，并验证了基于启发式算法，如进化算法、模拟退火算法等对其求解的可行性 [324]。众多现有研究成果表明，遗传算法是基于自然环境中生物体遗传和进化过程而形成的一种高效、并行、全局性的概率搜索算法，对于大规模复杂非线性问题的优化求解具有明显优势 [384-386]。鉴于复杂产品通用件配置联合优化模型的线性多目标组合优化特性，本书基于经典遗传算法，在本书作者所在团队研究成果基础上 [387,388]，提出基于嵌入双层迭代比较规则的遗传算法（genetic algorithm embedded double iteration comparison rules，GA-DICR）对其进行求解。其基本思想是：首先在下层规划中随机生成 N 个均匀分布的点 z_{ijk}，$k=1,2,\cdots,N$，对每个点求解下层规划的解 $f\left(z_{ijk}\right)$，因此获得由 $(z_{ijk}, f\left(z_{ijk}\right))$ 构成的规模为 N 的初始种群 pop^0，计算初始种群中每个个体的适应度值，选取最优的 z_{ijk}^0 作为一个初始解，将其代入上层规划模型中，求得上层规划决策变量值 UC_c^0 及其目标函数值 $F(\mathrm{UC}_c^0)$；其次，经过选择、交叉、变异等步骤产生新的 $z_{ijk}^{0\prime}$，然后代入上层规划求得相应的 $\mathrm{UC}_c^{0\prime}$ 及

$F(\mathrm{UC}_c^{0'})$。按照此过程通过更新通用件参数选择方案 z_{ijk} 并在上下层规划中反复迭代计算，便可产生一可行解集，选取可行解中最大值即为最优解。

其算法基本流程如图 8.6 所示。

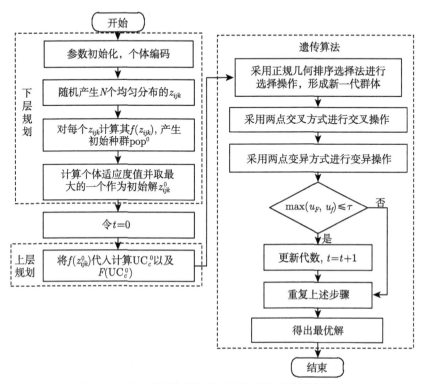

图 8.6　嵌入双层迭代比较规则的遗传算法基本流程

嵌入双层迭代比较规则的遗传算法的基本操作过程描述如下。

1. 染色体编码

本书基于二进制方法对染色体编码，每个染色体的长度为每个零部件所包含的参数个数即 $\ell = K_i$。将每个染色体分为 n 个基因段，则每一个基因段表示一个零部件参数，基因段 i 的长度为 k_i。在染色体编码中，基因值为 1 表示该基因段所对应的通用件参数被调整，基因值为 0 则表示该通用件参数未被调整。同理，根据染色体的编码方法可以对染色体进行解码操作。图 8.7 为某模块通用件的染色体，该编码方案表示 part_1 中的第 3 个参数被修改，以及 part_J 中的最后一个参数被修改，这表明为满足通用件再配置需求，这两个零件均被选中。

图 8.7 染色体编码方案实例

2. 初始种群生成

在下层规划中随机生成 N 个均匀分布的点 z_{ijk}，$k = 1, 2, \cdots, N$，对每个点求解下层规划的解 $f(z_{ijk})$，因此获得由 $(z_{ijk}, f(z_{ijk}))$ 构成的规模为 N 的初始种群 pop^0。

3. 适应度函数构造

适应度函数用来衡量个体或解的优劣性，通常由目标函数转化而来。复杂产品通用件再配置是一个双层优化问题，上层与下层目标函数之间存在迭代关系，因此，在构造适应度函数时，应综合考虑上下层目标函数以及量纲统一等问题。当基于下层规划得到的优化目标与通过上层迭代得到的优化目标函数一致时，认为此次迭代结束并进入下一次迭代过程，将下一次迭代过程输出的上下层优化值与上次迭代比较，选取较优者。基于此，本书将上、下两层目标函数统一量纲后再进行赋权相除，构造的适应度函数具体表达式如下：

$$\mathrm{fit}(i) = \delta_1 \cdot \frac{F(i) - F_{\min}}{F_{\max}} \bigg/ \delta_2 \cdot \frac{f(i) - f_{\min}}{f_{\max}} \tag{8.60}$$

其中，$F(i)$ 表示个体 i 的效用值；$f(i)$ 表示个体 i 的成本；$F_{\max}$、$F_{\min}$ 分别表示当前种群中的最大、最小效用值；$f_{\max}$、$f_{\min}$ 分别表示当前种群中的最大、最小成本，δ_1、δ_2 表示上、下两层目标函数的权重系数，且 $\delta_1 + \delta_2 = 1$。

4. 选择操作

选择操作是从当前种群中选择出适应度较高的优良个体，将它们作为父代进行繁殖以产生下一代。基于前人研究，本书以正规几何排序作为选择方法[389]，将个体以适应度函数值大小依次排序，序号为 1 的优先被选择，那么每个个体被选择的概率为

$$\mathrm{prob}_s(i) = \mathrm{prob}_s'(1 - \mathrm{prob}_s)^{\alpha - 1} \tag{8.61}$$

其中，prob_s 表示最优个体的被选择概率；α 表示个体序号，$\mathrm{prob}_s' = \dfrac{\mathrm{prob}_s}{1 - (1 - \mathrm{prob}_s)^N}$；$N$ 表示种群规模大小。

5. 交叉操作

染色体基因的交叉可获得组合了父辈个体特性的新一代个体。交叉操作往往是将种群内的各个个体随机搭配成对，然后以某一概率（交叉概率，crossover rate）将每一对个体中的部分染色体进行交换，从而实现基因信息交换[389]。本书采用两点交叉方式，该方法首先任意挑选经选择操作后种群中的两个个体为交叉对象，随机产生两个交叉点位置，将两个交叉点位置之间的基因码进行整体交换，其余基因值保持不变，如图 8.8 所示。

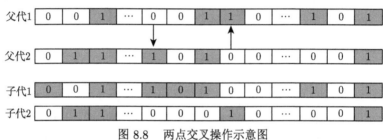

图 8.8　两点交叉操作示意图

6. 变异操作

变异操作是指将群体中的某个个体以一定的概率（变异概率，mutation rate）改变某个或某些基因座上的基因值为其等位基因值。本书采用两点变异方式。该方法首先选择一个个体，然后随机产生两个基因值不同的变异位置，将这两个变异位置的基因值用其等位基因替换，如图 8.9 所示。

图 8.9　两点变异操作示意图

7. 算法终止条件

复杂产品通用件再配置联合优化中，事先并无法获知最优解，所以只能采用给定一个最大进化代数作为终止条件。有时进化代数过大，算法无须进行较大次数的迭代就可达到收敛，此时也可终止算法继续运行。假定 $u_F = \left| \dfrac{F_{n+1} - F_n}{F_n} \right|$，$u_f = \left| \dfrac{f_{n+1} - f_n}{f_n} \right|$，当 $\max(u_F, u_f) \leqslant \tau$，算法已经达到收敛，可终止迭代运算，其中 τ 表示迭代精度。

8.5　产品定制件再配置优化模型

定制件是反映客户个性化需求的主要载体，对于定制件的特性，客户往往表现出两种形态：HIB 和 SIB[390, 391]。在定制件的再配置中，上述两种形态同样适用。同时，对企业而言，总是期望以尽可能小的改动达到定制件特性的变更需求。基于此，本节从 HIB 和 SIB 两个方面对复杂产品再配置优化模型展开论述。

8.5.1　HIB 下定制件再配置

对于 HIB 下定制件再配置，期望调整后的参数值越大且越接近客户的定制值，因此要求定制产品的指标与客户的定制值之间的偏差最小 [392]，同时，还需保证在同样的再配置效果下，参数调整的程度最低。经过对客户需求变更内容的分析，企业得到了定制件的目标特性值。假设某复杂产品包含 I 个定制件，cus_i 表示其中第 i 个定制件，其特性值用 y_i 表示；由 J 个特性参数组成，x_{ij} 表示第 j 个特性值，则有 $y_i = \sum_{j=1}^{J} f(x_{ij})$。在需求变更后，$\gamma_{ij}$ 和 Δ_{ij} 分别为单位调整成本和调整量。假设客户对定制件 cus_i 的特性值最大期望为 $e_{i,\max}$，最小期望为 $e_{i,\min}$，企业在对定制件 cus_i 特性修改后能达到的特性值为 y_i'，企业对定制件 cus_i 修改后的特性值与客户最大期望的正负偏差分别为 ζ_i^+ 和 ζ_i^-，在实际配置过程中实现的特性值与目标特性值的正负偏差分别为 d_i^+ 和 d_i^-。基于上述假设，根据 HIB 下定制件再配置原则，可得其模型如下所示。

$$F_{\mathrm{hib}}(\mathrm{cus}_i) = \min\left[\beta_{i1} \times \left(\sum_{j=1}^{J} \gamma_{ij} \times \Delta_{ij}\right) + \beta_{i2} \times (d_i^+ + d_i^-) + \beta_{i3} \times \zeta_i^-\right] \quad (8.62)$$

$$\sum_{j=1}^{J} \gamma_{ij} \times f(x_{ij} + \Delta_{ij}) - d_i^+ + d_i^- = y_i \quad (8.63)$$

$$y_i - \zeta_i^+ + \zeta_i^- = e_{i,\max} \quad (8.64)$$

$$y_i \geqslant e_{i,\min} \quad (8.65)$$

$$\gamma_{ij} = \begin{cases} 1, & \mathrm{cus}_i \text{ 的第 } j \text{ 个特性参数被修改} \\ 0, & \mathrm{cus}_i \text{ 的第 } j \text{ 个特性参数未被修改} \end{cases} \quad (8.66)$$

$$\sum_{j=1}^{J} \gamma_{ij} = 1 \quad (8.67)$$

$$d_i^+, d_i^-, \zeta_i^+, \zeta_i^- \geqslant 0 \tag{8.68}$$

$$i = 1, 2, \cdots, I, \quad j = 1, 2, \cdots, J \tag{8.69}$$

在上述公式中，式 (8.62) 为再配置优化目标函数，含义为在最小的修改幅度下得到的特性参数最大且最接近客户需求目标，该式中的 β_{i1}，β_{i2} 及 β_{i3} 分别表示相应部分的权重；式 (8.63)~ 式 (8.69) 是约束条件；其中，式 (8.63) 是对定制件 cus_i 目标特性的定义；式 (8.64) 和式 (8.65) 说明了客户期望特性值与企业目标特性值之间的关系；式 (8.66)~ 式 (8.69) 是对前述公式中参数取值的说明。

8.5.2　SIB 下定制件再配置

SIB 下定制件再配置期望调整后的参数值越小且越接近客户的定制值，因此同样要求定制产品的指标与客户的定制值之间的偏差最小，同时，还需保证在同样的再配置效果下，参数调整的程度最低。基于 8.5.1 节中的假设，SIB 下定制件再配置模型如下所述。

$$F_{\text{sib}}(\mathrm{cus}_i) = \min\left[\beta_{i1} \times \left(\sum_{j=1}^{J} \gamma_{ij} \times \Delta_{ij}\right) + \beta_{i2} \times \left(d_i^+ + d_i^-\right) + \beta_{i3} \times \zeta_i^+\right] \tag{8.70}$$

$$\sum_{j=1}^{J} \gamma_{ij} \times f\left(x_{ij} + \Delta_{ij}\right) - d_i^+ + d_i^- = y_i \tag{8.71}$$

$$y_i - \zeta_i^+ + \zeta_i^- = e_{i,\min} \tag{8.72}$$

$$y_i \leqslant e_{i,\max} \tag{8.73}$$

$$\gamma_{ij} = \begin{cases} 1, & \mathrm{cus}_i \text{ 的第 } j \text{ 个特性参数被修改} \\ 0, & \mathrm{cus}_i \text{ 的第 } j \text{ 个特性参数未被修改} \end{cases} \tag{8.74}$$

$$\sum_{j=1}^{J} \gamma_{ij} = 1 \tag{8.75}$$

$$d_i^+, d_i^-, \zeta_i^+, \zeta_i^- \geqslant 0 \tag{8.76}$$

$$i = 1, 2, \cdots, I, \quad j = 1, 2, \cdots, J \tag{8.77}$$

式 (8.70)~ 式 (8.77) 的含义与式 (8.62)~ 式 (8.69) 类似，此处不再赘述。

8.5.3　嵌入逻辑运算规则的差分进化算法

HIB 下定制件再配置与 SIB 下定制件再配置本质上属于同一类规划问题——混合整数规划（mixed integer programming，MIP），即所求模型中既包含 0-1 整数变量，也涉及连续变量。为此，本书在文献 [393] 研究成果基础上，提出基于嵌入逻辑运算规则的差分进化算法 (differential evolution algorithm embedded logic operation，EA-LO) 对其进行求解，其核心思想为：为将 0-1 整数变量融入进化过程中，按照二进制编码规则和整数编码规则混合的方式形成编码方案，将布尔逻辑运算中的异或 (exclusive-or，XOR) 算子融入进化的变异算子中，基于此，将正交杂交算子和杂交算子相结合，以提高进化算法的搜索能力。算法流程如图 8.10 所示。

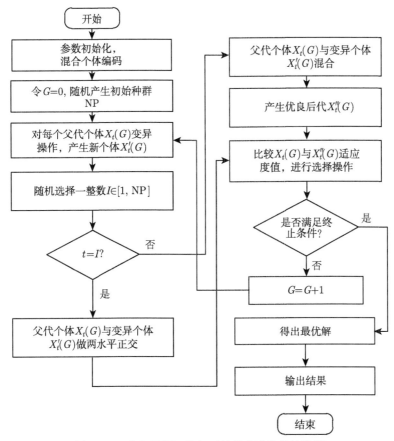

图 8.10　嵌入逻辑运算规则的差分进化算法流程

详细步骤如下所述。

步骤 1：个体编码及初始种群设置。为方便操作，用向量 $X = (\Delta_{ij}, d_i^+, d_i^-, \gamma_{ij})$，杂交概率为 CP，标准正交表设为 $L_N(2^{N-1})$，最大进化代数设为 $G_{\max}$。由于变量中既包含 0-1 整数变量又包含连续变量，因此采用二进制编码与整数编码混合方式对种群中的个体编码，即种群中第 t 个个体可表示为 $X_t(G) =$

$\left(\Delta_{ij,t}^{G}, d_{i,t}^{+,G}, d_{i,t}^{-,G}, \gamma_{ij,t}^{G} \right) \left(\Delta_{ij,t}^{G}, d_{i,t}^{+,G}, d_{i,t}^{-,G} \in R; \gamma_{ij,t}^{G} \in \{0,1\} \right)$。随机产生 NP 个个体作为初始种群。

步骤 2：适应度函数构造。根据 HIB 下定制件再配置或 SIB 下定制件再配置目标函数，即可转换成相应的适应度函数 $\text{Fit}(X)$。

步骤 3：变异操作。由于 0-1 整数变量的存在，无法直接差分变异算子，为此引入布尔逻辑运算中的异或运算来处理 0-1 整数变量。对每一个父代个体 $X_t(G)$ 按如下所示方式产生新个体 $X_t'(G)$，

$$\Delta_{ij,t}^{'G} = \Delta_{ij,r_1}^{G} + F \circ \left(\Delta_{ij,r_2}^{G} - \Delta_{ij,r_3}^{G} \right)$$

$$d_{i,t}^{'+,G} = d_{i,r_1}^{+,G} + F \circ \left(d_{i,r2}^{+,G} - d_{i,r3}^{+,G} \right)$$

$$d_{i,t}^{'-,G} = d_{i,r_1}^{-,G} + F \circ \left(d_{i,r2}^{-,G} - d_{i,r3}^{-,G} \right)$$

$$\gamma_{ij,t}^{'G} = \gamma_{ij,r_1}^{G} \oplus \left(\gamma_{ij,r_2}^{G} \oplus \gamma_{ij,r_3}^{G} \right)$$

其中，$r_1, r_2, r_3 \in [1, \text{NP}]$，且 $r_1, r_2, r_3 \neq t$；F 表示运算控制参数，且 $F \in (0,1)$；$\oplus$ 表示逻辑异或运算。

步骤 4：杂交操作。由于差分进化算法杂交属于随机选择过程，因此为提高杂交效果，借鉴正交实验设计思想，使其正向进行，保证后代个体优于父代。其子步骤如下。

(1) 随机选择一整数 I，$I \in [1, \text{NP}]$。

(2) 若 $t = I$，对父代个体 $X_t(G)$ 和其变异个体 $X_t'(G)$ 进行水平正交实验，可得到更优后代 $X_t''(G)$。

(3) 若 $t \neq I$，将父代个体 $X_t(G)$ 和其变异个体 $X_t'(G)$ 混合，选择其中最优的 $\text{NP} - 1$ 个杂交后代 $X_t''(G)$。

(4) 将 (2) 和 (3) 中生成的后代混合，形成 NP 个杂交后代 $X_t''(G)$。

步骤 5：选择操作。比较杂交后代个体 $X_t''(G)$ 与父代个体 $X_t(G)$ 个体适应度值，确定下一代个体 $X_t(G+1)$。

步骤 6：终止条件。若满足 $|\text{Fit}(X_t(G) - f^*)| \leqslant \varepsilon$（其中，$\varepsilon = 10^{-4}$，$\text{Fit}(X_t(G))$ 表示第 G 代种群中的最好的个体，f^* 表示问题的已知最优值）则算法停止，此时认为该解即为问题的近似全局最优解。否则，继续运算直到达到最大进化代数。

8.6　应　用　案　例

本节以 7.7 节所述案例为背景，对本章所提方法加以应用并验证。在 7.7 节

中，经过对客户需求变更的分析，将变更内容确定为对风机热传导率的变更上。基于第 3 章中变更传播分析方法得到了如图 7.14 和图 7.15 所示的变更传播路径。在此基础上，便可确定在风机齿轮箱的热传导率由当前的 $38\mathrm{W}\cdot\mathrm{m}^{-1}\cdot{}^{\circ}\mathrm{C}^{-1}$ 提高到 $45\mathrm{W}\cdot\mathrm{m}^{-1}\cdot{}^{\circ}\mathrm{C}^{-1}$ 过程中，需要调整的零部件主要有齿轮箱、主轴以及机舱。

基于 8.2 节中所述步骤，首先需对上述零部件的通用性加以分析，以明确其分类。为此，本书构建的网络结构图如图 7.12 所示，基于式 (7.2) ∼ 式 (7.10) 以及式 (8.1) ∼ 式 (8.7)，分别求得其 OD_i'、ID_i'、B_i'、$\mathrm{UC}_i'(I)$ 以及 $\mathrm{UC}_I'(i)$ 如表 8.1 所示，基于文献 [379] 分别取其权重 $\lambda_1 = 0.25$，$\lambda_2 = 0.25$，$\lambda_3 = 0.20$，$\lambda_4 = 0.15$ 和 $\lambda_5 = 0.15$。

表 8.1　通用性相关参数

零部件	OD_i'	λ_1	ID_i'	λ_2	B_i'	λ_3	$\mathrm{UC}_i'(I)$	λ_4	$\mathrm{UC}_I'(i)$	λ_5	Ξ_i
齿轮箱	0.95		0.65		0.51		0.63		10.00		2.10
主轴	1.05	0.25	1.09	0.25	1.19	0.20	1.25	0.15	10.00	0.15	2.46
机舱	1.16		1.30		1.02		0.63		10.00		2.41

如表 8.1 所示数据可见齿轮箱、主轴以及机舱通用性指标分别为 2.10、2.46 及 2.41，说明这三个零部件均具有良好的通用性。因此，以下将基于 8.4 节中关于通用件的再配置方法加以分析。

1) 模块相似度分析

案例所述风机所在产品族的模块规模为 33，基于式 (8.9)，可得到其他模块与该模块之间（编号 1）的相似度，并对其排序，如表 8.2 所示。

表 8.2　产品族中其他模块与该模块之间的相似度排序

排序	mod_j	sim_{j1}	排序	mod_j	sim_{j1}
1	26	0.8947	17	30	0.7182
2	33	0.8519	18	27	0.7142
3	22	0.8387	19	10	0.6613
4	11	0.8161	20	21	0.6552
5	16	0.8157	21	3	0.6462
6	8	0.8117	22	13	0.6358
7	15	0.8016	23	17	0.6288
8	29	0.7936	24	5	0.6276
9	4	0.7818	25	2	0.6218
10	24	0.7808	26	7	0.6169
11	23	0.7661	27	20	0.5991
12	9	0.7633	28	14	0.5785
13	31	0.7608	29	19	0.5571
14	12	0.7506	30	18	0.5436
15	32	0.7403	31	25	0.5309
16	6	0.7239	32	28	0.5132

2) 联合优化再配置模型

基于上述对相似性的分析，对于其他模块将按照如表 8.2 所示顺序依次进行调整，直到产品特性满足客户需求。根据 8.4 节中所述的 UB-BU 混合联合优化配置模型，结合风机齿轮箱参数设计的基本要求 [394, 395]，构建的联合优化模型如下所述。

$$F = \max \sum_{i=1}^{33} \left(\frac{\mathrm{UC}_c(i)}{\mathrm{cost}_c^*(i)} \times x_i \right) \tag{8.78}$$

$$\mathrm{UC}_c(i) = \partial_1 \times \mathrm{dt}_c(i) + \partial_2 \times \mathrm{pr}_c(i) + \partial_3 \times \mathrm{qu}_c(i) \tag{8.79}$$

$$\mathrm{dt}_c(i) = \max\{\mathrm{dt}_c(ij)\} \tag{8.80}$$

$$\mathrm{pr}_c(i) = \sum_{j=1}^{51} \mathrm{pr}_c(ij) \tag{8.81}$$

$$\mathrm{pr}_c(ij) = \sum_{j=1}^{51} (1 + \Theta_{ij}) \times \mathrm{cost}_c(ij) \tag{8.82}$$

$$\mathrm{qu}_c(i) = \frac{1}{51} \times \|\mathrm{part}_{ij}(\bot)\| \times (1 + \sigma_{ij}) \tag{8.83}$$

$$1 \leqslant \sum_{i=1}^{33} x_i \leqslant 51 \tag{8.84}$$

$$1 \leqslant \sum_{j=1}^{51} y_{ij} \leqslant 51 \tag{8.85}$$

$$x_i, y_{ij} \in \{0, 1\} \tag{8.86}$$

$$f = \mathrm{cost}_i^*(i) = \min\left(\sum_{j=1}^{51} \sum_{k=1}^{K_i} \mathrm{cost}_{c,b}(ijk) \times z_{ijk} + \sum_{j=1}^{51} \sum_{k=1}^{K_i} \mathrm{cost}_{c,m}(ijk) \times z_{ijk} \right.$$
$$\left. + \sum_{j=1}^{51} \sum_{k=1}^{K_i} \mathrm{cost}_{c,p}(ijk) \times z_{ijk} \right) \tag{8.87}$$

$$1 \leqslant \sum_{k=1}^{K_i} z_{ijk} \leqslant K_i \tag{8.88}$$

$$\sum_{k=1}^{51} \mathrm{cost}_c(ijk) \leqslant 700 \tag{8.89}$$

$$\text{cost}_{c,b}\,(ijk) = 0.01 \times \frac{v \times C_0}{Z \times F} \tag{8.90}$$

$$\text{cost}_{c,m}\,(ijk) = z_{ijk} \times \text{pr}_c\,(ij) \tag{8.91}$$

$$0 \leqslant \text{cost}_c\,(ijk) \leqslant 0.05 \tag{8.92}$$

$$\max\{\text{dt}\,(ijk)\} \leqslant \text{dt}_c\,(ij) \tag{8.93}$$

$$M_{c,\max} = M_{g,\max} \times \delta \tag{8.94}$$

$$Z = \frac{3.82\delta M_{c,\max}}{D_0\,(1 - C_0)\,\mu\,[P_0]} \tag{8.95}$$

$$Z \leqslant \frac{50H}{\alpha_c\,[\Delta T]}\,[A] \tag{8.96}$$

$$\alpha_c = 12.8 + 2.9v \tag{8.97}$$

$$v = \frac{\pi n_e \times 10^{-3}}{60} \leqslant 65 \tag{8.98}$$

$$L = \frac{\pi^2 n_c^2}{1800}\frac{Gr}{i_0 i_1} \tag{8.99}$$

$$F = \frac{\pi}{4}D^2\,(1 - C_0^2) \tag{8.100}$$

$$0.52 \leqslant C_0 \leqslant 0.70 \tag{8.101}$$

$$\frac{N_e}{Z \times F} \leqslant [N] \tag{8.102}$$

$$z_{ijk} \in \{0,1\} \tag{8.103}$$

其中，Z 为单位模块成本参量；$M_{c,\max}$ 和 $M_{g,\max}$ 分别为最大模块成本及最大分项成本；P_0 为承压成本参量；ΔT 为热力学参量调整量；v 和 πn_e 分别为转速和应力参数；N_e 为总体模块成本参量。

对于上述优化模型，基于嵌入双层迭代比较规则的遗传算法，设置初始种群数量为 100，最大迭代次数为 400，交叉概率为 $\text{prob}_c = 0.8$，变异概率为 $\text{prob}_m = 0.1$，算法迭代精度为 $\tau = 0.0001$。在 Windows7 操作系统、Intel i5-3470 3.20GHz、4G 内存下运行得到的目标函数值运行结果如图 8.11 所示。经过 145 代进化模拟，历时 20.99s，算法最终收敛。得到最优染色体编码方案为 00110011001000100，最优适应度值为 0.9994，最优函数值为 27.16，其解的情况如表 8.3 所示。

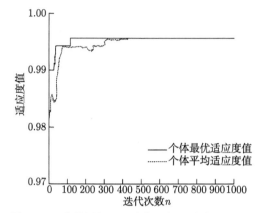

图 8.11　个体最优适应度与平均适应度运行结果

表 8.3　再配置联合优化的解

上层规划		下层规划	
解	最优值	解	最优值
$x_i = (1110000000)$ $y_{1j} = (00110)$, $y_{2j} = (011001)$ $y_{3j} = (000100)$, $\text{cost}_c^i(i) = (21.4, 21.35, 20.14)$, $\text{UC}_c(i) = (195.29, 194.84, 194.64)$	27.16	$z_{133}=1, z_{143}=1, z_{221}=1,$ $z_{232}=1, z_{262}=1, z_{343}=1$ $\text{cost}_c(1)=(6.23,7.66,7.51),$ $\text{cost}_c(2)=(7.33,5.67,8.35),$ $\text{cost}_c(3)=(6.55,6.36,7.23)$	$\text{cost}^*=62.89$

此外，为验证算法的可行性，本书对文献 [396] 及文献 [397] 中为解决产品配置提出的算法与本书算法运行过程做了比较，运行图如图 8.12 所示，从图 8.12 可看出本书算法在求解双层规划问题中不论在收敛速度还是求解精度均具有一定优势。

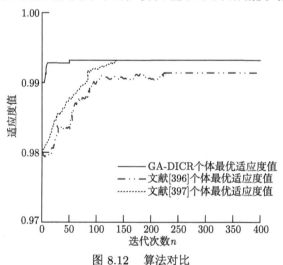

图 8.12　算法对比

8.7　本　章　小　结

本章针对客户需求变更下复杂产品的再配置问题进行了研究，在前人研究基础上，首先提出了基于零部件分类的复杂产品再配置过程模型；其次，基于该模型，提出了基于复杂网络的零部件分类方法，通过对变更零部件全局通用性的分析，即可明确产品零部件分类为有针对性的零部件再配置奠定了基础；再次，针对通用件的再配置，提出了 UB-BU 混合再配置双层规划模型，并给出了基于嵌入双层迭代比较规则的遗传算法对其求解，该方法有效缩短了通用件再配置中的参数搜索效率，针对定制件的再配置，基于 HIB 和 SIB 规则，分别构建了相应的再配置模型，并给出了嵌入逻辑运算规则的差分进化算法对其求解，以解决整数变量与连续变量无法相容的问题；最后，基于第 7 章中案例背景对上述方法进行了验证，结果表明本章所提方法及模型具有较好的再配置效率。

第 9 章　面向客户需求变更的产品设计任务再分配

当需求变更接受后,客户更关心的是何时可完成产品的设计任务。为此,本章针对客户需求变更下复杂产品设计任务再分配问题,在分析产品设计任务模糊特性的基础上,建立相应的多目标优化数学模型,并提出基于事件–周期混合驱动的模型求解策略,并给出基于双层编码策略的多目标自适应模糊分配算法 (multi-objective adaptive fuzzy scheduling algorithm, MOAFSA) 对该模型求解;最后,以前文使用的案例为背景,对本章研究成果加以验证。

9.1　引　　言

在复杂产品再配置方案完成后,为明确产品设计方案完成时间,有必要根据配置方案的调整对设计任务进行再分配 [398]。虽然客户需求变更下的设计任务再分配本质上仍属于任务分配问题,但是与正常情况下的任务分配相比,又呈现出不同的特点。在正常情况下,设计任务分配方案形成于产品配置方案完成之后设计过程开始之前,因此每个设计任务的相关信息都可精确获取并规划。当需求变更后,部分设计任务已经开始,由于设计过程的复杂性,精确掌握各个设计任务的相关信息(如开始时间、执行进度等)比较困难,这在一定程度上增加了设计任务再分配的难度。此外,由于客户需求变更的响应一般具有一定的时间要求,因此,设计任务再分配又必须尽可能高效完成。综上所述,当客户需求变更时,设计任务信息的模糊性以及变更响应的时间要求使得设计任务再分配变得更加困难。因此,针对客户需求变更下复杂产品设计任务再分配问题展开深入研究显得至关重要。

为此,国内外学者展开了大量研究并取得了丰硕成果。基于前文对国内外研究现状的总结与分析,可发现针对复杂产品设计任务分配的研究主要分为两个方面:一是针对调度优化模型的研究 [199, 216, 396, 399, 400],二是针对调度模型求解算法的研究 [397, 401–405]。其中,现有的方法大多是从目标函数及模型求解算法方面提高任务再分配问题的求解效率,以满足相应的时间要求。此外,大多数研究是基于设计任务相关信息的精确值展开的,这对于具有模糊特性和更高效率要求的复杂产品设计任务再调度并不完全适用 [406, 407]。

基于上述分析,本章针对客户需求变更下复杂产品设计任务再分配问题展开研究,根据设计任务再分配问题基本特征,首先构建考虑设计任务模糊特性的设计任务再分配模型;基于此,为提高设计任务再分配问题的求解效率,提出基于事件–周期混合驱动的设计任务再分配求解策略；同时，为取得更好的模型求解效果，基于团队之前研究成果提出多目标自适应模糊分配算法，该算法基于设计任务与设计主体融合的双层编码策略，实现在需求变更下设计任务与设计主体的动态分配。

9.2　基于事件–周期混合驱动的设计任务再分配策略

客户需求变更会对设计过程产生较大影响，而且，这种影响直接体现在设计任务完成状态上。为降低这种影响，有必要采取柔性的分配策略。为此，本书提出了基于事件–周期混合驱动的设计任务再分配策略，该策略将设计任务分为未执行、待执行、执行以及完成等状态，且这些状态处于动态循环中，这不但可以对设计过程中出现的变更事件做出快速响应，还可以对设计任务实施再分配，以适应设计环境的变化。因此，基于事件–周期混合驱动的设计任务再分配流程可有效保证设计任务执行状态的顺利执行，进而降低需求变更对设计过程的影响。

一般地，常见的三种动态任务分配类型包括事件驱动型、周期驱动型和二者混合驱动型 [408, 409]。

事件驱动型是指当设计过程中出现需求变更导致系统状态发生变化时，立即启动再分配程序；周期驱动型是再调度程度按照某一固定周期进行，且在每个新周期开始前完成再分配方案，当新周期开始后按分配结果执行 [189]。由此可见，周期驱动型再分配有助于提高设计过程中设计任务执行的稳定性，但是其在面对需求变更时响应速度较差；相反，事件驱动型再分配是指当设计过程中出现需求变更时，立即启动再分配流程，这大大增强了系统的及时反应能力。但是，事件驱动型再分配虽能处理需求变更，却缺乏全局性以及对未来的预见能力。因此，本书采用的基于事件与周期混合驱动型的设计任务分配综合了二者优点，既可以较好地应对复杂产品设计过程中在执行任务中的变更问题，又能保持整个协同工作系统的相对稳定性，因此本书重点研究基于事件–周期混合驱动的设计任务再分配流程，其流程如图 9.1 所示。

在上述任务再分配过程中，在初始时刻，所有设计任务都为未执行状态，其相关信息都存储在未执行任务；随着时间的进行，基于时间窗口和设计主体的设计能力等确定转入待执行状态的设计任务；如果该设计任务执行所需的设计主体和设计资源均可用，那么该任务将从待执行状态转入执行状态；当出现客户需求变更时，再分配启动，并将该任务转回到待执行任务状态并享有高优先级，等再分配完毕后，该任务重新转入执行状态；以此类推，直到该任务所有设计序列被执行完成以后，该任务从执行状态调入完成状态，并将该任务移出时间窗口；当该分配周期结束时，再分配启动，检查设计过程中是否存在需求变更，如果存在，重复上述过程，直到所有设计任务被完全执行。

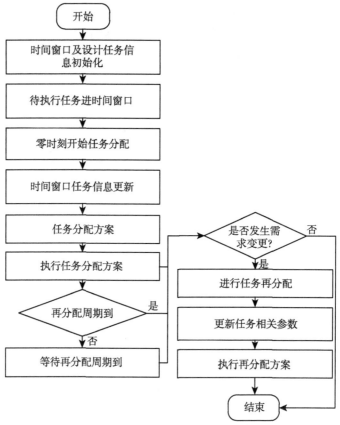

图 9.1　基于事件–周期混合驱动的设计任务再分配流程

9.3　产品设计任务再分配模型

9.3.1　问题描述

　　假设某一复杂产品设计过程包含 n 个设计任务，$\mathrm{Ta} = \{\mathrm{Ta}_1, \mathrm{Ta}_2, \cdots, \mathrm{Ta}_n\}$，这些任务将由 m 个设计者完成。在某时刻客户提出需求变更请求 ε，基于前文方法，可得到满足客户需求变更的产品再配置方案及任务再调度方案。假设需要调整的任务集为 $\Delta\mathrm{Ta} = \{\mathrm{Ta}^+, \mathrm{Ta}^-, \mathrm{Ta}^\circ\}$，其中，$\mathrm{Ta}^+ = \{\mathrm{Ta}_1^+, \mathrm{Ta}_2^+, \cdots, \mathrm{Ta}_i^+, \cdots, \mathrm{Ta}_I^+\}$ 表示需增加的设计任务集，$\mathrm{Ta}^- = \{\mathrm{Ta}_1^-, \mathrm{Ta}_2^-, \cdots, \mathrm{Ta}_j^-, \cdots, \mathrm{Ta}_J^-\}$ 表示需删除的设计任务集，$\mathrm{Ta}^\circ = \{\mathrm{Ta}_1^\circ, \mathrm{Ta}_2^\circ, \cdots, \mathrm{Ta}_k^\circ, \cdots, \mathrm{Ta}_K^\circ\}$ 表示既不增加也不删除但需对其时间参数调整的任务集。为提高设计任务分配效率，删除的设计任务集 Ta^- 不参与再分配。因此，复杂产品设计任务分配的基本目标是将每个任务重新分配到设计者身上，并保证最后一个设计任务的完成时间最少。如果在设计过程中客户

提出变更，极有可能导致设计任务完成时间的延迟。而延迟时间越长，设计成本就越高。所以，在客户需求变更下，复杂产品的设计任务再分配还应保证尽可能短的任务拖期。基于上述分析，目标函数可表示为

$$f_1 = \min \{\max(\mathrm{CT}_i | i = 1, 2, \cdots, n)\} \tag{9.1}$$

$$f_2 = \min \left(\sum_{i=1}^{n} T_i \right) = \min \left(\sum_{i=1}^{n} \lambda_i \times \max \left(0, \mathrm{CT}_i - \mathrm{DD}_i \right) \right) \tag{9.2}$$

其中，式（9.1）表示最小化最大完成时间；式（9.2）表示最小化拖期惩罚；CT_i 表示第 i 个设计任务的最晚完成时间；λ_i 表示设计任务 i 的拖期惩罚系数；DD_i 表示第 i 个设计任务的交付时间。

为实现上述目标，首先需对设计过程中的关键参数加以定义，如下文所述。

9.3.2 基本定义和假设

针对上述优化目标，结合复杂产品设计任务特点，先给出以下定义及假设。

定义 9.1 设计任务集 Ta。设计任务集 Ta 即为实现复杂产品设计功能而包含的所有设计任务，$\mathrm{Ta} = \{\mathrm{Ta}_i | 1 \leqslant i \leqslant n\}$。每个设计任务 Ta_i 由 n_i 个设计序列组成，即 $\mathrm{Ta}_i = \{\mathrm{proc}_{ij} | 1 \leqslant j \leqslant n_i\}$。

定义 9.2 设计主体集合 D。设计主体集合 D 即复杂产品设计过程中可用的所有设计者集合 $D = \{D_k | 1 \leqslant k \leqslant m\}$。$D_{ij}$ 表示可以承担设计序列 proc_{ij} 的设计者集合，$D_{ij} \subseteq D$。也就是说，任何一个属于 D_{ij} 的设计者均可执行 proc_{ij} 任务，但是在不同时刻，执行者可能并不相同。

定义 9.3 设计任务状态集。在任意时刻，所有设计任务的状态可分为四类：未执行 S_1、待执行 S_2、执行中 S_3、已执行 S_4。当客户需求变更时，已执行的任务有可能变成未执行或待执行状态，未执行的任务也有可能被删除。设计任务状态的更新将在每一次分配过程开始前进行整理划分。

在上述定义的基础上，还需以下基本假设。

假设 9.1 所有设计主体在初始时刻均可用。

假设 9.2 对于某任务的设计序列顺序，只有在前一个设计序列 $\mathrm{proc}_{i(j-1)}$ 完成后才能开始后一个设计序列 proc_{ij}，即

$$\mathrm{CT}_{ijk} - \mathrm{CT}_{i(j-1)g} \geqslant \mathrm{PT}_{ijk} + \mathrm{ST}_{ijk} + \mathrm{ET}_{ijk} \tag{9.3}$$

其中，CT_{ijk}、PT_{ijk}、ST_{ijk} 和 ET_{ijk} 分别表示设计主体 D_k 对设计序列 $\mathrm{proc}_{i(j-1)}$ 的完成时间、执行时间、准备时间以及收尾时间。

假设 9.3　任一个设计序列的执行时间必须为非负。即

$$\mathrm{CT}_{ijk} \geqslant \mathrm{ST}_{ijk} + \mathrm{ET}_{ijk} + \mathrm{PT}_{ijk} \tag{9.4}$$

假设 9.4　引入二元变量 X_{ijk} 表示设计主体与设计任务之间的关系，有

$$X_{ijk} = \begin{cases} 1, & \text{设计主体} k \text{ 对任务的第 } j \text{ 道设计序列进行操作} \\ 0, & \text{其他} \end{cases} \tag{9.5}$$

同时引入另一个二元变量 Y_{rsijk} 表示 proc_{rs} 和 proc_{ij} 在设计主体 D_k 上的先后关系，有

$$Y_{rsijk} = \begin{cases} 1, & \text{在} D_k \text{ 上, } \mathrm{proc}_{rs} \text{ 先于 } \mathrm{proc}_{ij} \text{ 开始} \\ 0, & \text{其他} \end{cases} \tag{9.6}$$

假设 9.5　在设计过程中，proc_{ij} 必然会被 D_{ij} 中的一个设计者执行，即

$$\sum_k X_{ijk} = 1, \quad k \in D_{ij}, \quad \forall i, j \tag{9.7}$$

假设 9.6　在任意时刻，D_k 同时只可执行一个设计任务，即

$$\mathrm{CT}_{ijk} - \mathrm{CT}_{rsk} \geqslant \mathrm{PT}_{ijk} + \mathrm{ST}_{ijk} + \mathrm{ET}_{ijk}, \quad Y_{rsijk} = 1, \quad X_{ijk} = 1, \quad X_{rsk} = 1 \tag{9.8}$$

假设 9.7　对任一个设计任务或设计序列，其完成时间满足约束

$$\mathrm{CT}_{ijk} = \max\left\{\mathrm{CT}_{i(j-1)l}, \mathrm{BT}_{ijk}\right\} + \mathrm{PT}_{ijk} + \mathrm{ST}_{ijk} + \mathrm{ET}_{ijk} \tag{9.9}$$

其中，BT_{ijk} 表示 proc_{ij} 在 D_{ij} 上的开始时间。当 $j = 1$ 时，有

$$\mathrm{CT}_{i1k} = \mathrm{BT}_{i1k} + \mathrm{PT}_{i1k} + \mathrm{ST}_{i1k} + \mathrm{ET}_{i1k} \tag{9.10}$$

将上述定义和假设作为约束条件，结合式（9.1）及式（9.2），便可得到产品设计任务分配的基本模型。

9.3.3　设计任务模糊性分析及模糊数操作算子

当设计过程展开后，由于客观环境及设计任务的复杂性，设计过程中存在一些不可控因素，这使得设计任务的执行时间难以准确获得，这样一来，设计任务的完成时间自然也难以具体确定。另外，客户对于产品交付期一般并不会严格要求在某一时刻，同样也是设置一定的时间区间。所以，客户需求变更导致的设计任务再分配有必要考虑设计过程的模糊性。

1. 设计任务模糊性分析

基于前文分析，对设计过程而言，本章从任务的执行时间、完成时间以及交付期来描述其模糊性。基于前人研究成果，本书以三角模糊数描述任务执行时间和完成时间的模糊性，用梯形模糊数表示任务交付期的模糊性。

1) 模糊任务执行时间

对企业而言，任何设计任务都存在一个期望的最佳时间，同时也存在一个可接受的执行时间的上限和下限。因此，采用三角模糊数 $\widetilde{\mathrm{PT}}_{ijk} = \left(\mathrm{PT}_{ijk}^{\alpha}, \mathrm{PT}_{ijk}^{\beta}, \mathrm{PT}_{ijk}^{\gamma} \right)$ 来表达这一性质，其中 $\mathrm{PT}_{ijk}^{\alpha}, \mathrm{PT}_{ijk}^{\beta}, \mathrm{PT}_{ijk}^{\gamma}$ 分别表示任务执行时间的上限、最佳值以及下限。假设 $\mu_{ijk}(x)$ 为 $\widetilde{\mathrm{PT}}_{ijk}$ 的隶属度，那么其隶属函数如式 (9.11) 和图 9.2(a) 所示。

$$
\mu_{ijk}(x) = \begin{cases} \left(x - \mathrm{PT}_{ijk}^{\alpha} \right) / \left(\mathrm{PT}_{ijk}^{\beta} - \mathrm{PT}_{ijk}^{\alpha} \right), & x \in \left[\mathrm{PT}_{ijk}^{\alpha}, \mathrm{PT}_{ijk}^{\beta} \right] \\ \left(\mathrm{PT}_{ijk}^{\gamma} - x \right) / \left(\mathrm{PT}_{ijk}^{\gamma} - \mathrm{PT}_{ijk}^{\beta} \right), & x \in \left[\mathrm{PT}_{ijk}^{\beta}, \mathrm{PT}_{ijk}^{\gamma} \right] \\ 0, & x \prec \mathrm{PT}_{ijk}^{\alpha}, x \succ \mathrm{PT}_{ijk}^{\gamma} \end{cases} \tag{9.11}
$$

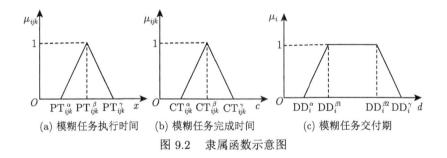

(a) 模糊任务执行时间　　(b) 模糊任务完成时间　　(c) 模糊任务交付期

图 9.2　隶属函数示意图

2) 模糊任务完成时间

与模糊任务执行时间类似，任何设计任务都存在一个期望的最佳时间，同时也存在一个可接受的完成时间的上限和下限。因此，采用三角模糊数 $\widetilde{\mathrm{CT}}_{ijk} = \left(\mathrm{CT}_{ijk}^{\alpha}, \mathrm{CT}_{ijk}^{\beta}, \mathrm{CT}_{ijk}^{\gamma} \right)$ 来表达这一性质，其中 $\mathrm{CT}_{ijk}^{\alpha}$、$\mathrm{CT}_{ijk}^{\beta}$、$\mathrm{CT}_{ijk}^{\gamma}$ 分别表示任务完成时间的上限、最佳值以及下限。假设 $\mu_{ijk}(c)$ 为 $\widetilde{\mathrm{CT}}_{ijk}$ 的隶属度，那么隶属函数如式 (9.12) 和图 9.2(b) 所示。

$$
\mu_{ijk}(c) = \begin{cases} \left(c - \mathrm{CT}_{ijk}^{\alpha} \right) / \left(\mathrm{CT}_{ijk}^{\beta} - \mathrm{CT}_{ijk}^{\alpha} \right), & c \in \left[\mathrm{CT}_{ijk}^{\alpha}, \mathrm{CT}_{ijk}^{\beta} \right] \\ \left(\mathrm{CT}_{ijk}^{\gamma} - c \right) / \left(\mathrm{CT}_{ijk}^{\gamma} - \mathrm{CT}_{ijk}^{\beta} \right), & c \in \left[\mathrm{CT}_{ijk}^{\beta}, \mathrm{CT}_{ijk}^{\gamma} \right] \\ 0, & c \prec \mathrm{CT}_{ijk}^{\alpha}, c \succ \mathrm{CT}_{ijk}^{\gamma} \end{cases} \tag{9.12}
$$

3) 模糊任务交付期

与模糊任务执行时间和模糊任务完成时间不同的是，客户对模糊任务交付期的要求往往是一个时间范围，因此对其采用梯形模糊数更加合理。假设模糊任务交付期为 $\widetilde{\mathrm{DD}}_i = \left(\mathrm{DD}_i^{\alpha}, \mathrm{DD}_i^{\beta 1}, \mathrm{DD}_i^{\beta 2}, \mathrm{DD}_i^{\gamma}\right)$，当任务交付时间 $d \in \left[\mathrm{DD}_i^{\beta 1}, \mathrm{DD}_i^{\beta 2}\right]$ 时，其满意度最高。假设 $\mu_i(d)$ 为 $\widetilde{\mathrm{DD}}_i$ 的隶属度，那么其隶属函数如式 (9.13) 和图 9.2（c）所示。

$$\mu_i(d) = \begin{cases} 1, & d \in \left[\mathrm{DD}_i^{\beta 1}, \mathrm{DD}_i^{\beta 2}\right] \\ \left(d - \mathrm{DD}_i^{\alpha}\right) / \left(\mathrm{DD}_i^{\beta 1} - \mathrm{DD}_i^{\alpha}\right), & d \in \left[\mathrm{DD}_i^{\alpha}, \mathrm{DD}_i^{\beta 1}\right] \\ \left(\mathrm{DD}_i^{\gamma} - d\right) / \left(\mathrm{DD}_i^{\gamma} - \mathrm{DD}_i^{\beta 2}\right), & d \in \left[\mathrm{DD}_i^{\beta 2}, \mathrm{DD}_i^{\gamma}\right] \\ 0, & d \prec \mathrm{DD}_i^{\alpha}, d \succ \mathrm{DD}_i^{\gamma} \end{cases} \tag{9.13}$$

2. 模糊数操作算子

根据严洪森等的研究成果 [410]，本书给出涉及三角模糊数及梯形模糊数的运算规则，如下所述。

三角模糊数相加算子：

$$\widetilde{\mathrm{PT}}_{ijk} + \widetilde{\mathrm{PT}}_{rsk} = \left(\mathrm{PT}_{ijk}^{\alpha} + \mathrm{CT}_{rsk}^{\alpha}, \mathrm{PT}_{ijk}^{\beta} + \mathrm{CT}_{rsk}^{\beta}, \mathrm{PT}_{rsk}^{\gamma} + \mathrm{CT}_{rsk}^{\gamma}\right) \tag{9.14}$$

三角模糊数相减算子：

$$\widetilde{\mathrm{PT}}_{ijk} - \widetilde{\mathrm{PT}}_{rsk} = \left(\mathrm{PT}_{ijk}^{\alpha} - \mathrm{CT}_{rsk}^{\alpha}, \mathrm{PT}_{ijk}^{\beta} - \mathrm{CT}_{rsk}^{\beta}, \mathrm{PT}_{rsk}^{\gamma} - \mathrm{CT}_{rsk}^{\gamma}\right) \tag{9.15}$$

梯形模糊数相加算子：

$$\widetilde{\mathrm{DD}}_i + \widetilde{\mathrm{DD}}_j = \left(\mathrm{DD}_i^{\alpha} + \mathrm{DD}_j^{\alpha}, \mathrm{DD}_i^{\beta 1} + \mathrm{DD}_j^{\beta 1}, \mathrm{DD}_i^{\beta 2} + \mathrm{DD}_j^{\beta 2}, \mathrm{DD}_i^{\gamma} + \mathrm{DD}_j^{\gamma}\right) \tag{9.16}$$

梯形模糊数相减算子：

$$\widetilde{\mathrm{DD}}_i - \widetilde{\mathrm{DD}}_j = \left(\mathrm{DD}_i^{\alpha} - \mathrm{DD}_j^{\gamma}, \mathrm{DD}_i^{\beta 1} - \mathrm{DD}_j^{\beta 2}, \mathrm{DD}_i^{\beta 2} - \mathrm{DD}_j^{\beta 1}, \mathrm{DD}_i^{\gamma} - \mathrm{DD}_j^{\alpha}\right) \tag{9.17}$$

三角模糊数与梯形模糊数相加算子：

$$\widetilde{\mathrm{CT}}_{ijk} + \widetilde{\mathrm{DD}}_i = \left(\mathrm{PT}_{ijk}^{\alpha} + \mathrm{DD}_i^{\alpha}, \mathrm{PT}_{ijk}^{\beta} + \mathrm{DD}_i^{\beta 1}, \mathrm{PT}_{ijk}^{\beta} + \mathrm{DD}_i^{\beta 2}, \mathrm{PT}_{ijk}^{\gamma} + \mathrm{DD}_i^{\gamma}\right)$$

$$\tag{9.18}$$

三角模糊数与梯形模糊数相减算子:

$$\widetilde{\mathrm{CT}}_{ijk} - \widetilde{\mathrm{DD}}_i = \left(\mathrm{PT}_{ijk}^\alpha - \mathrm{DD}_i^\gamma, \mathrm{PT}_{ijk}^\beta - \mathrm{DD}_i^{\beta 2}, \mathrm{PT}_{ijk}^\beta - \mathrm{DD}_i^{\beta 1}, \mathrm{PT}_{ijk}^\gamma - \mathrm{DD}_i^\alpha \right)$$

$$(9.19)$$

上述运算证明过程可参见杨宏兵等、谢源等的研究成果 [410, 411]。

与一般调度不同的是，在模糊调度中，对模糊数进行排序是个关键问题。在模糊数比较方法中，Dubois 和 Prade 基于可能性理论 [412]，提出了 4 个模糊数比较指标。基于此，本书采用其中的必然性测度来比较任务的完成时间和交货期，以此判断任务是否拖期。对模糊数 $\widetilde{\mathrm{PT}}_{ijk}$ 和 $\widetilde{\mathrm{PT}}_{rsk}$ 而言，假设其隶属度函数分别为 $\mu_{ijk}(x)$ 和 $\mu_{rsk}(x)$，那么 $\widetilde{\mathrm{PT}}_{rsk}$ 在 $\widetilde{\mathrm{PT}}_{ijk}$ 上的必然性测度 $L_{\widetilde{\mathrm{PT}}_{ijk}}\left(\widetilde{\mathrm{PT}}_{rsk} \right)$ 可表示为

$$L_{\widetilde{\mathrm{PT}}_{ijk}}\left(\widetilde{\mathrm{PT}}_{rsk} \right) = \inf_x \max\left[1 - \mu_{ijk}(x), \mu_{rsk}(x) \right] \tag{9.20}$$

此时 $\widetilde{\mathrm{PT}}_{ijk} \geqslant \widetilde{\mathrm{PT}}_{rsk}$ 的必然性程度 $L_{\widetilde{\mathrm{PT}}_{ijk}}\left(\left[\widetilde{\mathrm{PT}}_{rsk}, +\infty \right) \right)$ 为

$$L_{\widetilde{\mathrm{PT}}_{ijk}}\left(\left[\widetilde{\mathrm{PT}}_{rsk}, +\infty \right) \right) = \inf_x \sup_{\substack{y \\ y \leqslant x}} \max\left[1 - \mu_{ijk}(x), \mu_{rsk}(x) \right] \tag{9.21}$$

9.3.4 设计任务再分配模型构建

基于上述分析,在复杂产品设计任务再分配中,需要重新分配的任务为 $\mathrm{Ta}^+ = \{\mathrm{Ta}_1^+, \mathrm{Ta}_2^+, \cdots, \mathrm{Ta}_i^+, \cdots, \mathrm{Ta}_I^+\}$ 和 $\mathrm{Ta}^\circ = \{\mathrm{Ta}_1^\circ, \mathrm{Ta}_2^\circ, \cdots, \mathrm{Ta}_k^\circ, \cdots, \mathrm{Ta}_K^\circ\}$。在不影响求解结果的前提下,为研究和表述方便,令 $\mathrm{Ta}^* = \{\mathrm{Ta}^+, \mathrm{Ta}^\circ\} = \{\mathrm{Ta}_1^*, \mathrm{Ta}_2^*, \cdots, \mathrm{Ta}_R^*\}$。综合考虑设计任务的模糊特性,以最小化设计任务完成时间和拖期惩罚为目标,可得到如下所述的复杂产品设计任务再分配模型:

$$f_1^* = \min\left\{ \max\left(\widetilde{\mathrm{CT}}_r \mid r = 1, 2, \cdots, R \right) \right\} \tag{9.22}$$

$$f_2^* = \min\left(\sum_{r=1}^R \lambda_r \times \max\left(0, \widetilde{\mathrm{CT}}_r - \widetilde{\mathrm{DD}}_r \right) \right) \tag{9.23}$$

$$\widetilde{\mathrm{CT}}_{rsk} - \widetilde{\mathrm{CT}}_{r(s-1)g} \geqslant \widetilde{\mathrm{PT}}_{rsk} + \mathrm{ST}_{rsk} + \mathrm{ET}_{rsk}, \quad s = 1, 2, \cdots, R \text{ 且} s \neq 1 \tag{9.24}$$

$$\widetilde{\mathrm{CT}}_{rsk} - \widetilde{\mathrm{PT}}_{rsk} \geqslant \mathrm{ST}_{rsk} + \mathrm{ET}_{rsk} \tag{9.25}$$

$$\sum_k X_{rsk} = 1, \quad k \in D_{rs}, \quad \forall r, s \text{ 且} r \neq s \tag{9.26}$$

$$\widetilde{\mathrm{CT}}_{rsk} - \widetilde{\mathrm{CT}}_{r's'k'} \geqslant \widetilde{\mathrm{PT}}_{rsk} + \mathrm{ST}_{rsk} + \mathrm{ET}_{rsk}, \, Y_{r's'rsk} = 1, X_{rsk} = 1, X_{r's'k} = 1$$

$$(9.27)$$

$$\widetilde{\mathrm{CT}}_{rsk} = \max\left\{\widetilde{\mathrm{CT}}_{r(s-1)l}, \mathrm{BT}_{rsk}\right\} + \widetilde{\mathrm{PT}}_{rsk} + \mathrm{ST}_{rsk} + \mathrm{ET}_{rsk}, \quad s = 1, 2, \cdots, R \text{ 且} s \neq 1 \tag{9.28}$$

$$T_k = \mathrm{RT}_k + \sum_{r \in Ta_{r,s_1,k}^*} \left(\widetilde{\mathrm{PT}}_{sk} + \mathrm{ST}_{sk} + \mathrm{ET}_{sk}\right) + \mathrm{bt}_h \tag{9.29}$$

$$\mathrm{bt}_{h+1} = \min_{r \in Ta_{r,s_1,k}^*} \left(\mathrm{bt}_h + \Delta T_h + t_e\right) \tag{9.30}$$

$$\mu_{rsk}(x) = \begin{cases} \left(x - \mathrm{PT}_{rsk}^{\alpha}\right) / \left(\mathrm{PT}_{rsk}^{\beta} - \mathrm{PT}_{rk}^{\alpha}\right), & x \in \left[\mathrm{PT}_{rsk}^{\alpha}, \mathrm{PT}_{rsk}^{\beta}\right] \\ \left(\mathrm{PT}_{rsk}^{\gamma} - x\right) / \left(\mathrm{PT}_{rsk}^{\gamma} - \mathrm{PT}_{rsk}^{\beta}\right), & x \in \left[\mathrm{PT}_{rsk}^{\beta}, \mathrm{PT}_{rsk}^{\gamma}\right] \\ 0, \ x \prec \mathrm{PT}_{rsk}^{\alpha}, x \succ \mathrm{PT}_{rsk}^{\gamma} \end{cases} \tag{9.31}$$

$$\mu_{rsk}(c) = \begin{cases} \left(c - \mathrm{CT}_{rsk}^{\alpha}\right) / \left(\mathrm{CT}_{rsk}^{\beta} - \mathrm{CT}_{rsk}^{\alpha}\right), c \in \left[\mathrm{CT}_{rsk}^{\alpha}, \mathrm{CT}_{rsk}^{\beta}\right] \\ \left(\mathrm{CT}_{rsk}^{\gamma} - c\right) / \left(\mathrm{CT}_{rsk}^{\gamma} - \mathrm{CT}_{rsk}^{\beta}\right), c \in \left[\mathrm{CT}_{rsk}^{\beta}, \mathrm{CT}_{rsk}^{\gamma}\right] \\ 0, c \prec \mathrm{CT}_{rsk}^{\alpha}, c \succ \mathrm{CT}_{rsk}^{\gamma} \end{cases} \tag{9.32}$$

$$\mu_r(d) = \begin{cases} 1, & d \in \left[\mathrm{DD}_r^{\beta 1}, \mathrm{DD}_r^{\beta 2}\right] \\ \left(d - \mathrm{DD}_r^{\alpha}\right) / \left(\mathrm{DD}_r^{\beta 1} - \mathrm{DD}_r^{\alpha}\right), & d \in \left[\mathrm{DD}_r^{\alpha}, \mathrm{DD}_r^{\beta 1}\right] \\ \left(\mathrm{DD}_r^{\gamma} - d\right) / \left(\mathrm{DD}_r^{\gamma} - \mathrm{DD}_r^{\beta 2}\right), & d \in \left[\mathrm{DD}_r^{\beta 2}, \mathrm{DD}_r^{\gamma}\right] \\ 0, & d \prec \mathrm{DD}_r^{\alpha}, d \succ \mathrm{DD}_r^{\gamma} \end{cases} \tag{9.33}$$

$$L_{\widetilde{\mathrm{PT}}_{rk}}\left(\left[\widetilde{\mathrm{PT}}_{r's'k}, +\infty\right)\right) = \inf_x \sup_{\substack{y \\ y \leqslant x}} \max\left[1 - \mu_{rsk}(x), \mu_{r's'k}(x)\right] \tag{9.34}$$

9.4 多目标自适应任务分配算法

考虑客户需求变更的复杂产品设计任务再分配模型的求解在相关条件约束下,包含大量数据的组合优化计算。因此,寻求合适的启发式算法是提高该问题求解效率的有效方式。基于文献 [189, 413, 414] 的相关研究成果,采用多目标自适应任务分配算法 (multi-objective adaptive scheduling algorithm, MOASA) 对其进行求解。该算法在相关智能算法求解组合优化问题自身优势的基础上 [415, 416],采用基于任务设计序列和设计主体相融合的双层编码策略,实现复杂产品设计过程中的任务–主体动态柔性分配,从而保证在需求变更出现并造成任务执行中断时,通过调用可胜任设计主体和资源,以最小拖期惩罚完成在执行任务,降低对设计周期延时的影响,提高对客户需求变更的响应效率。该算法的流程图及具体步骤如图 9.3 所示。

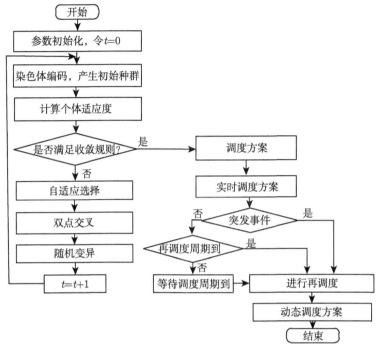

图 9.3 算法流程

步骤 1：参数初始化。设定相关参数并初始化，设 t 为进化代数，BT_k 为设计主体 D_k 可以开始执行某任务的时间，时间窗口中的最大任务数目 W，初始化 S_1, S_2, S_3, S_4，分配次数 $h = 0$，开始分配的时间 $\mathrm{bt}_h = 0$。

步骤 2：染色体编码。根据设计任务与设计主体的关系特点，本书采用基于任务设计序列和主体相融合的双层编码策略。第一层基于任务设计序列进行编码，即给所有同一任务的设计序列指定相同的符号，然后根据它们在给定染色体中出现的顺序加以解释；第二层是执行该任务相应设计序列的设计主体编码，如染色体 [231122313]，其中 1, 2, 3 分别表示设计任务 $\mathrm{Ta}_1^*, \mathrm{Ta}_2^*, \mathrm{Ta}_3^*$。由于每个设计任务均包含 3 道设计序列，所以每个任务在一个染色体中刚好出现 3 次，染色体与设计任务和设计主体的对应关系如图 9.4 所示。

染色体	2	3	1	1	2	2	3	1	3
过程	P_{21}	P_{31}	P_{11}	P_{12}	P_{22}	P_{23}	P_{32}	P_{13}	P_{33}
设计者	M_{21}	M_{31}	M_{11}	M_{12}	M_{22}	M_{23}	M_{32}	M_{13}	M_{33}

图 9.4 染色体与设计任务和设计主体的对应关系

其中，设计主体 D_k 的选取原则是 D_k 在设计过程没有执行其他任务，而且该任务由 D_k 执行时耗时最短。另外，如果是任务 Ta_r^* 的第 1 道设计序列，则按照式 (9.30) 计算设计主体 D_k 执行该任务的时间；如果若非 Ta_r^* 的第 1 道设计序列，则令任务 Ta_r^* 的第 $j+1$ 道设计序列的开始时间等于任务 Ta_r^* 的第 j 道设计序列的完成时间，按照式 (9.29) 计算第 $j+1$ 道设计序列的时间，直到任务 Ta_r^* 的所有设计序列都已被执行。

步骤 3：染色体选择。设种群规模大小为 popsize，个体 i 的适应度为 F_i，基于轮盘赌方法，则其被选中的概率为 $\mathrm{prob}_i = F_i \left/ \sum\limits_{i=1}^{\mathrm{popsize}} F_i \right.$。其中个体适应度根据式（9.22）及式（9.23）求得。

步骤 4：染色体交叉。基于前文所述，本书采用染色体双点交叉策略，该策略可充分利用历史信息，增加种群多样性，防止算法早熟、停滞。双点交叉示意图如图 9.5 所示。

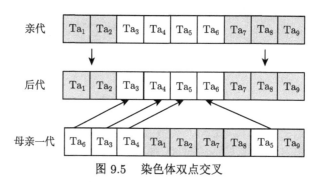

图 9.5　染色体双点交叉

在进化过程中，假如当前个体的适应度低于平均适应度，那么此时的进化便是无效的。因此，为提高搜索速度，需要提高个体交叉率；为此，本书采用交叉概率自适应调整策略，其自适应调整公式为

$$\mathrm{prob}_C = \begin{cases} \mathrm{prob}_{C1} - \dfrac{(\mathrm{prob}_{C1} - \mathrm{prob}_{C2})\,(F_i - F_{\mathrm{avg}})}{F_{\max} - F_{\mathrm{avg}}} F_i & F_i \geqslant F_{\mathrm{avg}} \\ \mathrm{prob}_{C1} F_i < F_{\mathrm{avg}} \end{cases} \tag{9.35}$$

其中，F_{avg} 和 $F_{\max}$ 分别表示个体的平均适应度值和最大适应度值。

步骤 5：变异。本书采取随机变异策略，即随机选择染色体中的两基因位，交换其值，以维持群体多样性，提高局部搜索能力。随机变异示意图如图9.6所示。

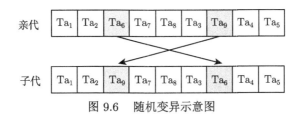

亲代　Ta₁ Ta₂ Ta₆ Ta₇ Ta₈ Ta₃ Ta₉ Ta₄ Ta₅

子代　Ta₁ Ta₂ Ta₉ Ta₇ Ta₈ Ta₃ Ta₆ Ta₄ Ta₅

图 9.6　随机变异示意图

同样地，为提高变异效率，本书采取自适应调整策略，其自适应调整公式为

$$\text{prob}_m = \begin{cases} \text{prob}_{mv} - \dfrac{(\text{prob}_{mi} - \text{prob}_{m1})(F_{\max} - F_i)}{F_{\max} - F_{\text{avg}}} F \geqslant F_{\text{avg}} \\ \text{prob}_{m1} F < F_{\text{avg}} \end{cases} \tag{9.36}$$

步骤 6：检查是否存在客户需求变更，并判断是否需要执行任务再分配。当出现客户需求变更时，再分配启动，并将该任务转回到待执行任务状态并享有高优先级，等再分配完毕后，该任务重新转入执行状态；以此类推，直到该任务所有设计序列被执行完成以后，该任务从执行状态调入完成状态，并将该任务移出时间窗口。

步骤 7：判断再调度周期是否结束。当该调度周期结束时，再分配启动，检查设计过程中是否存在需求变更，如果存在，重复上述过程，直到所有协同设计任务被完全执行。

步骤 8：终止条件。若 $t = T$，输出 F_i 和窗口中已执行任务的调度结果；$t < T$，继续重复上述步骤，直至 $t = T$ 为止。

步骤 9：更新设计任务分配信息。当一次再分配完成后，更新所有任务状态信息，并输出任务再分配结果，形成再分配方案。

上述过程的伪代码如下所示：

```
Begin
for i = 1: length(individul)
    if process_id(task_id) > 1
        previous_time = finish_time(task_id,process_id(task_id)
            -1);
        tempBT=BT;
        index_2=find(BT < previous_time);
        if index_2
            tempBT(index_2)=previous_time;
        end
        S1 =tempBT+pro_time(task_id,process_id(task_id));
% Select the designer with the minimum completetime
```

```
        [time_finish,designer_id]=min(S1);
        BT(designer_id)=time_finish;
    else
        tmp_Finish_TimeOfDesigner=BT+pro_time(task_id,process_id
            (task_id));
        [time_finish, designer_id] = min(tmp_Finish_Time0
            fDesigner);
        BT(designer_id) = time_finish;
    end
if T_item*T_count < T_emergency1 & T_item*T_count < T_
    emergency2 & T_item*T_count < T_emergency3
    minfinishT = T_item*T_count;
    T_count = T_count + 1;
    Mark_TorE = 'T';
  else
    if  T_emergency1<α
        designer_starttime(1) = inf;
        minfinishT = T_emergency1;
        T_emergency1 = inf;
    elseif  T_emergency2<α
        designer_starttime(1) = T_emergency2;
        minfinishT = T_emergency2;
        T_emergency2 = inf;
    elseif  T_emergency3<α
        due_date(i) =γ;
        minfinishT= T_emergency3;
        T_emergency3 = inf;
    end
    Mark_TorE = 'E';
 if  designer is fault
        if designer_id== fault_designer(1)&BT(designer_id)>
            fault_designer(2)
            time_finish= fault_designer(3)+(BT(designer_id)-
                fault_designer(2));
            BT(designer_id)=time_finish;
            havechanged=1;
        end
    end
        designer_assign(i,3) = designer_id;
        finish_time(task_id,process_id(task_id))=time_finish;
```

```
        if   fault_designer havechanged==1
%%  PTij is definitestart_time(task_id,process_id(task_id))=
      time_finish-total_pro_time(task_id,process_id(task_id),
      designer_id)-(fault_designer(3) - fault_designer(2));
       havechanged = 0;
      else
   start_time(task_id,process_id(task_id))=time_finish-
  total_pro_time(task_id,process_id(task_id) ,designer_id);
      end
        process_id(task_id) = process_id(task_id) + 1;
      if   process_id(task_id) == (num_procedure + 1)
      Stop_Time(task_id) = finish_time(task_id,3);
    end
end
```

9.5 应 用 案 例

为验证本书研究方法的有效性，本书以前文所提案例对本章研究成果加以验证。案例以 2.5MW 风电机组设计任务分配为对象，涉及 10 个设计任务、30 个设计序列以及 3 个设计小组。设计任务的相关信息如表 9.1 所示。根据实际情况，其他相关参数设定如下 $ST_{rs} = ET_{rs} = 1$，拖期惩罚系数 $\lambda_r = 0.8$，$\Delta T_k = 8$，$popsize = 500$，最大迭代代数 $T = 500$，$prob_{c1} = 0.8$，$prob_{c2} = 0.6$，$prob_{m1} = 0.1$，$prob_{m2} = 0.001$。设计过程中，在 $t = 120$ 时刻，客户需求提出变更，要求产品设计方案交付期提前，由此使得设计任务 Ta_{10} 的模糊交付期由 [255,260,265,270] 提前至 [235,240,245,250]。此外，在此之前，当 $t = 70$ 时刻时，D_2 因身体问题休假，在 $t = 90$ 时刻复工。在上述背景下，在正常情况下的任务规划如图 9.7 所示；当考虑变更事件时，基于文献 [189] 研究方法得到的任务再分配方案如图 9.8 所示；基于本书研究成果得到的产品设计任务再分配方案如图 9.9 所示。

表 9.1 设计任务的相关信息

设计任务	模糊交货期/h	设计序列	可选主体	模糊执行时间/h
		1	1,3	[14,15,16]，[15,17,18]
1	[175,177-178,180]	2	1,2,3	[18,19,20]，[19,21,22]，[19,21,22]
		3	1,2	[18,21,25]，[14,15,16]
		1	1,3	[18,20,23]，[12,13,14]
2	[145,149,153,155]	2	1,2	[18,19,20]，[16,17,18]
		3	2,3	[14,16,17]，[15,17,18]

续表

设计任务	模糊交货期/h	设计序列	可选主体	模糊执行时间/h
3	[175,178,182,185]	1	1,2,3	[13,14,15]，[16,17,18]，[19,21,22]
		2	1,2	[17,18,19]，[12,13,14]
		3	2,3	[18,19,20]，[11,12,14]
4	[165,169,172,175]	1	1,3	[18,20,21]，[14,15,16]
		2	1,2,3	[13,14,15]，[16,17,18]，[15,16,18]
		3	2,3	[18,20,21]，[12,13,14]
5	[180,189,193,200]	1	1,2	[22,23,24]，[16,17,18]
		2	1,2,3	[18,19,20]，[20,21,22]，[15,16,18]
		3	2,3	[22,23,24]，[15,17,18]
6	[155,158,160,165]	1	2,3	[18,20,21]，[14,16,17]
		2	1,2	[14,15,16]，[18,19,20]
		3	1,2,3	[15,17,18]，[12,13,14]，[12,13,14]
7	[195,199,203,205]	1	1,2	[14,15,16]，[15,16,18]
		2	1,3	[18,18,19]，[10,12,14]
		3	1,2,3	[22,23,25]，[12,13,14]，[17,18,19]
8	[190,193,194,196]	1	1,2,3	[18,19,20]，[20,22,23]，[17,18,19]
		2	1,3	[20,22,23]，[17,18,19]
		3	2,3	[22,23,25]，[16,17,18]
9	[195,197,198,200]	1	1,2	[12,14,15]，[15,17,18]
		2	1,2,3	[16,18,19]，[11,12,14]，[14,15,18]
		3	1,3	[22,23,24]，[12,13,14]
10	[255,260,265,270]	1	2,3	[20,22,23]，[16,17,18]
		2	1,2,3	[18,19,20]，[20,21,22]，[16,17,18]
		3	1,3	[18,19,20]，[20,22,23]

如图 9.7、图 9.8 和图 9.9 所示，在正常情况下，即没有客户需求变更等发生时，设计任务分配方案均匀规划，设计周期为 192h；当客户需求变更时，在不考虑设计资源制约的前提下，文献 [189] 在未考虑设计任务模型特性的基础上得到的设计周期为 216h，而基于方法在充分考虑设计任务模糊性后得到的设计周期为227h。实际上，设计任务交付期及执行的时间的模糊区间为优化结果提供了更宽松的约束条件，这样本书所提研究方法可以更加精确地求解最优方案。如图 9.10和图 9.11 所示的是在该问题求解过程中，分别基于文献 [189] 所述方法和本书方法在不同的迭代次数下优化目标完成时间和优化目标任务拖期情况的优化值分解图。可明显看出，相对于图 9.10，图 9.11 所示结果中任务完成时间具有更均匀的分布，且在此完成时间下，任务的拖期比例更少。这说明本书方法虽然具有稍长的完成时间，但是设计任务分配更加均匀，设计主体负荷更加平均，而且由任务

拖期导致的惩罚也更小，由此说明该任务规划方案具有更好的可行性。

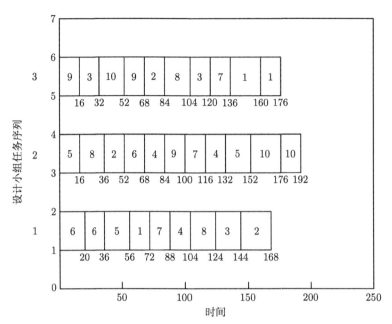

图 9.7　未发生变更事件时的设计任务分配方案

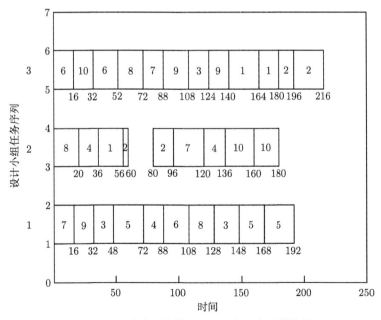

图 9.8　变更发生后文献 [189] 研究方法计算的结果

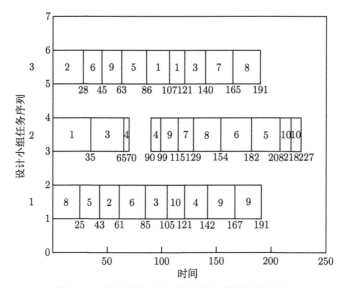

图 9.9 变更发生后本书研究方法计算的结果

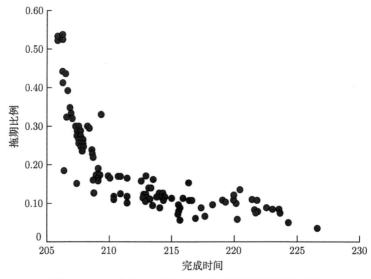

图 9.10 文献 [189] 研究成果多目标优化结果分解图

另外，为证明本书使用的求解算法的合理性，分别采用自适应多级蚁群算法 [417]、模拟退火–遗传算法 [418]、多目标遗传算法 [419] 对本书所述问题进行求解，算法运行图以及结果分别如图 9.12 和表 9.2 所示。从对比结果可以看出，本书所提算法具有较好的计算效果。

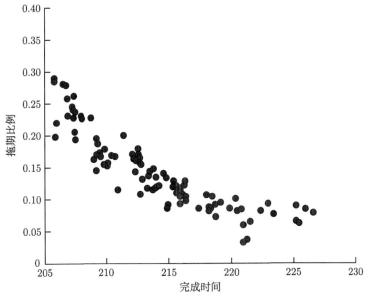

图 9.11　本书研究成果多目标优化结果图

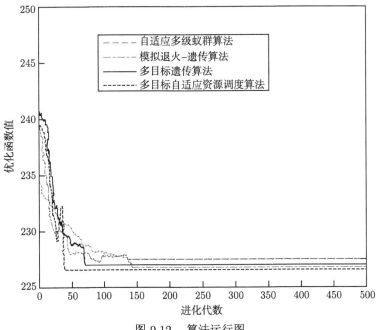

图 9.12　算法运行图

表 9.2　算法性能比较

算法	计算结果	运行时间/s	迭代次数
自适应多级蚁群算法	229.6	29.98	256
模拟退火–遗传算法	228.4	24.15	149
多目标遗传算法	229.1	21.04	76
多目标自适应资源调度算法	227.0	16.47	48

9.6　本 章 小 结

为降低客户需求变更对复杂产品设计过程的影响，本章对设计任务的再分配问题进行了研究。基于客户需求变更下的设计任务特性，提出了基于事件–周期混合驱动的设计任务再分配策略，构建了客户需求变更下的设计任务再分配模型，该模型充分考虑了设计任务的执行时间、完成时间以及交付期的模糊性，并引入三角模糊数及梯形模糊数对其加以表达以提高模型求解效率，并给出了 MOASA 对其求解，该算法基于设计任务与设计主体融合的双层编码策略，实现在需求变更下设计任务与设计主体的动态分配。最后，以前人研究过程中使用的案例作为应用背景，对本章研究成果加以验证。验证结果说明，基于本书所提方法的优化结果更加符合实际，且具有更好的可行性。

第 10 章　面向客户需求变更的产品设计资源再调度

为保证设计任务的及时开展，与任务对应的资源必须得到保证。因此，在响应过程中，设计资源的实时调度至关重要。为此，本章提出了基于事件驱动的考虑设计任务优先度的设计资源再调度滚动优化策略。以最小化资源调度满意度偏差以及最小化再调度成本为目标，构建设计资源再调度数学模型，以体现客户需求变更下设计过程对资源的需求紧迫性及分配满意度需求；以时间优先度及重要度优先度为原则，确定滚动窗口内设计任务的优先序列；根据复杂网络理论，提出基于复杂产品系统脆弱性的设计任务重要度评价方法；基于此提出多目标自适应资源再调度算法实现对模型的求解；以前文所述验证本书方法的有效性及合理性。结果表明本书方法不但有效降低了设计资源再调度问题求解复杂程度，还进一步揭示了设计任务重要度对实时分配决策的影响。

10.1　引　　言

在复杂多变的市场环境下，设计过程中的客户需求变更不可避免[51]。面对客户需求变更，快速做出响应对企业至关重要。前三章分别就响应中的变更请求决策、产品再配置以及设计任务再分配展开了深入研究，基于此便可反馈给客户是否接受需求变更请求以及变更后的产品配置方案如何。但是，对于客户关心的另一个问题，即何时完成产品设计仍不能给予准确答复。这是因为产品设计的完成取决于最后一项设计任务的最晚完成时间，而设计任务的完成受其所需资源的制约。因此，根据需求变更及其相应的设计任务调整方案，完成设计资源再调度是明确产品设计完成时间的关键，也是完成客户需求变更响应的又一个重要环节[85]。

设计资源是指所有能为产品设计活动的支撑准备利用的人力、财力、设备、知识等资源[420]。一般地，设计资源可分为可更新资源、不可更新资源以及双重约束资源[421-424]。可更新资源在某时刻或时段具有有限的供应量，但其消耗并不随着项目的进展而继续，即消耗之后在下一时刻或时段是可更新的，如固定的劳动力、机器、设备、场地等[422]。大多数研究所涉及的资源都是可更新资源。不可更新资源的获得和消耗是以项目总工期为前提的，不可更新资源会随着项目的进展而逐渐被消耗，如资金、能源和原材料等，其在被消耗之后不可更新，典型的不可更新资源是项目的投资预算[422]。双重约束资源指的是不仅在项目的某时刻或时间段的供应量有限，且其在整个项目执行过程中的资源总量也受到限制。双重约束资源可以通过增加可更新资源与不可更新资源约束来代替。资金便可以被视为一种双重受限资源，当项目投资总量为定值时，其被看作为不可更新资源，而在每个阶段运作的资金流又被认为是可更新资源 [423, 424]。由于不可更新资源及双重约束资源在复杂产品设计过程中所占比重较小，因此在本阶段研究中，研究的对象主要为可更新资源。

国内外学者对生产中的资源调度问题进行了大量研究 [211, 213, 214, 217, 218, 425−430]，然而，综观现有研究成果，当客户需求变更发生时，大多研究集中于局部的资源调度，这在一定程度上优化了决策结果。但是，这些均忽略了客户需求变更对整个设计过程的影响。事实上，由于各设计任务之间的关联，当改变其中某一任务或子系统状态时，与之相关联的任务或子系统同样可能发生变化。也就是说，在客户需求变更下，当前研究大多数为局部最优，当设计过程较复杂时，无法保证全局最优。

为此，本书基于近年来迅猛发展的复杂网络理论，以设计过程脆弱性为准则，研究各设计任务对整个设计过程的重要度，基于此分析当客户需求变更时资源调度对设计过程的影响，进而保证对设计过程影响最大的、最重要的任务优先在资源再调度中得到满足；然后，基于事件驱动策略，提出客户需求变更下的设计资源再调度方法。当客户需求变更发生时，根据待分配资源的任务优先顺序，以最小化分配满意度偏差和最小化再调度成本为目标，基于 MOASA 完成对资源的实时分配。该方法从设计过程全局出发，在客户需求变更下，优先满足对设计过程最重要的资源需求点，保证设计过程以最小的代价应对客户需求变更。

10.2　产品设计资源再调度滚动优化策略

基于上述分析可发现，设计资源再调度中涉及不同种类的资源再调度，而且每一类资源调度都具有较强的时间要求。因此，如何提高上述模型的求解效率至关重要。为此，本书采取滚动优化的资源调度（rolling optimization of resources allocation，RORA）策略，其基本思想是将任务按照其到达顺序即开始时间划分为一系列具有并行或串行但随着时间不断向前推进的任务集合（也称为滚动窗口）。在每次资源调度时，仅对当前滚动窗口内的任务按照其重要度大小依次进行规划。随着时间的推进，完成资源调度的任务从滚动窗口内删除，而新的待分配任务不断加入，从而实现滚动窗口的更新。在此滚动过程中，对于可重复使用的资源，均可在某一滚动窗口开始时初始化为待调度资源，由此可见，RORA 求解策略将复杂的资源再调度问题分解为多个静态子调度问题，并以子问题优化解的组合等价于原问题的最优解，降低原问题求解复杂度及难度。其过程如图 10.1 所示。

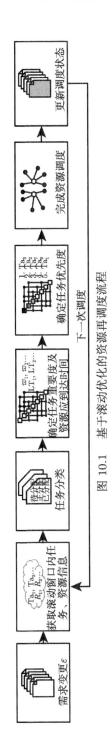

图 10.1　基于滚动优化的资源再调度流程

步骤 1：信息获取。当需求变更发生时，在 $t = 0$ 时刻，获取滚动窗口内相关任务及资源信息，如设计任务序列、所需资源、资源准备提前期、配送成本等。

步骤 2：任务分类。基于步骤 1 中信息，根据滚动窗口内任务的状态可将其划分为待分配任务、分配中的任务及已分配任务三种状态。由于每次分配的时间不断前进，因此任务的分类具有动态性，即相同的任务在两次资源调度中可能被划分为不同的任务类型。

步骤 3：确定待分配任务的优先度。对于待分配资源的任务，将资源优先分配于较早开始的任务；若任务开始时刻相同，则优先将资源调度于具有更高重要度的任务，如式 (10.8) 和式 (10.9) 所示。

步骤 4：基于资源再调度模型和 MOASA 完成该时间窗口内的资源再调度并更新任务状态，删除已完成资源调度的任务，并准备转入下一次滚动窗口。

步骤 5：$t = t+1$，进入下一次资源调度，再更新滚动窗口内相关信息，重复步骤 1∼ 步骤 4，直至所有任务所需资源调度完成。

10.3　产品设计资源再调度模型

10.3.1　问题描述

客户需求变更下的设计资源再调度问题可描述如下。

某一产品设计过程包含 n 个设计任务，$\mathrm{Ta} = \{\mathrm{Ta}_1, \mathrm{Ta}_2, \cdots, \mathrm{Ta}_n\}$，在某时刻客户提出需求变更请求 ε，基于前文方法，可得到满足客户需求变更的产品再配置方案及任务再调度方案。假设需要调整的任务集为 $\Delta\mathrm{Ta} = \{\mathrm{Ta}^+, \mathrm{Ta}^-, \mathrm{Ta}^\circ\}$，其中，$\mathrm{Ta}^+ = \{\mathrm{Ta}_1^+, \mathrm{Ta}_2^+, \cdots, \mathrm{Ta}_i^+, \cdots, \mathrm{Ta}_I^+\}$ 表示需增加的设计任务集，$\mathrm{Ta}^- = \{\mathrm{Ta}_1^-, \mathrm{Ta}_2^-, \cdots, \mathrm{Ta}_j^-, \cdots, \mathrm{Ta}_J^-\}$ 表示需删除的设计任务集，$\mathrm{Ta}^\circ = \{\mathrm{Ta}_1^\circ, \mathrm{Ta}_2^\circ, \cdots, \mathrm{Ta}_k^\circ, \cdots, \mathrm{Ta}_K^\circ\}$ 表示既不增加也不删除但需对其时间参数调整的任务集。为提高资源利用率，将与 Ta^- 相关的资源重新作为初始待分配资源使用，同时 Ta^- 将不参与资源的再调度。此外，对于数量充足的资源，其对资源再调度过程基本不产生影响。因而，在本书所述问题中，主要研究对象为种类或数量有限急需补充的资源，与其相关的设计任务为 Ta^+ 和 Ta°，并记 $\mathrm{Ta}^* = \{\mathrm{Ta}^+, \mathrm{Ta}^\circ\}$。根据任务 Ta^* 的调整需求，至少需要补充 $x_{im}(\varepsilon)$ 数量的资源 R_{im} 以及 $x_{km}(\varepsilon)$ 数量的资源 R_{km}，此时资源 R_{im} 的总供应量为 D_{im}，资源 R_{km} 的总供应量为 D_{km}，可用于任务 Ta_i^+ 和 Ta_k° 的数量分别为 $d_{im}(\varepsilon)$ 和 $d_{km}(\varepsilon)$。此外，Ta_i^+ 和 Ta_k° 对资源 R_{im} 和 R_{km} 允许的最晚到达时间分别为 $\mathrm{LT}_{im}(\varepsilon)$ 和 $\mathrm{LT}_{km}(\varepsilon)$，并且单位数量的资源 R_{im} 和 R_{km} 到达 Ta_i^+ 和 Ta_k° 分别需花费 $c_{im}(\varepsilon)$ 和 $c_{km}(\varepsilon)$ 的成本，总成本上限为 $C(\varepsilon)$。基于以上描述，在需求变更 ε 下，如何确定设计任务 Ta_i^+ 和 Ta_k°

关于资源 R_{im} 和 R_{km} 的供应量 $d_{im}(\varepsilon)$ 和 $d_{km}(\varepsilon)$ 及到达时间 $T_{im}(\varepsilon)$ 和 $T_{km}(\varepsilon)$ 的取值, 才能使得再调度的总体满意度最高以及成本最低。

10.3.2 模型构建

假设任务 Ta_i^+ 和 Ta_k° 分配到的资源 R_{im} 和 R_{km} 的满意度分别为 frac_{mi} 和 frac_{mk}, 任务 Ta_i^+ 和 Ta_k° 对整个设计过程的重要度分别为 ϖ_i 和 ϖ_k。为便于计算, 根据文献 Chen 所提方法对其进行无量纲化处理 [431]。假设上述所提参数均已无量纲化, 则在需求变更 ε 下, 设计过程所需资源的实时分配模型可如下所示。

$$F = \beta_1 \min \sum_{m=1}^{r} \left(\begin{array}{c} \left(\sum_{i=1}^{I} \bar{\omega}_i \left(1 - \mathrm{frac}_{mi}(\varepsilon)\right) + \beta_2 \min \sum_{i=1}^{I} \sum_{m=1}^{r} c_{im}(\varepsilon) \right) \\ + \left(\sum_{k=1}^{K} \bar{\omega}_k \left(1 - \mathrm{frac}_{mk}(\varepsilon)\right) + \beta_3 \min \sum_{k=1}^{K} \sum_{m=1}^{r} c_{km}(\varepsilon) \right) \end{array} \right)$$

$$(10.1)$$

$$d_{im}(\varepsilon) \geqslant x_{im}(\varepsilon), \forall i, m \tag{10.2}$$

$$d_{km}(\varepsilon) \geqslant x_{km}(\varepsilon), \forall k, m \tag{10.3}$$

$$\sum_{i=1}^{I} d_{im}(\varepsilon) \leqslant D_{im} \tag{10.4}$$

$$\sum_{k=1}^{K} d_{km}(\varepsilon) \leqslant D_{km} \tag{10.5}$$

$$\mathrm{frac}_{im}(\varepsilon) = \alpha \cdot \mathrm{frac}_{im,d}(\varepsilon) + \varsigma \, \mathrm{frac}_{im,t}(\varepsilon), \ 0 \leqslant \mathrm{frac}_{im}(\varepsilon) \leqslant 1 \tag{10.6}$$

$$\mathrm{frac}_{km}(\varepsilon) = \alpha \cdot \mathrm{frac}_{km,d}(\varepsilon) + \varsigma \mathrm{frac}_{km,t}(\varepsilon), \ 0 \leqslant \mathrm{frac}_{km}(\varepsilon) \leqslant 1 \tag{10.7}$$

$$\mathrm{frac}_{im,d} = \left\{ \begin{array}{l} 1, d_{im}(\varepsilon) \geqslant x_{im}(\varepsilon) \\ \dfrac{d_{im}(\varepsilon)}{x_{im}(\varepsilon)}, d_{im}(\varepsilon) \leqslant x_{im}(\varepsilon) \end{array} \right. \tag{10.8}$$

$$\mathrm{frac}_{km,d} = \left\{ \begin{array}{l} 1, d_{km}(\varepsilon) \geqslant x_{km}(\varepsilon) \\ \dfrac{d_{km}(\varepsilon)}{x_{km}(\varepsilon)}, d_{km}(\varepsilon) \leqslant x_{km}(\varepsilon) \end{array} \right. \tag{10.9}$$

$$\mathrm{frac}_{im,t} = \left\{ \begin{array}{l} 1, \mathrm{LT}_{im}(\varepsilon) \geqslant T_{im}(\varepsilon) \\ \dfrac{T_{im}(\varepsilon) - \mathrm{LT}_{im}(\varepsilon)}{\mathrm{LT}_{im}(\varepsilon)}, \mathrm{LT}_{im}(\varepsilon) \leqslant T_{im}(\varepsilon) \end{array} \right. \tag{10.10}$$

$$\text{frac}_{km,t} = \begin{cases} 1, \text{LT}_{km}\left(\varepsilon\right) \geqslant T_{km}\left(\varepsilon\right) \\ \dfrac{T_{km}\left(\varepsilon\right) - \text{LT}_{km}\left(\varepsilon\right)}{\text{LT}_{km}\left(\varepsilon\right)}, \text{LT}_{km}\left(\varepsilon\right) \leqslant T_{km}\left(\varepsilon\right) \end{cases} \tag{10.11}$$

$$\sum_{i=1}^{I}\sum_{m=1}^{r} c_{im}\left(\varepsilon\right)d_{im}\left(\varepsilon\right) + \sum_{k=1}^{K}\sum_{m=1}^{r} c_{km}\left(\varepsilon\right)d_{km}\left(\varepsilon\right) \leqslant C\left(\varepsilon\right) \tag{10.12}$$

$$T_{im}\left(\varepsilon\right) \leqslant T_{jm}\left(\varepsilon\right), \varpi_i \geqslant \varpi_j, \text{LT}_{im}\left(\varepsilon\right) = \text{LT}_{jm}\left(\varepsilon\right) \tag{10.13}$$

$$T_{km}\left(\varepsilon\right) \leqslant T_{gm}\left(\varepsilon\right), \varpi_k \geqslant \varpi_g, \text{LT}_{km}\left(\varepsilon\right) = \text{LT}_{gm}\left(\varepsilon\right) \tag{10.14}$$

$$T_{im}\left(\varepsilon\right) \leqslant T_{jm}\left(\varepsilon\right), \text{LT}_{im}\left(\varepsilon\right) \leqslant \text{LT}_{jm}\left(\varepsilon\right) \tag{10.15}$$

$$T_{km}\left(\varepsilon\right) \leqslant T_{gm}\left(\varepsilon\right), \text{LT}_{km}\left(\varepsilon\right) \leqslant \text{LT}_{gm}\left(\varepsilon\right) \tag{10.16}$$

$$T_{im}\left(\varepsilon\right) = \text{ST}_{im}\left(\varepsilon\right) + \text{TT}_{im}\left(\varepsilon\right) + \text{ET}_{im}\left(\varepsilon\right) \tag{10.17}$$

$$T_{km}\left(\varepsilon\right) = \text{ST}_{km}\left(\varepsilon\right) + \text{TT}_{km}\left(\varepsilon\right) + \text{ET}_{km}\left(\varepsilon\right) \tag{10.18}$$

$$i,j \in \left[1,2,\cdots,I\right], \ m \in \left[1,2,\cdots,r\right], \ k,g \in \left[1,2,\cdots,K\right] \tag{10.19}$$

式 (10.1) 表示系统的优化目标, 即在需求变更 ε 下, 分配满意度偏差最小以及花费的代价最低; 式 (10.2)~ 式 (10.19) 为约束条件, 其中, 式 (10.2) 和式 (10.3) 表示一次实时分配的资源应满足任务开始的最低需求; 式 (10.4) 和式 (10.5) 表示所有应急资源的供应量不应超过可供上限; 式 (10.6)~ 式 (10.11) 为关于资源调度满意度的约束; 式 (10.12) 是关于应急成本约束; 式 (10.13) 和式 (10.14) 表示在相同的最晚任务开始时间下, 应急资源应优先分配给重要度更高的任务, 即重要度优先原则; 式 (10.15) 和式 (10.16) 表示在不同的最晚任务开始时间下, 应急资源应优先分配给较早开始的任务, 即时间优先原则; 式 (10.17) 和式（10.18）表示资源的到达时间约束, 其中 $\text{ST}_{im}\left(\varepsilon\right)$ 表示资源准备时间, $\text{TT}_{im}\left(\varepsilon\right)$ 表示资源配送时间, $\text{ET}_{im}\left(\varepsilon\right)$ 表示资源收尾时间。

10.4　基于网络脆弱性的任务重要度评价方法

在资源再调度优化流程中, 其中一关键环节为对设计任务的优先度进行排序。特别对于紧缺型设计资源, 任务优先度的合理性是影响设计过程能否进行的关键因素。一般地, 设计任务优先度包含两个方面: 一是基于任务开始时间优先度, 二是基于任务重要度的优先度。前者根据任务基本信息即可判定, 而由于设计过程的复杂性, 任务重要度难以直观评价。现有评价大多基于构建的指标体系完成, 难以做到全面客观[46]。为此，本书基于复杂网络中的脆弱性理论，研究当某一资源需求点失效时设计过程效能的变化程度。如果变化程度越大，说明该需求点对于整个系统的影响越大，也就越重要。该方法从设计过程的角度，基于大数据，客观反映任务重要度。

10.4.1 设计任务复杂网络模型

(1) 构建设计任务复杂网络（complex network of design tasks，CNDT）模型。以复杂产品设计过程中各项任务为节点,节点集合记为 $V_t = (v_{t,1}, v_{t,2}, \cdots, v_{t,i}, \cdots, v_{t,n})$，$v_{t,i}$ 表示第 i 个任务；以任务间的各类关联（如数据流、物料流等）为边，$e_{t,ij}$ 表示任务节点 i 与 j 之间的连边。由于不同的任务之间关联种类不同，紧密程度各异，因此，每条关联边的权重也不一样，记 $w_{t,ij}$ 表示 $e_{t,ij}$ 的权重。

综上所述，CNDT 可表示为

$$G_t = (V_t, E_t, W_t) \tag{10.20}$$

其中,E_t 表示网络边集合;$W_t = (w_{t,i1}, w_{t,i2}, \cdots, w_{t,ij}, \cdots, w_{t,in})$，$i, j = 1, 2, \cdots, n$。

对于 CNDT 的拓扑结构，可采用邻接矩阵 $A_t = \{a_{t,ij}\}$ 表示，其中 $a_{t,ij}$ 表示任务之间的关系。

$$a_{t,ij} = \begin{cases} w_{t,ij}, & v_{t,i} \text{ 与 } v_{t,j} \text{ 之间存在关联} \\ 0, & v_{t,i} \text{ 与 } v_{t,j} \text{ 之间不存在关联} \end{cases} \tag{10.21}$$

(2) 确定 CNDT 邻接矩阵 A_t 及边的权重。实际上，设计任务之间可能同时存在多种关系，如信息流、能量流、物料流等[432]，此时 $a_{t,ij}$ 的值就应综合考虑各种关系。假设 $\Re_t = \{r_{t,\kappa_t} | \kappa_t = 1, 2, \cdots, \pi_i\}$ 表示任务之间各种关系的集合，$r_{t,\kappa_t} r_\kappa$ 表示第 κ_t 类关系，$\pi_i = \|\Re_t\|$ 表示关系种类的总数。任务之间的关联矩阵（task relationship matrix，TRM）可表示为

$$\text{TRM} = \{\text{trm}_{ij,\kappa} | i, j = 1, 2, \cdots, n; \kappa = 1, 2, \cdots, \pi_i\} \tag{10.22}$$

其中，$\text{trm}_{ij,\kappa}$ 表示任务 i 与任务 j 之间存在第 κ 类关系的数量。

当任务 i 与任务 j 之间存在多种关系时，不同的关系对彼此的影响程度可能不同。记 $p_{ij,\kappa} \in [0,1]$ 表示任务 i 在第 κ 类关系下对任务 j 的影响概率，并假定各类关系之间相互独立而并行存在。则 CNDT 上的影响概率集合可表示为

$$P_t = \left\{ p_{t,ij} | p_{t,ij} = 1 - \prod_{\kappa=1}^{\pi_i} (1 - p_{t,ij,\kappa})^{\text{trm}_{ij,\kappa}}, 1 \leqslant i, j \leqslant n \right\} \tag{10.23}$$

其中，$p_{t,ij}$ 表示任务 i 对任务 j 的影响概率。显然 $p_{t,ij}$ 取值越大，二者之间的关联程度越紧密。因此，在本书中，不妨令 $p_{t,ij} = w_{t,ij}$。

为求得 $p_{t,ij}$ 和 $w_{t,ij}$ 取值，基于前文所述打分方法获得原始数据[433]，并引入三角模糊数理论，将专家对任务之间每类关系的评价语言变量首先转化为三角模糊数，基于此再映射到各类关系的影响概率值。假设专家集为 $Ex_t = \{Ex_{\ell,t} | l = 1, 2, \cdots, \Omega\}$，为计算方便同时假设各专家具有相同的权重。评价对象为 $\Re_t = \{\gamma_{t,\kappa_t} | \kappa_t = 1, 2, \cdots, \pi_i\}$，其评价指标即为任务之间第 κ 类关系的影响概率 $p_{ij,\kappa}$。评价语言变量设为 $\Theta_t = \{\Theta_{\theta,t} | \theta = 0, 1, \cdots, l-1\}$，包含预先定义好的奇数个元素。

如果专家 Ex_ℓ 对节点 i 与节点 j 的第 κ 类关系的评价信息为 $\varphi_{t,ij,\kappa\ell}$，其取值可为整数、分数或小数，分值越高代表该类关系在客户间的重要度越大，且 $\varphi_{t,ij,\kappa\ell} \in \Theta_t$，其三角模糊数表达式为

$$\widehat{\varphi}_{t,ij,\kappa\ell} = (\varphi^{\mathrm{L}}_{t,ij,\kappa\ell}, \varphi^{\mathrm{M}}_{t,ij,\kappa\ell}, \varphi^{\mathrm{O}}_{t,ij,\kappa\ell}) = \left(\max\left(\frac{\theta-1}{l-1}, 0\right), \frac{\theta}{l-1}, \min\left(\frac{\theta+1}{l-1}, 1\right) \right) \tag{10.24}$$

其中，$\varphi^{\mathrm{L}}_{t,ij,\kappa\ell}, \varphi^{\mathrm{M}}_{t,ij,\kappa\ell}, \varphi^{\mathrm{O}}_{t,ij,\kappa\ell}$ 分别表示 $\widehat{\varphi}_{t,ij,\kappa}$ 模糊值的上限、最有可能的取值以及下限。针对节点 i 与节点 j 的第 κ 类关系，所有专家的评价信息集合 $\widehat{\varphi}_{t,ij,\kappa}$ 可表示为

$$\widehat{\varphi}_{t,ij,\kappa} = (1/\Omega) \otimes \left(\widehat{\varphi}_{ij,\kappa 1} \oplus \widehat{\varphi}_{ij,\kappa 2} \oplus \ldots \oplus \widehat{\varphi}_{ij,\kappa\Omega} \right) \tag{10.25}$$

记 $\widehat{\varphi}_{t,ij,\kappa\ell} = (\varphi^{\mathrm{L}}_{t,ij,\kappa\ell}, \varphi^{\mathrm{M}}_{t,ij,\kappa\ell}, \varphi^{\mathrm{O}}_{t,ij,\kappa\ell})$，则

$$\varphi^{\mathrm{L}}_{t,ij,\kappa} = 1/\Omega \sum_{\ell=1}^{\Omega} \varphi^{\mathrm{L}}_{t,ij,\kappa\ell} \tag{10.26}$$

$$\varphi^{\mathrm{M}}_{t,ij,\kappa} = 1/\Omega \sum_{\ell=1}^{\Omega} \varphi^{\mathrm{M}}_{t,ij,\kappa\ell} \tag{10.27}$$

$$\varphi^{\mathrm{O}}_{t,ij,\kappa} = 1/\Omega \sum_{\ell=1}^{\Omega} \varphi^{\mathrm{O}}_{t,ij,\kappa\ell} \tag{10.28}$$

根据 Opricovic 和 Tzeng 的模糊数清晰转换方法（converting the fuzzy data into crisp scores, CFCS）[360]，模糊评价信息便可转化为清晰值，如式（10.21）所示。

$$p_{tij,\kappa} = L + \frac{\Delta \left[\begin{array}{l} \left(\varphi_{t,ij,\kappa}^{\mathrm{M}} - L\right)\left(\Delta + \varphi_{t,ij,\kappa}^{\mathrm{O}} - \varphi_{t,ij,\kappa}^{\mathrm{M}}\right)^2 \left(O - \varphi_{t,ij,\kappa}^{\mathrm{L}}\right) \\ + \left(\varphi_{t,ij,\kappa}^{\mathrm{O}} - L\right)\left(\Delta + \varphi_{t,ij,\kappa}^{\mathrm{M}} - \varphi_{t,ij,\kappa}^{\mathrm{L}}\right)^2 \end{array} \right]}{\begin{array}{l} \left(\Delta + \varphi_{t,ij,\kappa}^{\mathrm{M}} - \varphi_{t,ij,\kappa}^{\mathrm{L}}\right)\left(\Delta + \varphi_{t,ij,\kappa}^{\mathrm{O}} - \varphi_{t,ij,\kappa}^{\mathrm{M}}\right)^2 \left(O - \varphi_{t,ij,\kappa}^{\mathrm{L}}\right) \\ + \left(\varphi_{t,ij,\kappa}^{\mathrm{O}} - L\right)\left(\Delta + \varphi_{t,ij,\kappa}^{\mathrm{M}} - \varphi_{t,ij,\kappa}^{\mathrm{L}}\right)^2 \left(\Delta + \varphi_{t,ij,\kappa}^{\mathrm{O}} - \varphi_{t,ij,\kappa}^{\mathrm{M}}\right) \end{array}} \tag{10.29}$$

其中，$L = \min\left\{\varphi_{t,ij,\kappa}^{\mathrm{L}}\right\}$，$O = \max\left\{\varphi_{t,ij,\kappa}^{\mathrm{O}}\right\}$，$\Delta = O - L$。

综合式（10.12）$\sim$ 式（10.21），CNDT 邻接矩阵 A 及边的权重即可得到。

10.4.2　基于脆弱性的设计任务重要度

脆弱性概念最早应用于生态学，而后扩展到互联网、金融等领域[434]。它一般用来描述组成要素失效后对系统整体功能影响的性质。对设计过程而言，其脆弱性可理解为由某扰动事件（如需求变更）导致的设计任务失效（暂停或中断）对设计过程效能影响的性质。若该任务失效后对设计过程的影响越大，则设计任务对整个设计过程越重要。因此，可通过比较任务失效后设计过程效能的变化程度来衡量脆弱性[414]，进而确定每个任务对设计过程的重要程度。根据脆弱性的定义[435]，设计过程的脆弱性可表示为

$$V[G_t, v_{t,i}] = \frac{\Phi[G_t] - \Phi[G_t, v_{t,i}]}{\Phi[G_t]} \tag{10.30}$$

其中，G_t 表示正常状态的设计过程网络；$v_{t,i}$ 表示 G_t 在某些需求变更影响后失效的任务；$\Phi[\,]$ 表示 G_t 的效能测度函数，则 $\Delta\Phi = \Phi[G_t] - \Phi[G_t, v_{t,i}] \geqslant 0$ 表示需求变更前后 G_t 的效能损失值，$V[G_t, v_{t,i}]$ 表示 G_t 在 $v_{t,i}$ 失效后的脆弱性，取值范围是 $[0,1]$，且其数值越大表示该任务 $v_{t,i}$ 失效对整个设计过程的影响越大，即越脆弱。

从式 (10.30) 可以看出，网络效能测度函数 $\Phi[\,]$ 是确定脆弱性 $V[G_t, v_{t,i}]$ 的关键。对 CNDT 而言，其效能测度指标要求不仅能衡量孤立节点失效对网络功能的影响，还能够同时考虑节点失效和边失效模式。当前网络效能测度指标如连通度、凝聚度及韧性度等均存在一定的缺陷[51]，因而有必要根据 CNDT 的特征选取合适的效能测度函数。

基于文献 [414] 研究成果，本书以网络效率作为指标函数评价系统的整体效能，如式（10.31）所示。

$$\xi(G_t) = \frac{\sum\limits_{i \neq j \text{ 且} i,j \in G_t} p_{t,ij}}{n(n-1)} = \frac{1}{n(n-1)} \sum\limits_{i \neq j \text{ 且} i,j \in G_t} \frac{1}{l_{ij}} \tag{10.31}$$

其中，n 表示网络中节点数；l_{ij} 表示 v_i 与 v_j 最短路径长度，可通过弗洛伊德算法实现；$p_{t,ij}$ 表示 $v_{t,i}$ 与 $v_{t,j}$ 关联关系强度，且 $p_{t,ij} \in [0,1]$，$p_{t,ij} = 0$ 表示任务间无任何联系，$p_{t,ij} = 1$ 表示任务间存在直接协同关系，$0 < p_{t,ij} < 1$ 表示两个任务间通过其他任务产生间接关联。

基于上述分析，CNDT 效能测度函数 $\varPhi[G_t] = \xi(G_t)$，所以式（10.30）可写为

$$V[G_t, v_{t,i}] = \frac{\xi(G_t) - \xi(G_t, v_{t,i})}{\xi(G_t)} \tag{10.32}$$

根据以上计算结果，便可得到设计任务 v_i 对整个设计过程的重要程度。

10.5 多目标自适应资源调度算法

在前文所提约束下，客户需求变更下设计资源再调度模型涉及大量数据的组合优化计算，为提高模型计算效率，有必要寻求合适的启发式算法对其求解。文献 [413] 提出了多目标动态调度算法 (multi-objective dynamic scheduling algorithm, MODSA)，基于此本书采用基于设计任务优先序列和资源相融合的双层编码策略，提出 MOASA，如图 10.2 所示，实现设计过程中的任务–资源动态柔性分配。该策略在事故发生并导致任务执行中断时，通过调用可胜任的资源，以最小化分配满意度偏差和最小化再调度成本完成正在执行的任务，降低对设计过程的影响，提高生产效率。该算法的流程图及具体步骤如下。

步骤 1：参数初始化。初始化滚动次数 s，并令 $s = 1$，即明确初始滚动窗口，进行第一次资源调度；初始化窗口内分配开始时间 $t_{s,a} = 0$，并设 t 为本次分配优化的进化代数。

步骤 2：任务优先序列分析。根据窗口内待分配任务时间信息及重要度信息，基于式（10.8）和式（10.9）确定其优先顺序。

步骤 3：染色体编码。假设滚动窗口内包含的待分配任务数量为 ρ_s，基于现有编码方法，对其采用基于任务优先序列和资源相融合的双层编码策略。第一层中，根据任务的优先序列给定在染色体中出现的顺序并加以解释；第二层是与第一层相对应的资源编码。如图 10.3 所示，当 $s = 1$ 时，染色体 [237514698] 表示在该次调度中待分配任务，其所需的资源分别为 $[R_1, R_5, R_2, R_{11}, R_8, R_5, R_9, R_3, R_1]$。

步骤 4：染色体选择。基于轮盘赌方法产生初始种群，假设其规模大小为 popsize，个体 i 适应度为 f_i，则该个体被选中的概率 λ_i 为

$$\lambda_i = f_i / \sum_{i=1}^{\text{popsize}} f_i \tag{10.33}$$

其中，根据式（10.1）可计算个体适应度函数 $f_i = F_i$。

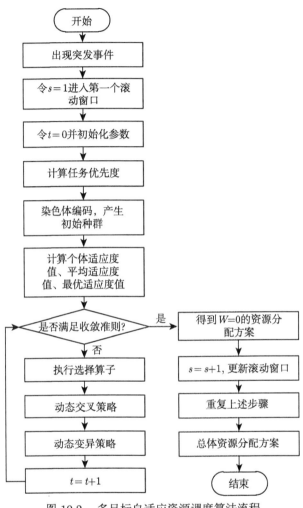

图 10.2 多目标自适应资源调度算法流程

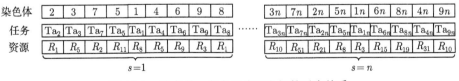

图 10.3 染色体、任务及资源之间的对应关系

步骤 5：染色体交叉。为防止算法早熟及停滞，本书采用双点交叉策略。该

策略在充分利用历史信息的基础上，可较好地增加种群多样性，如图 10.4 所示。

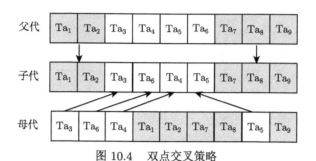

图 10.4　双点交叉策略

另外，为提高搜索速度，在进化过程中适时调整其交叉概率是一种有效方式。为此，本书在交叉过程中辅以自适应调整函数 λ_c 以提高其动态交叉能力。其中，$f_{\max}$ 表示个体中适应度最大值，f_{avg} 表示适应度平均值。

$$\lambda_c = \begin{cases} \lambda_{c1} - \dfrac{(\lambda_{c1} - \lambda_{c2})(f_i - f_{\text{avg}})}{f_{\max} - f_{\text{avg}}}, & f_i \geqslant f_{\text{avg}} \\ 0, & f_i < f_{\text{avg}} \end{cases} \tag{10.34}$$

步骤 6：染色体变异。采用随机交互变异策略，随机选择染色体中两基因并交换其值，增加种群多样度，改善局部搜索能力，如图 10.5 所示。

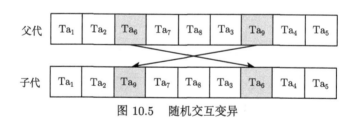

图 10.5　随机交互变异

类似地，在变异过程中辅以自适应调整函数 λ_m 以提高其收敛速度。

$$\lambda_m = \begin{cases} \lambda_{m1} - \dfrac{(\lambda_{m1} - \lambda_{m2})(f_{\max} - f^*)}{f_{\max} - f_{\text{avg}}}, & f^* \geqslant f_{\text{avg}} \\ \lambda_{m1}, & f^* < f_{\text{avg}} \end{cases} \tag{10.35}$$

其中，f^* 表示要变异的个体适应度值。

步骤 7：算法终止条件。在资源再调度问题中，事先无法获知最优解，因而需给定一个最大进化代数作为终止条件。基于文献 [404] 研究成果，假定终止判断函数 $u_F = \left| \dfrac{F_{n+1} - F_n}{F_n} \right|$，$u_f = \left| \dfrac{f_{n+1} - f_n}{f_n} \right|$，当 $\max(u_F, u_f) \leqslant \tau$，认为算法已经收敛，可终止迭代，其中 τ 表示迭代精度。

令 $t = t+1$，循环迭代直到满足如步骤 7 中所述的终止条件。此时，即可得到在 $s = 1$ 时的资源最优分配方案。令 $s = s+1$，即可得到所有任务的资源再调度方案。

10.6 应 用 案 例

以前文所述国内某风力发电机组企业的典型 2.5MW 产品为例，根据前文所述，其共包含十大核心部件，对应 10 个设计任务。在此，将任务细分，得到 41 个设计子任务。该企业当前的设备资源信息如表 10.1 所示。为应对可能的需求变更，首先应对设计任务进行重要度评价。根据实际分析得到设计任务之间存在的关联种类，主要包含过程产品供给（r_1）、信息传递（r_2）以及资源共享（r_3）等。根据式（10.16）～式（10.20）可得到相应的语言变量和对应的三角模糊数，如表 10.2 所示。在基础上，根据式（10.15）和式（10.21）可确定任务之间的关联程度，进而得到如图 10.6 所示的 A 产品的设计任务网络模型。

表 10.1　A 产品所需设备资源信息

资源名称	数量/个	使用成本/（元/天）	编号
行车（100t）	1	3600	1
行车（60t）	2	2100	2～3
行车（32t）	1	1200	4
设计人员	8	1000	5～12
平板车	2	160	13～14
电动叉车 (2t)	2	6	15～20
计算机及软件	10	1	21～30
电磁加热器	2	120	31～32
辅助设备	50	0.5	33～82

表 10.2　语言变量和对应的三角模糊数

语言变量	$\varphi_{ij,\kappa}^{L}$	$\varphi_{ij,\kappa}^{M}$	$\varphi_{ij,\kappa}^{R}$
关联程度非常小	0	0.5000	0.6667
关联程度较小	0	0.8333	1.0000
关联程度小	0.2116	0.5553	0
关联程度一般	0.6667	0.5000	0.3333
关联程度大	0.3333	0.6667	0
关联程度较大	0.4667	0.5333	0
关联程度非常大	0.8333	1.0000	1.0000

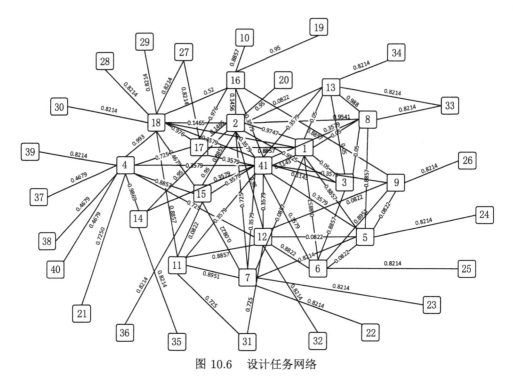

图 10.6　设计任务网络

基于前文提出的任务重要度评价准则，需对设计任务网络的脆弱性加以分析。为此，根据式（10.22）～式（10.24）依次求出在每个任务节点失效的前提下，系统能效的变化值，进而可得到相应的脆弱性值。经过整理得到如表 10.3 所示脆弱性即任务节点重要度排序。

在设计过程中，设备 4 在第 65 个小时突发故障，预计到第 85 个小时恢复正常。同时由于市场环境的变化，某客户期望将该产品的交货期由现在的 235h 提前到 200h，因而相应的货物最晚到达时间同时提前 35 个小时。根据合同拖期惩罚条款及实际生产进展状况，取拖期惩罚系数 $\beta = 0.8$，种群规模为 200，最大进化代数设定为 500，交叉率 $\lambda_{c1} = 0.8$，$\lambda_{c2} = 0.7$；变异概率 $\lambda_{m1} = 0.01$，$\lambda_{m2} = 0.001$；$\tau = 0.000\ 01$。在 Matlab R2010a 下，经过计算得到的适应度值变化曲线图和资源再调度方案分别如图 10.7、表 10.4 和表 10.5 所示。在图 10.7 中，通过对自适应多级蚁群算法[417]、模拟退火–遗传算法[418]、多目标遗传算法[419] 及本书多目标自适应资源调度算法运行结果的分析发现，在需求变更下的制造资源再调度问题中，多目标自适应资源调度算法体现出了更快的收敛速度及计算精度。在如表 10.4 所示的资源再调度方案下，资源的拖期情况如图 10.8 所示。从图 10.8 中可以看出，绝大多数资源均在相应允许的最晚到达时间前供应，保证了设计任务的顺利进行。

表 10.3　设计任务网络脆弱性

排序	$v_{t,i}$	$V(G_t, v_{t,i})$	排序	$v_{t,i}$	$V(G_t, v_{t,i})$
1	v_9	21.01%	22	v_{30}	5.24%
2	v_3	20.31%	23	v_{15}	4.98%
3	v_5	17.89%	24	v_{17}	4.97%
4	v_4	16.35%	25	v_{22}	4.91%
5	v_{14}	15.38%	26	v_{28}	4.88%
6	v_{32}	14.64%	27	v_{31}	4.82%
7	v_{33}	11.17%	28	v_{34}	4.78%
8	v_{11}	10.43%	29	v_{24}	4.68%
9	v_{12}	10.33%	30	v_{25}	4.65%
10	v_{13}	10.01%	31	v_{35}	4.61%
11	v_{10}	9.96%	32	v_8	4.58%
12	v_{23}	9.87%	33	v_6	4.55%
13	v_{27}	9.65%	34	v_{40}	4.51%
14	v_{26}	9.57%	35	v_{41}	4.42%
15	v_{18}	7.85%	36	v_{36}	4.39%
16	v_{21}	6.78%	37	v_{38}	3.37%
17	v_{16}	6.69%	38	v_{37}	3.29%
18	v_{20}	6.54%	39	v_{39}	3.27%
19	v_7	6.43%	40	v_2	2.82%
20	v_{19}	5.49%	41	v_1	2.66%
21	v_{29}	5.30%			

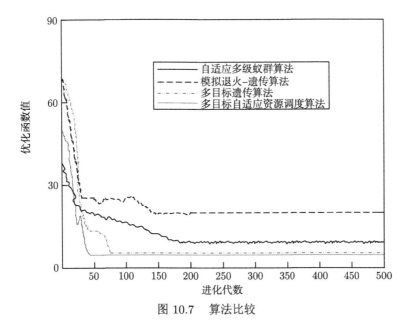

图 10.7　算法比较

表 10.4　　资源再调度方案

序号	任务名称	所选资源 R_m	序号	任务名称	所选资源 R_m
1	叶片	—	22	冷却装置	7；15；24
2	塔筒	—	23	发电机	11；25
3	轮毂	3；5	24	变频柜	12；15
4	变桨轴承	12；15	25	控制柜	12；13；16
5	变桨电机	11；16	26	偏航电机	5；21
6	回转支撑	10；15	27	偏航轴承	6；22
7	传感器	8；16；21	28	偏航制动	7；23
8	导流罩	4；6；13	29	偏航齿轮	8；24
9	主轴	2；5；14；31	30	紧锁装置	8；15；35
10	轴承座	12；17；32	31	偏航控制	9；16；36
11	主轴轴承	11；1；31	32	前机架	1；7
12	前盖板	5；15	33	后机架	1；7
13	后盖板	6；18	34	动力电缆	8；14
14	齿轮箱	4；15	35	编码系统	8；21
15	胀紧套	7；20；22；33	36	机舱罩	3；11
16	联轴器	7；16；23；34	37	开关柜	8；22
17	弹性支撑	7；17	38	操作面板	8；23
18	润滑装置	12；15	39	紧固螺栓	6；24
19	液压单元	7；18	40	紧固螺母	6；24
20	滑环	8；19	41	避雷装置	7；25
21	起重装置	4；9；20			

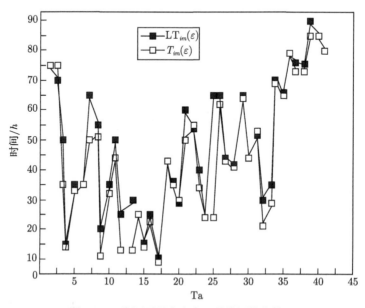

图 10.8　资源再调度方案下的资源拖期情况

表 10.5 A 产品设计任务与资源的对应关系

序号	任务名称	LT_{im}/h	可胜任务资源 R_m	使用时间	序号	任务名称	LT_{im}/h	可胜任务资源 R_m	使用时间
1	叶片	75	—	—	22	冷却装置	55	5~12, 15~20; 21~30	1.5, 0.5; 3
2	塔筒	70	—	—	23	发电机	40	5~12, 15~20; 21~30	2, 0.5; 3.5
3	轮毂	50	1, 2, 3, 5~12	1, 1, 1	24	变频柜	25	1, 2~3, 4, 5~12; 15~20	2, 1, 1, 1.5; 0.6
4	变桨轴承	15	1, 2~3, 4, 5~12; 15~20	1, 1, 1, 1.5; 0.3	25	控制柜	65	1, 2~3, 4, 5~12; 15~20	2, 1, 1, 1.5; 0.6
5	变桨电机	35	1, 2~3, 4, 5~12; 15~20	1, 1, 1, 1.5; 0.6	26	偏航电机	65	5~12, 15~20; 21~30	3, 0.5; 3
6	回转支撑	35	1, 2~3, 4, 5~12; 15~20	1, 1, 1, 1.5; 1.5	27	偏航轴承	45	5~12, 15~20; 21~30	3, 0.5; 3
7	传感器	65	5~12, 15~20, 21~30	0.9, 0.3, 0.8	28	偏航制动	43	5~12, 15~20; 21~30	3, 0.5; 3
8	导流罩	55	1, 2~3, 4, 5~12; 13~14	1, 1, 1, 1.5; 1.5	29	偏航齿轮	65	5~12, 15~20; 21~30	3, 0.5; 3
9	主轴	20	1, 2; 11; 13~14; 31~32	1; 2; 10	30	紧锁装置	45	5~12, 15~30; 33~82	3, 0.5; 4
10	轴承座	35	1, 2~3, 4, 5~12; 15~20; 31~32	1, 1, 1, 1.5; 0.6; 8	31	偏航控制	52	5~12, 15~30; 33~82	3, 0.5; 3
11	主轴承	50	1, 2~3, 4,5~12; 15~20; 31~32	1, 1, 1, 1.5; 0.6; 8	32	前机架	30	1, 2, 3, 4; 7~9	3, 3, 3, 3
12	前盖板	25	1, 2~3, 4, 5~12; 15~20	1, 1, 1, 1.5; 0.6	33	后机架	35	1, 2, 3, 4; 7~9	3, 3, 3, 3
13	后盖板	30	1, 2~3, 4, 5~12; 15~20	1, 1, 1, 1.5; 0.6	34	动力电缆	70	7~9; 13~14, 15~20	8, 10
14	齿轮箱	25	1, 2~3, 4, 5~12; 15~20	2, 1, 1, 1.5; 0.6	35	编码系统	65	7~9; 15~20, 21~30	1, 1.3
15	胀紧套	15	5~12, 15~20; 21~30; 33~82	2, 1, 1.5; 0.6; 2	36	机舱罩	80	1, 2, 3, 4; 10~12	2, 2, 2, 2
16	联轴器	25	5~12, 15~20; 21~30; 33~82	2, 1, 1, 1.5; 0.6; 2	37	开关柜	76	7~9; 13~14, 15~20, 21~30	2, 2, 2, 2
17	弹性支撑	10	1, 2~3, 4,5~12; 15~20	2, 1, 1, 1.5; 0.5	38	操作面板	75	7~9; 13~14; 15~20, 21~30; 33~82	2; 0.6, 1; 9
18	润滑装置	43	1, 2~3, 4, 5~12; 15~20	2, 1, 1, 1.5; 0.5	39	紧固螺栓	85	5~8; 13~14, 15~20; 21~30	1, 1, 1, 1
19	液压单元	37	1, 2~3, 4, 5~12; 15~20	1, 1, 1, 1.5; 0.5	40	紧固螺母	85	5~8; 13~14, 15~20; 21~30	1, 1, 1, 1
20	滑环	30	5~12, 15~20; 21~30	1; 2	41	避雷装置	80	5~8; 13~14, 15~20; 21~30	1, 1, 1, 1
21	起重装置	60	1, 2~3, 4, 5~12; 15~20	1, 1, 1, 2; 0.3					

　　为进一步分析设计任务的失效对生产系统的影响，本书对所有任务依次做失效处理，在每一次任务失效中，基于上述步骤在多目标自适应资源调度算法分别运行 50 次，可得到每一次任务失效时的函数值及资源再调度方案。取函数值的平均值与每个任务的重要度为指标，可得如图 10.9 所示失效任务的重要度与目标函数值的关系图。由图 10.9 可知，任务的重要度与该任务失效后的资源调度方案函数值呈正相关关系，这说明设计任务的重要度越大，其失效对生产系统的影响越大。因此，在需求变更下，应首先保证重要度更高的任务顺畅进行。

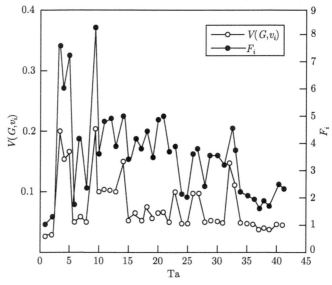

图 10.9　失效任务的重要度与目标函数值的关系

10.7　本章小结

　　为保证设计任务的进行，设计资源再调度至关重要。针对此问题，本章提出了基于事件驱动设计资源再调度滚动优化策略。第一，构建了设计资源再调度数学模型，该模型充分考虑了需求变更下设计任务对设计资源需求的紧迫性及分配满意度；第二，提出了设计资源再调度滚动优化流程，不仅降低了资源再调度问题的复杂程度，还保证了滚动窗口内资源的有序高效分配；第三，为明确设计任务资源调度的优先序列，根据复杂网络理论提出了基于任务网络脆弱性的设计任务重要度评价方法；第四，提出了基于多目标自适应资源调度算法的模型求解方法；第五，以需求变更下某 2.5MW 风电机组产品设计过程中的设备资源调度为应用案例对上述模型和方法进行了验证。案例结果在证明了本书模型和方法有效性的同时，还表明了设计任务的重要度是影响设计资源再调度决策的重要因素。

第四篇
本 书 总 结

第 11 章 总　　结

为提高企业或组织在激烈市场竞争下的创新能力，本书针对产品协同创新这一新兴模式展开了深入研究。首先在一般正常环境下，以知识获取及挖掘为基础，系统研究了协同创新中的关键问题如协同伙伴选择、任务分配以及创新贡献度评价等；此外，针对可能存在的设计需求变更，进一步研究了面向变更的响应决策方法体系，其主要成果如下所述。

在一般协同创新管理方面取得的创新性研究成果如下。

第一，为选择合适的协同创新客户，提出了综合考虑产品创新要求和客户自身特点的协同创新客户选择方法。该方法量化了产品创新要求和选择协同创新客户的评价指标之间的关系，实现了评价指标权重随不同产品创新要求的动态调整，确定了协同创新客户综合评价值及排序，具体如下。

(1) 现有协同创新客户选择方法主要从客户自身特点出发，未充分考虑并量化产品创新要求对协同创新客户选择的影响，本书在建立选择协同创新客户的评价指标体系的基础上，基于 HOQ 和三角模糊数分析并量化了产品创新要求与评价指标之间的关系，从而通过度量产品创新要求对评价指标权重的影响，量化了产品创新要求和评价指标对协同创新客户选择的影响。

(2) 计算了产品创新要求与评价指标之间的关联程度、产品创新要求重要度以及评价指标之间的相互依赖度，提出了 FWA 和 α-截集相结合的方法求解指标权重，然后基于 DEA 提出了确定客户在各指标上评价值的方法，求解得到了客户综合评价值及排序，解决了企业如何选择合适的协同创新客户的问题。

第二，建立了以任务组内聚度最大化，任务组间耦合度最小化为目标的任务分组模型，将相互关联的产品创新任务按关联程度分为不同的任务组，从而有助于提升参与同一任务组的创新主体之间协同的效率，降低参与不同任务组的创新主体之间协同的复杂度，具体如下。

(1) 提出了按产品创新目标–产品特性–功能–结构–任务的产品创新任务分解层次结构，解决了常用的按照产品结构或部门进行任务分解，难以体现产品创新特性；按照产品功能分解，难以建立功能与结构之间的映射关系以及按照产品设计过程分解，难以有效控制分解任务粒度的问题。

(2) 从敏感度、可变度以及任务要求相似度三个方面度量了产品创新任务之间的关联程度；在此基础上，以任务组内聚度最大化，任务组之间耦合度最小化为目标，任务组可执行性等为约束，建立了产品创新任务分组模型，得到了相互关联的产品创新任务分组方案，有助于解决任务之间相互关联而可能导致的创新主体之间协同复杂度增加的问题。

第三，提出了基于任务分组的产品创新任务与协同创新客户匹配策略，建立了以产品创新任务与协同创新客户模糊匹配度最大化为目标的两者匹配的 FLP 模型，采用模糊数排序法求解，得到了不同的决策者偏好下的匹配方案，实现了产品创新任务与协同创新客户的合理匹配，具体如下。

(1) 在产品创新任务与协同创新客户数量较多的情况下，针对现有的以单项任务为匹配单元，逐次匹配方法存在的匹配效率较低的问题，提出了基于任务分组的产品创新任务与协同创新客户匹配方法。

(2) 针对产品创新任务与协同创新客户匹配中的模糊性，定义了模糊匹配度的概念并提出了度量两者模糊匹配度方法。在此基础上，以两者匹配程度最大化为目标，以时间、成本等为约束，建立了任务与客户匹配的 FLP 模型，采用模糊数排序方法求解，给出了不同的决策者偏好下的匹配方案，解决了产品创新任务与协同创新客户如何合理匹配的问题。

第四，现有研究主要采用定性方法描述协同创新客户对产品创新的价值而未明确提出量化度量方法，本书提出了基于任务分解的协同创新客户贡献度测度思想，给出了基于目标实现的协同创新贡献度评价尺度，提出了协同创新客户贡献度度量方法，从而量化测度了协同创新客户贡献度，具体如下。

(1) 针对直接度量协同创新客户对产品创新的贡献度存在难度较大且结果合理性难以保证的问题，提出了基于任务分解思想的协同创新客户贡献度测度的思想为：将产品创新工作分解成任务-子任务-活动，由于活动的目标相对清晰、内容要求相对明确、参与的协同创新客户数量较少，因此相比于度量协同创新客户对整个产品创新工作的贡献度，度量其对活动的贡献度较为容易和准确。

(2) 基于目标实现的角度，提出了协同创新客户对活动贡献度的评价尺度和方法，量化测度了协同创新客户对活动的贡献度；提出了综合 FEAHP 和 DEA 的任务相对重要性评价方法；基于上述两个方面，给出了协同创新客户对任务和产品创新贡献度的计算方法和过程，从而量化测度了协同创新客户的贡献度，为企业制订合理的激励方案和改善客户协同产品创新过程与方法提供依据，同时也丰富了协同创新客户价值度量的研究成果。

在面对客户需求变更，企业对于"是否接受需求变更请求""产品再配置方案如何""何时可完成设计任务""变更成本如何"等关键问题的准确回答是变更响应的主要目标。产品结构及设计任务的复杂关联和变更传播现象的存在,使得企业准确回答上述问题变得极为困难。在此背景下,本书针对复杂产品设计过程中客户需求变更的响应问题展开了深入研究,基于复杂网络理论、系统工程理论、运筹学以及社会行为学理论等,提出了复杂产品设计中客户需求变更二级响应过程模型,在对变更影响准确评估的基础上,从客户需求变更请求决策、产品再配置、设计任务再分配以及设计资源再调度等响应过程中的关键方面进一步探究,为企业更加准确求解上述问题提供方法指导;同时,通过本书研究,以期形成一套系统的客户需求变更响应方法体系,进一步丰富和拓展复杂产品设计领域相关理论或方法。

综上所述,针对设计需求变更,面向变更的响应决策方法体系的主要研究内容、成果及其创新性总结如下。

第一,提出了以需求变更影响评估为核心的变更请求决策方法,该方法在复杂产品设计网络中对多重关联量化分析的基础上,从产品结构及客户群两个方面建立了需求变更传播模型,基于此提出了网络变化率、网络额外变更成本以及网络响应收敛时间等三个全局评价指标,解决了传统评价方法的指标体系难以全面描述评价对象特性的难题,进而为实现需求变更影响的准确评估、提高客户需求变更请求决策准确性奠定基础。

上述方法包含复杂网络模型构建、变更传播分析及变更影响评价三个步骤:其中,为使复杂产品设计网络能更真实反映客观情况,首先提出了基于网络 NRM 及三角模糊数理论的网络权重计算方法,解决了多重关联并存下的网络权重难以定量表达的问题;其次,提出了基于零件重要度优先原则、关联重要度优先原则以及参数上限原则的零件之间变更传播分析方法和基于客户波及效应的客户之间需求变更传播模型,定量化揭示了需求变更在复杂产品设计网络中的传播机理及其传播路径;再次,为准确评价需求变更对复杂产品设计过程的影响,提出了网络变化率、网络额外变更成本以及网络响应收敛时间三个变更影响的全局动态评价指标,有效解决了传统评价难以准确评估的难题;最后,案例计算结果表明本章所提决策方法对于提高客户需求变更请求决策准确性具有良好效果。

第二,提出了基于变更零件分类的复杂产品再配置方法,该方法通过全局通用性指标对零件实现了科学分类,并分别构建了自上而下-自下而上混合的通用件再配置模型和基于 HIB 和 SIB 规则的定制件再配置模型,降低了产品再配置问题求解的复杂程度,提高了产品再配置效率。

首先,为提高零件分类结果的准确性,在现有研究成果的基础上基于复杂产品族网络全局参数提出了基于全局通用性的零件分类方法,该方法可有效兼顾零件在复杂产品族中的使用数量及功能权重,因而更加客观地评估了产品通用性;其次,针对通用件再配置,构建了自上而下–自下而上混合的复杂产品通用件再配置模型,并给出了基于嵌入迭代比较规则的遗传算法对其求解,案例验证结果表明该方法有效提高了产品再配置中通用件再配置效率;针对定制件再配置,构建了基于 HIB 和 SIB 规则复杂产品的定制件再配置模型,并给出了嵌入逻辑运算规则的差分进化算法对其求解,有效解决了 0-1 整数变量难以融入进化过程的问题。

第三,为尽可能准确预估复杂产品再设计完成时间,在充分考虑设计任务模糊性的基础上,构建了面向客户需求变更的设计任务再分配模型,并提出了基于事件–周期混合驱动的设计任务动态分配流程,基于此给出了 MOASA,案例验证结果表明该方法不仅提高了设计任务再分配问题求解效率,求解结果也具有更好的全局最优性。

① 分析客户需求变更条件下复杂产品设计任务再分配的基本特征;② 根据设计任务再分配目标及相关现实约束构建需求变更下考虑模糊性的复杂产品设计任务再分配数学模型;③ 为描述设计任务模糊性,引入了三角模糊数以及梯形模糊数;④ 为提高模型求解效率,提出基于事件–周期混合驱动的设计任务再分配模型求解策略,该策略包含动态调度窗口定义、混合分配流程以及 MOASA 等内容;⑤ 以某 2.5MW 风力发电机组产品设计任务再分配问题为案例分析验证本章研究的有效性,通过求解结果的对比分析发现,本章所提方法可显著提升客户需求变更条件下复杂产品设计任务再分配方案帕累托解的最优性。

第四,构建了面向客户需求变更的复杂产品设计资源再调度模型,并提出了资源再调度滚动优化流程,基于此给出了多目标自适应资源调度算法;其中,为明确滚动窗口内设计任务的优先序列,提出了基于网络脆弱性的任务重要度评价方法;案例验证结果表明该方法在提高设计资源再调度问题求解效率的同时,还可保证设计过程在最低的代价下进行。

① 分析了客户需求变更条件下复杂产品设计资源再调度的基本特征;② 最小化分配满意度偏差和最小化再调度成本为目标构建了需求变更下复杂产品设计资源再调度模型;③ 为提高设计资源再调度问题的求解效率,提出基于滚动优化的设计资源调度模型求解策略以降低资源调度问题的求解复杂度,该策略包含滚动窗口定义、资源调度流程以及多目标自适应资源调度算法;④ 为提高资源调度方案的全局最优性,提出基于设计任务–设计资源网络脆弱性的设计任务重要度评价方法;⑤ 以某 2.5MW 风力发电机组产品设计资源再调度问题对本章所提方法加以验证,通过对比的结果表明本章所提方法不但具有较好的求解效率,同时所求方案的全局最优性更好。

综上所述,本书研究成果致力于提高复杂产品设计中企业对客户需求变更响应结果的准确性，希望为"是否接受需求变更请求""产品再配置方案如何""何时可完成设计任务"等问题的解决提供更好的方法支持，同时本书研究成果以期丰富拓展复杂产品设计领域理论体系，为企业科学应对客户需求变更提供理论支撑与方法指导。

参 考 文 献

[1] Djelassi S, Decoopman I. Customers' participation in product development through crowdsourcing: issues and implications[J]. Industrial Marketing Management, 2013, 42(5): 683-692.

[2] Ylimäki J. A dynamic model of supplier-customer product development collaboration strategies[J]. Industrial Marketing Management, 2014, 43(6): 996-1004.

[3] Chatterji A K, Fabrizio K R. Using users: when does external knowledge enhance corporate product innovation?[J]. Strategic Management Journal, 2014, 35(10): 1427-1445.

[4] Kausch C. A Risk-Benefit Perspective on Early Customer Integration[M]. Heidelberg: Physica-Verlag HD, 2007.

[5] Greer C R, Lei D. Collaborative innovation with customers: a review of the literature and suggestions for future research[J]. International Journal of Management Reviews, 2012, 14(1): 63-84.

[6] Prahalad C K, Ramaswamy V. The Future of Competition: Co-Creating Unique Value with Customers[M]. Boston: Harvard Business School Press, 2004.

[7] The Boston Consulting Group. Innovation 2010: A Return to Prominence — and the Emergence of a New World Order[R]. 2010.

[8] Slater S F, Mohr J J, Sengupta S. Radical product innovation capability: literature review, synthesis, and illustrative research propositions[J]. Journal of Product Innovation Management, 2014, 31(3): 552-566.

[9] Chan S L, Ip W H. A dynamic decision support system to predict the value of customer for new product development[J]. Decision Support Systems, 2011, 52(1): 178-188.

[10] Li L, Liu F, Li C B. Customer satisfaction evaluation method for customized product development using entropy weight and analytic hierarchy process[J]. Computers & Industrial Engineering, 2014, 77: 80-87.

[11] Gmelin H, Seuring S. Determinants of a sustainable new product development[J]. Journal of Cleaner Production, 2014, 69: 1-9.

[12] 齐旭高. 供应链协同产品创新影响因素与运行管理机制研究[D]. 天津: 天津大学, 2013.

[13] Evanschitzky H, Eisend M, Calantone R J, et al. Success factors of product innovation: an updated meta-analysis[J]. Journal of Product Innovation Management, 2012, 29(S1): 21-37.

[14] Tsai K H. Collaborative networks and product innovation performance: toward a contingency perspective[J]. Research Policy, 2009, 38(5): 765-778.

[15] Peng D X, Heim G R, Mallick D N. Collaborative product development: the effect of project complexity on the use of information technology tools and new product development practices[J]. Production and Operations Management, 2014, 23(8): 1421-1438.

[16] Büyüközkan G, Arsenyan J. Collaborative product development: a literature overview[J]. Production Planning & Control, 2012, 23(1): 47-66.

[17] von Hippel E. Democratizing Innovation[M]. Cambridge: MIT Press, 2006.

[18] 杨煜俊. 网络化协同产品开发理论及其关键技术研究[D]. 武汉：华中科技大学, 2005.

[19] Esposito E, Evangelista P. Investigating virtual enterprise models: literature review and empirical findings[J]. International Journal of Production Economics, 2014, 148: 145-157.

[20] Johnsen T E, Ford D. Customer approaches to product development with suppliers[J]. Industrial Marketing Management, 2007, 36(3): 300-308.

[21] Hohberger J, Almeida P, Parada P. The direction of firm innovation: the contrasting roles of strategic alliances and individual scientific collaborations[J]. Research Policy, 2015, 44(8):1473-1487.

[22] Chapman R L, Corso M. From continuous improvement to collaborative innovation: the next challenge in supply chain management[J]. Production Planning & Control, 2005, 16(4):339-344.

[23] Cui A S, Wu F. Utilizing customer knowledge in innovation: antecedents and impact of customer involvement on new product performance[J]. Journal of the Academy of Marketing Science, 2016, 44(4): 516-538.

[24] von Hippel E. Open user innovation[J]. Handbook of the Economics of Innovation, 2010, 1: 411-427.

[25] Stenmark P, Tinnsten M, Wiklund H. Customer involvement in product development: experiences from Scandinavian outdoor companies[J]. Procedia Engineering, 2011, 13: 538-543.

[26] Bonner J M. Customer interactivity and new product performance: moderating effects of product newness and product embeddedness[J]. Industrial Marketing Management, 2010, 39(3): 485-492.

[27] 杨育, 郭波, 尹胜, 等. 客户协同创新的内涵与概念框架及其应用研究[J]. 计算机集成制造系统, 2008, 14(5): 944-950.

[28] Lüthje C. Customers as co-inventors: an empirical analysis of the antecedents of customer-driven innovations in the field of medical equipment[R]. Glasgow: Proceedings from the 32th EMAC Conference, 2003.

[29] Franke N, von Hippel E. Satisfying heterogeneous user needs via innovation toolkits: the case of Apache security software[J]. Research Policy, 2003, 32(7): 1199-1215.

[30] Lüthje C. Characteristics of innovating users in a consumer goods field - an empirical study of sport-related product consumers[J]. Technovation, 2004, 24(9): 683-695.

[31] Franke N, Shah S. How communities support innovative activities: an exploration of

assistance and sharing among end-users[J]. Research Policy, 2003, 32(1): 157-178.

[32] Lüthje C,Herstatt C, von Hippel E . The dominant role of "local" information in user innovation: the case of mountain biking[R]. MIT Sloan School Working Paper , 2002.

[33] 马家齐. 协同产品创新中概念设计过程建模及关键技术研究[D]. 重庆: 重庆大学, 2012.

[34] 李凯, 李世杰. 装备制造业集群网络结构研究与实证[J]. 管理世界, 2004, (12): 68-76.

[35] 唐晓华, 李绍东. 中国装备制造业与经济增长实证研究[J]. 中国工业经济, 2010, (12): 27-36.

[36] 邓洲. 新工业革命与中国工业发展: "第二届中国工业发展论坛暨《中国工业发展报告 2013》发布会" 综述[J]. 中国工业经济, 2014, (3): 70-79.

[37] 王福君, 沈颂东. 美、日、韩三国装备制造业的比较及其启示 [J]. 华中师范大学学报 (人文社会科学版), 2012, 51(3): 38-46.

[38] 国家发展计划委员会产业发展司. 中国装备制造业发展研究总报告 (上册)[R]. 2002.

[39] Fernandes J, Henriques E, Silva A, et al. A method for imprecision management in complex product development[J]. Research in Engineering Design, 2014, 25(4): 309-324.

[40] Akgün A E, Keskin H, Byrne J C. Complex adaptive systems theory and firm product innovativeness[J]. Journal of Engineering and Technology Management, 2014, 31: 21-42.

[41] 陈劲, 黄建樟, 童亮. 复杂产品系统的技术开发模式[J]. 研究与发展管理, 2004, (5): 65-70.

[42] 洪勇, 苏敬勤. 我国复杂产品系统自主创新研究[J]. 公共管理学报, 2008, (1): 76-83, 124-125.

[43] 李伯虎, 柴旭东, 熊光楞, 等. 复杂产品虚拟样机工程的研究与初步实践[J]. 系统仿真学报, 2002, (3): 332-337.

[44] 但斌, 郭礼飞, 经有国, 等. 客户需求驱动的大型复杂产品维护服务方法 [J]. 计算机集成制造系统, 2012, 18(4): 888-895.

[45] 但斌, 姚玲, 经有国, 等. 基于本体映射面向模糊客户需求的产品配置研究 [J]. 计算机集成制造系统, 2010, 16(2): 225-232.

[46] Xiao H, Li Y, Yu J F, et al. Dynamic assembly simplification for virtual assembly process of complex product[J]. Assembly Automation, 2014, 34(1): 1-15.

[47] La Rocca G, van Tooren M. Knowledge based engineering to support complex product design[J]. Advanced Engineering Informatics, 2012, 26(2): 157-158.

[48] Wu M X, Wang L Y, Li M, et al. An approach of product usability evaluation based on Web mining in feature fatigue analysis[J]. Computers & Industrial Engineering, 2014, 75: 230-238.

[49] Li M, Wang L Y, Wu M X. An integrated methodology for robustness analysis in feature fatigue problem[J]. International Journal of Production Research, 2014, 52(20): 5985-5996.

[50] Li M, Wang L Y, Wu M X. A multi-objective genetic algorithm approach for solving feature addition problem in feature fatigue analysis[J]. Journal of Intelligent Manufacturing, 2013, 24(6): 1197-1211.

[51] Eckert C, Clarkson P J, Zanker W. Change and customisation in complex engineering domains[J]. Research in Engineering Design, 2004, 15(1): 1-21.

[52] Osborne S M. Product development cycle time characterization through modeling of process iteration[D]. Boston: Massachusetts Institute of Technology, 1993.

[53] Nadia B, Gregory G, Vince T. Engineering change request management in a new product development process[J]. European Journal of Innovation Management, 2006, 9(1): 5-19.

[54] 刘晓欢. 企业管理概论[M]. 北京：高等教育出版社, 2005.

[55] 张雪, 张庆普. 知识创造视角下客户协同产品创新投入产出研究[J]. 科研管理, 2012, 33(2): 122-129, 155.

[56] 胡树华. 产品创新管理: 产品开发设计的功能成本分析[M]. 北京：科学出版社, 2000.

[57] 邓家禔. 产品设计的基本理论与技术[J]. 中国机械工程, 2000,(Z1): 139-143.

[58] Kotelnikov V. Radical Innovation Versus Incremental Innovation[M]. Boston: Harvard Business School Press, 2000.

[59] 张洪石, 陈劲. 突破性创新的组织模式研究 [J]. 科学学研究, 2005, (4): 566-571.

[60] Verhees F J H M, Meulenberg M T G, Pennings J M E. Performance expectations of small firms considering radical product innovation[J]. Journal of Business Research, 2010, 63(7): 772-777.

[61] Leifer R, McDermott C M, O'Connor G C, et al. Radical Innovation: How Mature Companies Can Outsmart Upstarts[M]. Boston: Harvard Business School Press, 2000.

[62] Shepherd C, Ahmed P K. From product innovation to solutions innovation: a new paradigm for competitive advantage[J]. European Journal of Innovation Management, 2000, 3(2): 100-106.

[63] Gassmann O, Kausch C, Enkel E. Negative side effects of customer integration[J]. International Journal of Technology Management, 2010, 50(1): 43-63.

[64] Vargo S L, Lusch R F. Evolving to a new dominant logic for marketing[J]. Journal of Marketing, 2004, 68(1): 1-17.

[65] Lilien G L, Morrison P D, Searls K, et al. Performance assessment of the lead user idea-generation process for new product development[J]. Management Science, 2002, 48(8): 1042-1059.

[66] von Krogh G, von Hippel E. Special issue on open source software development[J]. Research Policy, 2003, 32(7): 1149-1157.

[67] Füller J, Bartl M, Ernst H, et al. Community based innovation: how to integrate members of virtual communities into new product development[J]. Electronic Commerce Research, 2006, 6(1): 57-73.

[68] Nambisan S, Baron R A. Virtual customer environments: testing a model of voluntary participation in value co-creation activities[J]. Journal of Product Innovation Management, 2009, 26(4): 388-406.

[69] von Hippel E. Lead users : a source of novel product concepts[J]. Management Science, 1986, 32(7): 791-805.

[70] Brockhoff K. Customers' perspectives of involvement in new product development[J]. International Journal of Technology Management, 2003, 26(5/6): 464-481.

[71] Baldwin C, Hienerth C, von Hippel E. How user innovations become commercial products: a theoretical investigation and case study[J]. Research Policy, 2006, 35(9): 1291-1313.

[72] 杨洁, 杨育, 王伟立, 等. 基于预处理小波神经网络模型的协同创新客户评价与应用研究 [J]. 计算机集成制造系统, 2008, (5): 882-890.

[73] Ojanen V, Hallikas J. Inter-organisational routines and transformation of customer relationships in collaborative innovation[J]. International Journal of Technology Management, 2009, 45(3/4): 306-322.

[74] Etgar M. A descriptive model of the consumer co-production process[J].Journal of the Academy of Marketing Science, 2008, 36(1): 97-108.

[75] Payne A F, Storbacka K, Frow P. Managing the co-creation of value[J]. Journal of the Academy of Marketing Science, 2008, 36(1): 83-96.

[76] Hoyer W D, Chandy R, Dorotic M, et al. Consumer cocreation in new product development[J]. Journal of Service Research, 2010, 13(3): 283-296.

[77] Gruner K E, Homburg C. Does customer interaction enhance new product success?[J]. Journal of Business Research, 2000, 49(1): 1-14.

[78] Geelen D, Reinders A, Keyson D. Empowering the end-user in smart grids: Recommendations for the design of products and services[J]. Energy Policy, 2013, 61: 151-161.

[79] 邢青松. 客户协同产品创新效率及其关键影响因素研究[D]. 重庆: 重庆大学, 2012.

[80] Bohlmann J D, Spanjol J, Qualls W J, et al. The interplay of customer and product innovation dynamics: an exploratory study[J]. Journal of Product Innovation Management, 2013, 30(2): 228-244.

[81] 汪应洛. 系统工程[M]. 北京：机械工业出版社, 2003.

[82] Campbell A J, Cooper R G. Do customer partnerships improve new product success rates?[J]. Industrial Marketing Management, 1999, 28(5): 507-519.

[83] Bartl M, Füller J, Mühlbacher H, et al. A manager's perspective on virtual customer integration for new product development[J]. Journal of Product Innovation Management, 2012, 29(6): 1031-1046.

[84] Goknil A, Kurtev I, van den Berg K, et al. Change impact analysis for requirements: a metamodeling approach[J]. Information and Software Technology, 2014, 56(8): 950-972.

[85] Gokpinar B, Hopp W J, Iravani S M R. The impact of misalignment of organizational structure and product architecture on quality in complex product development[J]. Management Science, 2010, 56(3): 468-484.

[86] Altun K, Dereli T, Baykasoğlu A. Development of a framework for customer co-creation in NPD through multi-issue negotiation with issue trade-offs[J]. Expert Systems with Applications, 2013, 40(3): 873-880.

[87] Kristensson P, Gustafsson A, Witell L. Collaboration with customers - understanding the effect of customer-company interaction in new product development[R]. Hawaii:

2011 44th Hawaii International Conference on System Sciences, 2011.

[88] Thomke S, von Hippel E. Customers as innovators: a new way to create value[J]. Harvard Business Review, 2002, 80(4): 74-81.

[89] Jeppesen L B, Molin M J. Consumers as co-developers: learning and innovation outside the firm[J]. Technology Analysis & Strategic Management, 2003, 15(3): 363-383.

[90] Fuchs C, Schreier M. Customer empowerment in new product development[J]. Journal of Product Innovation Management, 2011, 28(1): 17-32.

[91] Kambil A, Friesen G B, Sundaram A. Co-creation: a new source of value[J]. Outlook Magazine, 1999, 3(2): 23-29.

[92] Biemans W, Griffin A, Moenaert R. Twenty years of the Journal of Product Innovation Management: history, participants, and knowledge stock and flows[J]. Journal of Product Innovation Management, 2007, 24(3): 193-213.

[93] Nambisan S, Baron R A. Interactions in virtual customer environments: implications for product support and customer relationship management[J]. Journal of Interactive Marketing, 2007, 21(2): 42-62.

[94] Nambisan S. Designing virtual customer environments for new product development: toward a theory[J]. Academy of Management Review, 2002, 27(3): 392-413.

[95] von Hippel E, Katz R. Shifting innovation to users via toolkits[J]. Management Science, 2002, 48(7): 821-833.

[96] Franke N, Piller F. Value creation by toolkits for user innovation and design: the case of the watch market[J]. Journal of Product Innovation Management, 2004, 21(6): 401-415.

[97] Olson E L, Bakke G. Implementing the lead user method in a high technology firm: a longitudinal study of intentions versus actions[J]. Journal of Product Innovation Management: An International Publication of the Product Development & Mlanagement Association, 2001, 18(6): 388-395.

[98] Kaiser S, Müller-Seitz G. Leveraging lead user knowledge in software development: the case of weblog technology[J]. Industry and Innovation, 2008, 15(2):199-221.

[99] Füller J. Refining virtual co-creation from a consumer perspective[J]. California Management Review, 2010, 52(2): 98-122.

[100] Füller J, Mühlbacher H, Matzler K, et al. Consumer empowerment through internet-based co-creation[J]. Journal of Management Information Systems, 2009, 26(3): 71-102.

[101] Sawhney M, Verona G, Prandelli E. Collaborating to create: the internet as a platform for customer engagement in product innovation[J]. Journal of Interactive Marketing, 2005, 19(4): 4-17.

[102] Sofianti T D, Suryadi K, Govindaraju R, et al. Customer knowledge co-creation process in new product development[R]. Proceedings of the World Congress on Engineering, 2010.

[103] Nuvolari A. Collective invention during the British Industrial Revolution: the case of the Cornish pumping engine[J]. Cambridge Journal of Economics, 2004, 28(3): 347-363.

[104] Dahlander L, Frederiksen L. The core and cosmopolitans: a relational view of innovation

in user Communities[J]. Organization Science, 2012, 23(4): 988-1007.

[105] Jantunen A. Knowledge-processing capabilities and innovative performance: an empirical study[J]. European Journal of Innovation Management, 2005, 8(3): 336-349.

[106] Enkel E, Kausch C, Gassmann O. Managing the risk of customer integration[J]. European Management Journal, 2005, 23(2): 203-213.

[107] Song W Y, Ming X G, Xu Z T. Risk evaluation of customer integration in new product development under uncertainty[J]. Computers & Industrial Engineering, 2013, 65(3): 402-412.

[108] 王伟立, 杨育, 王明恺, 等. 基于 RS 和 SVM 的客户协同创新伙伴选择[J]. 计算机工程与应用, 2007, (29): 245-248.

[109] 宋李俊, 杨育, 张晓冬, 等. 基于主观偏好的协同设计伙伴评价选择算法研究[J]. 计算机集成制造系统, 2007, (10): 2053-2059.

[110] 宋李俊, 杨育, 杨洁, 等. 产品协同设计中的任务排序研究[J]. 中国机械工程, 2008, (7): 798-803.

[111] 宋李俊, 杨育, 杨洁, 等. 多规则产品协同设计任务动态排序[J]. 重庆大学学报, 2008, (1): 1-4.

[112] 杨洁, 杨育, 赵川, 等. 产品创新设计中基于本体理论的客户知识集成技术研究[J]. 计算机集成制造系统, 2009, 15(12): 2303-2311.

[113] 杨洁, 杨育, 王伟立, 等. 基于粗糙集的产品协同设计知识推送方法研究[J]. 中国机械工程, 2009, 20(20): 2452-2456.

[114] 杨洁, 杨育, 赵川, 等. 产品外形设计中客户感性认知模型及应用[J]. 计算机辅助设计与图形学学报, 2010, 22(3): 538-544.

[115] 杨育, 邢青松, 刘爱军, 等. 客户协同产品创新中的组织模型及协调效率[J]. 计算机集成制造系统, 2012, 18(4): 719-728.

[116] 邢青松, 杨育, 刘爱军, 等. 考虑主体属性及与任务匹配的产品协同设计效率[J]. 重庆大学学报, 2013, 36(10): 8-15.

[117] 王小磊, 杨育, 邢青松, 等. 基于 FCA 方法的客户协同产品创新绩效影响因素研究[J]. 科技进步与对策, 2010, 27(18): 77-82.

[118] Narula R. R&D collaboration by SMEs: new opportunities and limitations in the face of globalisation[J]. Technovation, 2004, 24(2): 153-161.

[119] Belderbos R, Carree M, Lokshin B. Cooperative R&D and firm performance[J]. Research Policy, 2004, 33(10): 1477-1492.

[120] Das T K, Teng B S. A resource-based theory of strategic alliances[J]. Journal of Management, 2000, 26(1): 31-61.

[121] Benfratello L, Sembenelli A. Research joint ventures and firm level performance[J]. Research Policy, 2002, 31(4): 493-507.

[122] Nakamura M. Research alliances and collaborations: introduction to the special issue[J]. Managerial and Decision Economics, 2003, 24(2/3): 47-49.

[123] Ireland R D, Hitt M A, Vaidyanath D. Alliance management as a source of competitive advantage[J]. Journal of Management, 2002, 28(3): 413-446.

[124] Brouthers K D, Brouthers L E, Wilkinson T J. Strategic alliances: choose your partners[J]. Long Range Planning, 1995, 28(3): 2-25.

[125] Nielsen B B. An empirical investigation of the drivers of international strategic alliance formation[J]. European Management Journal, 2003, 21(3): 301-322.

[126] Wu W Y, Shih H A, Chan H C. The analytic network process for partner selection criteria in strategic alliances[J]. Expert Systems with Applications, 2009, 36(3): 4646-4653.

[127] Geum Y, Lee S, Yoon B, et al. Identifying and evaluating strategic partners for collaborative R&D: index-based approach using patents and publications[J]. Technovation, 2013, 33(6/7): 211-224.

[128] Arranz N, de Arroyabe J C F. The choice of partners in R&D cooperation: an empirical analysis of Spanish firms[J]. Technovation, 2008, 28(1/2): 88-100.

[129] Petruzzelli A M. The impact of technological relatedness, prior ties, and geographical distance on university-industry collaborations: a joint-patent analysis[J]. Technovation, 2011, 31(7): 309-319.

[130] Carayannis E G, Kassicieh S K, Radosevich R. Strategic alliances as a source of early-stage seed capital in new technology-based firms[J]. Technovation, 2000, 20(11): 603-615.

[131] 侯亮, 韩东辉, 温志嘉. 面向新产品协同开发的供应商规划与选择[J]. 机械工程学报, 2007, (5): 50-56.

[132] Zolghadri M, Eckert C, Zouggar S, et al. Power-based supplier selection in product development projects[J]. Computers in Industry, 2011, 62(5): 487-500.

[133] Sandmeier P. Customer integration strategies for innovation projects: anticipation and brokering[J]. International Journal of Technology Management, 2009, 48(1): 1-23.

[134] von Hippel E, Ogawa S, de Jong J. The age of the consumer-innovator[J]. MIT Sloan Management Review, 2011, 53(1): 27-35.

[135] Emden Z, Calantone R J, Droge C. Collaborating for new product development: selecting the partner with maximum potential to create value[J]. Journal of Product Innovation Management, 2006, 23(4): 330-341.

[136] 崔卫华, 李刚炎, 王慧, 等. 复杂产品协同设计过程建模方法研究[J]. 武汉理工大学学报 (交通科学与工程版), 2005, (4): 620-623.

[137] 蒋增强. 产品协同开发过程管理的关键技术研究[D]. 合肥: 合肥工业大学, 2006.

[138] 晋国福, 郭银章. 产品协同设计的任务分解与耦合机制研究[J]. 计算机与数字工程, 2009, 37(4): 77-80.

[139] 刘天湖, 邹湘军, 陈新, 等. 面向团队结构的耦合任务群分解算法与仿真[J]. 系统仿真学报, 2008, (17): 4529-4532, 4536.

[140] Braha D. Partitioning tasks to product development teams[R].Cambridge: Proceedings of ICAD2002 Second International Conference on Axiomatic Design , 2002.

[141] 周锐, 郁鼎文, 张玉峰. 基于 BOM 的任务分解求解策略 [J]. 机械科学与技术, 2003, (2): 315-317.

[142] Pahl G, Beitz W, Feldhusen J, et al. Engineering Design : A Systematic Approach[M]. London: Springer-Verlag, 2007.

[143] 侯亮, 陈峰, 温志嘉. 跨企业产品协同开发中的设计任务分解与分配[J]. 浙江大学学报 (工学版), 2007, (12): 1976-1981.

[144] 曹健, 张申生, 胡锦敏. 面向并行工程的集成化产品开发过程管理系统研究[J]. 中国机械工程, 2002, (1): 80-83.

[145] 徐路宁, 张和明, 张永康. 设计结构矩阵在复杂产品协同设计过程的应用[J]. 中国工程科学, 2005, (6): 41-44.

[146] 孔建寿, 张友良, 汪惠芬, 等. 协同开发环境中项目管理与工作流管理的集成[J]. 中国机械工程, 2003, (13): 1122-1125.

[147] 庞辉, 方宗德. 网络化协作任务分解策略与粒度设计[J]. 计算机集成制造系统, 2008, (3): 425-430.

[148] Yassine A, Braha D. Complex concurrent engineering and the design structure matrix method[J]. Concurrent Engineering , 2003, 11(3): 165-176.

[149] Wang B, Madani F, Wang X, et al. Design structure matrix[M]//Daim T U, Pizarro M, Talla R. Planning and Roadmapping Technological Innovations: Cases and Tools. Switzerland: Springer International Publishing, 2014: 53-65.

[150] Chen S J, Lin L. Decomposition of interdependent task group for concurrent engineering[J]. Computers & Industrial Engineering, 2003, 44(3): 435-459.

[151] Tang D B, Zheng L, Li Z Z, et al. Re-engineering of the design process for concurrent engineering[J]. Computers & Industrial Engineering, 2000, 38(4): 479-491.

[152] 周雄辉, 李祥, 阮雪榆. 注塑产品与模具协同设计任务规划算法研究[J]. 机械工程学报, 2003, (2): 113-118.

[153] 庞辉, 方宗德. 车身并行设计过程建模及优化研究[J]. 机械科学与技术, 2007, (7): 931-934, 939.

[154] 刘电霆, 周德俭. 基于区间数设计结构矩阵的任务分解与重组[J]. 机械设计与研究, 2009, 25(6): 7-9, 14.

[155] Liu J F, Chen M, Wang L, et al. A task-oriented modular and agent-based collaborative design mechanism for distributed product development[J]. Chinese Journal of Mechanical Engineering, 2014, 27(3): 641-654.

[156] 杨友东, 高曙明, 张书亭, 等. 面向自顶向下协同装配设计的任务规划研究[J]. 计算机集成制造系统, 2007, (7): 1268-1274, 1281.

[157] 赵晋敏, 刘继红, 钟毅芳, 等. 并行设计中耦合任务集割裂规划的新方法[J]. 计算机集成制造系统, 2001, (4): 36-39, 72.

[158] El Emam K, Höltje D, Madhavji N H. Causal analysis of the requirements change process for a large system[R].Italy: 1997 International Conference on Software Maintenance, 1997.

[159] Rios J, Roy R, Lopez A. Design requirements change and cost impact analysis in airplane structures[J]. International Journal of Production Economics, 2007, 109(1/2): 65-80.

[160] Wang J J, Li J, Wang Q , et al. A simulation approach for impact analysis of requirement

volatility considering dependency change [R]. Requirements Engineering: Foundation for Software Quality , 2012: 59-76.

[161] Poortinga H C. From business opportunity to cost target[J].AACE International Transactions, 1999: RISK13.1-13.6.

[162] Fernandes J, Henriques E, Silva A, et al. Requirements change in complex technical systems: an empirical study of root causes[J]. Research in Engineering Design, 2015, 26(1): 37-55.

[163] Oduguwa P A, Roy R, Sackett P J. Cost impact analysis of requirement changes in the automotive industry: a case study[J].Proceedings of the Institution of Mechanical Engineer, Part B: Journal of Engineering Manufacture, 2006, 220(9): 1509-1525.

[164] 杨鹤标, 张继敏, 朱玉全. 一种需求变更影响的评估算法[J]. 计算机工程, 2006, (23): 82-84.

[165] Suh E S, de Weck O, Kim I Y, et al. Flexible platform component design under uncertainty[J]. Journal of Intelligent Manufacturing, 2007, 18(1): 115-126.

[166] Mikkola J H, Gassmann O. Managing modularity of product architectures: toward an integrated theory[J]. IEEE Transactions on Engineering Management, 2003, 50(2): 204-218.

[167] Chen L, Ding Z D, Li S. A formal two-phase method for decomposition of complex design problems[J]. Journal of Mechanical Design, 2005, 127(2): 184-195.

[168] Chen L, Macwan A, Li S. Model-based rapid redesign using decomposition patterns[J]. Journal of Mechanical Design, 2007, 129(3): 283-294.

[169] Cohen T, Navathe S B, Fulton R E. C-FAR, change favorable representation[J]. Computer-Aided Design, 2000, 32(5/6): 321-338.

[170] Reddi K R, Moon Y B. System dynamics modeling of engineering change management in a collaborative environment[J]. The International Journal of Advanced Manufacturing Technology, 2011, 55: 1225-1239.

[171] Reddi K R, Moon Y B. Simulation of new product development and engineering changes[J]. Industrial Management & Data Systems, 2012, 112(4): 520-540.

[172] Shinno H, Ito Y. Computer aided concept design for structural configuration of machine tools: variant design using directed graph[J]. Journal of Mechanisms, Transmissions, and Automation in Design, 1987, 109(3): 372-376.

[173] Wang A H, Koc B, Nagi R. Complex assembly variant design in agile manufacturing. Part I: system architecture and assembly modeling methodology[J]. IIE Transactions, 2005, 37(1): 1-15.

[174] Wang A H, Koc B, Nagi R. Complex assembly variant design in agile manufacturing. Part II: assembly variant design methodology[J]. IIE Transactions, 2005, 37(1): 17-33.

[175] Georgiopoulos P, Fellini R, Sasena M, et al. Optimal design decisions in product portfolio valuation[R]. International Design Engineering Technical Conferences and Computers and Information in Engineering Conference, 2002.

[176] Freuder E C, Likitvivatanavong C, Moretti M, et al. Computing explanations and implications in preference-based configurators[J]. Lecture Notes in Computer Science,

2003, 2627: 76-92.

[177] Simpson T W, Maier J R, Mistree F. Product platform design: method and application[J]. Research in Engineering Design, 2001, 13(1): 2-22.

[178] Fujita K, Yoshida H. Product variety optimization simultaneously designing module combination and module attributes[J]. Concurrent Engineering, 2004, 12(2): 105-118.

[179] Weiss B A, Schmidt L C. Multi-relationship evaluation design: formalization of an automatic test plan generator[J]. Expert Systems with Applications, 2013, 40(9): 3764-3774.

[180] 陈珂, 尹建伟, 陈刚, 等. 面向网络化制造的产品再配置模型[J]. 计算机辅助设计与图形学学报, 2005, (7): 1607-1614.

[181] 王世伟, 谭建荣, 张树有, 等. 产品配置模型的演化与再配置[J]. 计算机辅助设计与图形学学报, 2005, (2): 347-352.

[182] 苏楠, 郭明, 陈建, 等. 基于可拓挖掘的产品方案再配置方法[J]. 计算机集成制造系统, 2010, 16(11): 2346-2354.

[183] 吴伟伟, 唐任仲, 侯亮, 等. 基于参数化的机械产品尺寸变型设计研究与实现[J]. 中国机械工程, 2005, (3): 218-222.

[184] 徐新胜, 李丹, 严天宏, 等. 面向柔性客户需求的产品变型设计方法[J]. 计算机辅助设计与图形学学报, 2012, 24(3): 394-399.

[185] 郭于明, 王坚. 复杂产品开发网络中变型设计节点方案评价[J]. 计算机辅助设计与图形学学报, 2014, 26(2): 320-328.

[186] Boyer V, Gendron B, Rousseau L M. A branch-and-price algorithm for the multi-activity multi-task shift scheduling problem[J]. Journal of Scheduling, 2014, 17(2): 185-197.

[187] Jian C F, Wang Y. Batch task scheduling-oriented optimization modelling and simulation in cloud manufacturing[J]. International Journal of Simulation Modelling, 2014, 13(1): 93-101.

[188] Sinnen O. Reducing the solution space of optimal task scheduling[J]. Computers & Operations Research, 2014, 43: 201-214.

[189] 邢青松, 杨育, 刘爱军, 等. 考虑突发事故的产品协同设计任务协调效率[J]. 系统工程理论与实践, 2014, 34(4): 1043-1051.

[190] Fiore U, Palmieri F, Castiglione A, et al. A cluster-based data-centric model for network-aware task scheduling in distributed systems[J]. International Journal of Parallel Programming, 2014, 42(5): 755-775.

[191] Wang J J, Zhu X M, Qiu D S, et al. Dynamic scheduling for emergency tasks on distributed imaging satellites with task merging[J]. IEEE Transactions on Parallel and Distributed Systems, 2014, 25(9): 2275-2285.

[192] Hannah S D, Neal A. On-the-fly scheduling as a manifestation of partial-order planning and dynamic task values[J]. Human Factors, 2014, 56(6): 1093-1112.

[193] Lin S W, Ying K C. Minimizing shifts for personnel task scheduling problems: a three-phase algorithm[J]. European Journal of Operational Research, 2014, 237(1): 323-334.

[194] Abed I A, Koh S P, Sahari K S M, et al. Optimization of the time of task scheduling

for dual manipulators using a modified electromagnetism-like algorithm and genetic algorithm[J]. Arabian Journal for Science and Engineering, 2014, 39(8): 6269-6285.

[195] Kanoun K, Mastronarde N, Atienza D, et al. Online energy-efficient task-graph scheduling for multicore platforms[J]. IEEE Transactions on Computer-Aided Design of Integrated Circuits and Systems, 2014, 33(8): 1194-1207.

[196] Smet P, Wauters T, Mihaylov M, et al. The shift minimisation personnel task scheduling problem: a new hybrid approach and computational insights[J]. Omega , 2014, 46: 64-73.

[197] Tabatabaee H, Akbarzadeh-T M R, Pariz N. Dynamic task scheduling modeling in unstructured heterogeneous multiprocessor systems[J]. Journal of Zhejiang University SCIENCE C(Computers & Electronics), 2014, 15(6): 423-434.

[198] Xu Y M, Li K L, Hu J T, et al. A genetic algorithm for task scheduling on heterogeneous computing systems using multiple priority queues[J]. Information Sciences, 2014, 270: 255-287.

[199] Lapègue T, Bellenguez-Morineau O, Prot D. A constraint-based approach for the shift design personnel task scheduling problem with equity[J]. Computers & Operations Research, 2013, 40(10): 2450-2465.

[200] Jiménez M I, del Val L, Villacorta J J, et al. Design of task scheduling process for a multifunction radar[J]. IET Radar Sonar & Navigation, 2012, 6(5): 341-347.

[201] Guo W Z, Xiong N X, Chao H C, et al. Design and analysis of self-adapted task scheduling strategies in wireless sensor networks[J]. Sensors, 2011, 11(7): 6533-6554.

[202] Castro P M, Barbosa-Póvoa A P, Novais A Q. Simultaneous design and scheduling of multipurpose plants using resource task network based continuous-time formulations[J]. Industrial & Engineering Chemistry Research, 2005, 44(2): 343-357.

[203] 陈圣磊, 吴慧中, 肖亮, 等. 协同设计任务调度的多步 Q 学习算法[J]. 计算机辅助设计与图形学学报, 2007, (3): 398-402,408.

[204] 张金标, 陈科. 并行设计任务调度的自适应蚁群算法[J]. 计算机辅助设计与图形学学报, 2010, 22(6): 1070-1074.

[205] 吴晶华, 汤文成, 徐鸿翔, 等. 柔性设计任务协同调度算法[J]. 机械工程学报, 2009, 45(10): 228-234.

[206] 任东锋, 方宗德. 并行设计中任务调度问题的研究[J]. 计算机集成制造系统, 2005, (1): 32-38.

[207] 蒋增强, 刘明周, 赵韩, 等. 基于多目标优化的产品协同开发任务调度研究[J]. 农业机械学报, 2008, (3): 154-158, 162.

[208] 张永健, 钟诗胜, 王瑞. 基于病毒进化遗传算法的复杂产品设计任务规划[J]. 计算机辅助设计与图形学学报, 2011, 23(2): 350-356.

[209] Lu W D, Gong Y, Ting S H, et al. Cooperative OFDM relaying for opportunistic spectrum sharing: protocol design and resource allocation[J]. IEEE Transactions on Wireless Communications, 2012, 11(6): 2126-2135.

[210] Nascimento A, Rodriguez J, Mumtaz S, et al. Dynamic resource allocation architecture

for IEEE802.16e: design and performance analysis[J]. Mobile Networks & Applications, 2008, 13(3/4): 385-397.

[211] Georgiopoulos P, Jonsson M, Papalambros P Y. Linking optimal design decisions to the theory of the firm: the case of resource allocation[J]. Journal of Mechanical Design, 2005, 127(3): 358-366.

[212] Alexiou A, Avidor D, Bosch P, et al. Duplexing, resource allocation and inter–cell coordination: design recommendations for next generation wireless systems[J]. Wireless Communications and Mobile Computing, 2005, 5(1): 77-93.

[213] Khattab M, Choobineh F. A basis for the design of a multiattribute heuristic for single resource project scheduling[J]. Computers & Industrial Engineering, 1991, 21(1/2/3/4): 291-295.

[214] Khattab M, Choobineh F. A basis for the design of a multiattribute heuristic for single resource project scheduling[J]. Computers & Industrial Engineering, 1991, 21(1/2/3/4): 291-295.

[215] Belhe U, Kusiak A. Resource constrained scheduling of hierarchically structured design activity networks[J]. IEEE Transactions on Engineering Management, 1995, 42(2): 150-158.

[216] Belhe U, Kusiak A. Dynamic scheduling of design activities with resource constraints[J]. IEEE Transactions on Systems, Man, and Cybernetics-Part A: Systems and Humans, 1997, 27(1): 105-111.

[217] Colton J S, Staples J W. Resource allocation using QFD and softness concepts during preliminary design[J]. Engineering Optimization, 1997, 28(1/2): 33-62.

[218] Guikema S D. Incentive compatible resource allocation in concurrent design[J]. Engineering Optimization, 2006, 38(2): 209-226.

[219] Qiu Y M, Ge P, Yim S C. Risk-based resource allocation for collaborative system design in a distributed environment[J]. Journal of Mechanical Design, 2008, 130(6): 061403.

[220] Abu Sharkh M, Jammal M, Shami A, et al. Resource allocation in a network–based cloud computing environment: design challenges[J]. IEEE Communications Magazine, 2013, 51(11): 46-52.

[221] Wilhite A, Burns L, Patnayakuni R, et al. Military supply chains and closed–loop systems: resource allocation and incentives in supply sourcing and supply chain design[J]. International Journal of Production Research, 2014, 52(7): 1926-1939.

[222] 齐峰, 谭建荣, 张树有, 等. 面向大规模定制设计的资源可重用模型及过程[J]. 计算机集成制造系统, 2004, (5): 508-513.

[223] 蔡鸿明, 何援军, 刘胡瑶. 基于分层语义网络的设计资源库建模及实现[J]. 计算机集成制造系统, 2005, (1): 73-78.

[224] 叶友本, 裘乐淼, 张树有, 等. 基于变区域激活的分布式设计资源动态调度方法[J]. 计算机集成制造系统, 2012, 18(11): 2427-2434.

[225] 郭银章, 曾建潮. 基于 TCPN 的协同设计过程资源约束可调度性分析[J]. 计算机辅助设计与图形学学报, 2011, 23(10): 1780-1788.

[226] 王要武, 成飞飞. 建筑产品设计过程资源管理的仿真与优化[J]. 哈尔滨工业大学学报, 2009, 41(6): 122-126.

[227] 尹胜, 尹超, 刘飞, 等. 网络化协同产品开发资源集成服务机制研究[J]. 计算机集成制造系统, 2009, 15(11): 2233-2240.

[228] 何斌, 冯培恩, 潘双夏. 分布式概念设计知识资源的共享策略和方法[J]. 浙江大学学报 (工学版), 2007, (8): 1383-1388.

[229] 贾红娟, 唐卫清. 协同设计人机交互资源模型的研究[J]. 计算机集成制造系统, 2007, (12): 2351-2357.

[230] 马军, 祁国宁, 顾新建, 等. 面向快速响应设计的零件资源可重用建模与匹配[J]. 浙江大学学报 (工学版), 2008, (8): 1428-1433.

[231] 李斐. 客户协同产品创新知识系统及其若干关键问题研究[D]. 重庆: 重庆大学, 2014.

[232] 张雪. 客户协同产品创新中知识创造绩效的影响因素: 基于过程视角的实证研究[J]. 技术经济, 2013, 32(4): 14-19.

[233] 宋李俊, 杨洁, 周康渠, 等. 基于协调理论的协同产品创新客户知识集成[J]. 科技进步与对策, 2010, 27(2): 127-131.

[234] 邢青松, 杨育, 刘爱军, 等. 知识网格环境下客户协同产品创新知识共享研究[J]. 中国机械工程, 2012, 23(23): 2817-2824.

[235] 刘征, 鲁娜, 孙凌云. 基于知识流的产品创意知识获取方法[J]. 计算机集成制造系统, 2011, 17(1): 10-17.

[236] 张庆华, 张庆普. 复杂软件系统客户创意知识分析与获取研究[J]. 科学学研究, 2013, 31(5): 693-701.

[237] 姜娉娉, 黄克正, 黄宝香, 等. 产品概念创新设计中的知识获取[J]. 制造技术与机床, 2005, (8): 37-39.

[238] 翟丽, 洪志娟, 张芮. 新产品开发模糊前端研究综述[J]. 研究与发展管理, 2014, 26(4): 106-115.

[239] Howard T J, Culley S J, Dekoninck E. Describing the creative design process by the integration of engineering design and cognitive psychology literature[J]. Design Studies, 2008, 29(2): 160-180.

[240] Gruber T R. A translation approach to portable ontology specifications[J]. Knowledge Acquisition, 1993, 5(2): 199-220.

[241] Motta E. 25 years of knowledge acquisition[J]. International Journal of Human-Computer Studies, 2013, 71(2): 131-134.

[242] 徐赐军, 李爱平, 刘雪梅. 基于本体的知识融合框架[J]. 计算机辅助设计与图形学学报, 2010, 22(7): 1230-1236.

[243] 王燕, 王国胤, 邓维斌. 基于概念格的数据驱动不确定知识获取[J]. 模式识别与人工智能, 2007, 20(5): 636-642.

[244] 滕广青. 基于概念格的数字图书馆知识组织研究[D]. 长春: 吉林大学, 2012.

[245] Formica A. Ontology-based concept similarity in Formal Concept Analysis[J]. Information Sciences, 2006, 176(18): 2624-2641.

[246] Kang X P, Li D Y, Wang S G. Research on domain ontology in different granulations based on concept lattice[J]. Knowledge-Based Systems, 2012, 27: 152-161.

[247] Chen R C, Bau C T, Yeh C J. Merging domain ontologies based on the WordNet system and Fuzzy Formal Concept Analysis techniques[J]. Applied Soft Computing, 2011, 11(2): 1908-1923.

[248] De Maio C, Fenza G, Loia V, et al. Hierarchical web resources retrieval by exploiting Fuzzy Formal Concept Analysis[J]. Information Processing & Management, 2012, 48(3): 399-418.

[249] 刘宗田, 强宇, 周文, 等. 一种模糊概念格模型及其渐进式构造算法[J]. 计算机学报, 2007, (2): 184-188.

[250] 张执南. 产品设计中的知识流理论与方法研究[D]. 上海: 上海交通大学, 2011.

[251] 林春梅. 模糊认知图模型方法及其应用研究[D]. 上海: 东华大学, 2007.

[252] Xie X L, Beni G. A validity measure for fuzzy clustering[J]. IEEE Transactions on Pattern Analysis and Machine Intelligence, 1991, 13(8): 841-847.

[253] Liu C, Ramirez-Serrano A, Yin G F. Customer-driven product design and evaluation method for collaborative design environments[J]. Journal of Intelligent Manufacturing, 2011, 22(5): 751-764.

[254] 李斐, 杨育, 谢建中, 等. 协同产品创新中的创新客户重要度评价方法[J]. 计算机集成制造系统, 2014, 20(3): 537-543.

[255] 王小磊, 杨育, 曾强, 等. 客户协同创新的复杂性及主体刺激—反应模型[J]. 科学学研究, 2009, 27(11): 1729-1735.

[256] von Hippel E, de Jong J, Flowers S. Comparing business and household sector innovation in consumer products: findings from a representative study in the United Kingdom[J]. Management Science, 2012, 58(9): 1669-1681.

[257] Wilkinson C R, De Angeli A. Applying user centred and participatory design approaches to commercial product development[J]. Design Studies, 2014, 35(6): 614-631.

[258] Chang D N, Chen C H, Lee K M. A crowdsourcing development approach based on a neuro-fuzzy network for creating innovative product concepts[J]. Neurocomputing, 2014, 142: 60-72.

[259] Rampino L. The innovation pyramid: a categorization of the innovation phenomenon in the product-design field[J]. International Journal of Design, 2011, 5(1): 3-16.

[260] 丁俊武, 韩玉启, 郑称德. 基于 TRIZ 的产品需求获取研究[J]. 计算机集成制造系统, 2006, (5): 648-653.

[261] Lee Y C, Huang S Y. A new fuzzy concept approach for Kano's model[J]. Expert Systems with Applications, 2009, 36(3): 4479-4484.

[262] Hartono M, Chuan T K. How the Kano model contributes to Kansei engineering in services[J]. Ergonomics, 2011, 54(11): 987-1004.

[263] Xu Q L, Jiao R J, Yang X, et al. An analytical Kano model for customer need analysis[J]. Design Studies, 2009, 30(1): 87-110.

[264] 李兴国, 明艳秋, 钟金宏. 基于 QFD 和 Kano 模型的供应商选择方法[J]. 系统管理学报, 2011, 20(5): 589-594.

[265] Zaim S, Sevkli M, Camgöz-Akdağ H, et al. Use of ANP weighted crisp and fuzzy QFD for product development[J]. Expert Systems with Applications, 2014, 41(9): 4464-4474.

[266] Herrera F, Herrera-Viedma E, Martínez L. A fusion approach for managing multi-granularity linguistic term sets in decision making[J]. Fuzzy Sets and Systems, 2000, 114(1): 43-58.

[267] Karsak E E. Using data envelopment analysis for evaluating flexible manufacturing systems in the presence of imprecise data[J]. The International Journal of Advanced Manufacturing Technology, 2008, 35(9/10): 867-874.

[268] Chen Y Z, Fung R Y K, Tang J F. Rating technical attributes in fuzzy QFD by integrating fuzzy weighted average method and fuzzy expected value operator[J]. European Journal of Operational Research, 2006, 174(3): 1553-1566.

[269] Chen L H, Weng M C. A fuzzy model for exploiting quality function deployment[J]. Mathematical and Computer Modelling, 2003, 38(5/6): 559-570.

[270] Shen X X, Tan K C, Xie M. The implementation of quality function deployment based on linguistic data[J]. Journal of Intelligent Manufacturing, 2001, 12(1): 65-75.

[271] Wang Y M, Chin K S. Technical importance ratings in fuzzy QFD by integrating fuzzy normalization and fuzzy weighted average[J]. Computers & Mathematics with Applications, 2011, 62(11): 4207-4221.

[272] Lin K P, Hung K C. An efficient fuzzy weighted average algorithm for the military UAV selecting under group decision-making[J]. Knowledge-Based Systems, 2011, 24(6): 877-889.

[273] Guh Y Y, Hon C C, Lee E S. Fuzzy weighted average: the linear programming approach via Charnes and Cooper's rule[J]. Fuzzy Sets and Systems, 2001, 117(1): 157-160.

[274] 张浩, 徐宣国. 基于 DEA 的造船企业经营效率分析评价[J]. 系统管理学报, 2010, 19(1): 49-55.

[275] Wang Y M, Chin K S, Yang J B. Three new models for preference voting and aggregation[J]. Journal of the Operational Research Society, 2007, 58(10): 1389-1393.

[276] Noguchi H, Ogawa M, Ishii H. The appropriate total ranking method using DEA for multiple categorized purposes[J]. Journal of Computational and Applied Mathematics, 2002, 146(1): 155-166.

[277] Chen W H, Lin C S. A hybrid heuristic to solve a task allocation problem[J]. Computers & Operations Research, 2000, 27(3): 287-303.

[278] Lim W H, Isa N A M. Particle swarm optimization with dual-level task allocation[J]. Engineering Applications of Artificial Intelligence, 2015, 38: 88-110.

[279] Tolmidis A T, Petrou L. Multi-objective optimization for dynamic task allocation in a multi-robot system[J]. Engineering Applications of Artificial Intelligence, 2013, 26(5/6): 1458-1468.

[280] 马巧云, 洪流, 陈学广. 多 Agent 系统中任务分配问题的分析与建模[J]. 华中科技大学学报

(自然科学版), 2007, (1): 54-57.

[281] 武照云, 刘晓霞, 李丽, 等. 产品开发任务分配问题的多目标优化求解[J]. 控制与决策, 2012, 27(4): 598-602.

[282] 景熠, 王旭, 李文川. 供应商参与产品协同开发的任务分配优化[J]. 中国机械工程, 2011, 22(21): 2566-2571.

[283] 张婉君, 刘伟, 张子健. 供应商参与协同产品开发中的任务指派问题研究[J]. 计算机集成制造系统, 2009, 15(6): 1231-1236.

[284] 包北方, 杨育, 李斐, 等. 产品定制协同开发任务分解模型[J]. 计算机集成制造系统, 2014, 20(7): 1537-1545.

[285] 汪涛, 郭锐. 顾客参与对新产品开发作用机理研究[J]. 科学学研究, 2010, 28(9): 1383-1387, 1412.

[286] Kristof A L. Person-organization fit: an integrative review of its conceptualizations, measurement, and implications[J]. Personnel Psychology, 1996, 49(1): 1-49.

[287] Kumar M, Vrat P, Shankar R. A fuzzy goal programming approach for vendor selection problem in a supply chain[J]. Computers & Industrial Engineering, 2004, 46(1): 69-85.

[288] Zadeh L A. Fuzzy sets[J]. Information and Control, 1965, 8(3): 338-353.

[289] Kaulio M A. Customer, consumer and user involvement in product development: a framework and a review of selected methods[J]. Total Quality Management, 1998, 9(1): 141-149.

[290] Pandian P, Jayalakshmi M. A new method for solving integer linear programming problems with fuzzy variables[J]. Applied Mathematical Sciences, 2010, 4(20): 997-1004.

[291] Liou T S, Wang M J J. Ranking fuzzy numbers with integral value[J]. Fuzzy Sets and Systems, 1992, 50(3): 247-255.

[292] Daş G S, Göçken T. A fuzzy approach for the reviewer assignment problem[J]. Computers & Industrial Engineering, 2014, 72: 50-57.

[293] 赵天奇, 陈禹六. 基于活动的工作流建模及其动态调度研究[J]. 系统工程理论与实践, 2002, (3): 40-45,71.

[294] 王世明, 岑詠霆. 排序决策的三角模糊数方法[J]. 工业工程与管理, 2009, 14(1): 44-47.

[295] Kilincci O, Onal S A. Fuzzy AHP approach for supplier selection in a washing machine company[J]. Expert Systems with Applications, 2011, 38(8): 9656-9664.

[296] 胡欣悦. 基于任务分解结构的虚拟企业利益分配机制[J]. 计算机集成制造系统, 2007, (11): 2211-2216, 2228.

[297] Lee A H I. A fuzzy supplier selection model with the consideration of benefits, opportunities, costs and risks[J]. Expert Systems with Applications, 2009, 36(2): 2879-2893.

[298] Singer G, Golan M, Cohen Y. From product documentation to a "method prototype" and standard times: a new technique for complex manual assembly[J]. International Journal of Production Research, 2014, 52(2): 507-520.

[299] Zhao D P, Tian X T, Geng J H. A bottleneck detection algorithm for complex product assembly line based on maximum operation capacity[J]. Mathematical Problems in Engineering, 2014, 2014: 258173.

[300] Xu Z, Yu J, Li H. Analyzing integrated cost-schedule risk for complex product systems R&D projects[J]. Journal of Applied Mathematics, 2014, 2014: 472640.

[301] Ko Y T. Optimizing product architecture for complex design[J]. Concurrent Engineering, 2013, 21(2): 87-102.

[302] Yu J Q, Cha J Z, Lu Y P, et al. A remote CAE collaborative design system for complex product based on design resource unit[J]. The International Journal of Advanced Manufacturing Technology, 2011, 53: 855-866.

[303] Tang S C, Xiao T Y, Fan W H. A collaborative platform for complex product design with an extended HLA integration architecture[J]. Simulation Modelling Practice and Theory, 2010, 18(8): 1048-1068.

[304] Yu J Q, Cha J Z, Lu Y P, et al. A CAE-integrated distributed collaborative design system for finite element analysis of complex product based on SOOA[J]. Advances in Engineering Software, 2010, 41(4): 590-603.

[305] Peng G L, Yu H, Liu X H, et al. A desktop virtual reality-based integrated system for complex product maintainability design and verification[J]. Assembly Automation, 2010, 30(4): 333-344.

[306] Feng G Q, Cui D L, Wang C G, et al. Integrated data management in complex product collaborative design[J]. Computers in Industry, 2009, 60(1): 48-63.

[307] Sapidis N S, Theodosiou G. Informationally-complete product models of complex arrangements for simulation-based engineering: modelling design constraints using virtual solids[J]. Engineering with Computers, 2000, 16: 147-161.

[308] 陈关荣. 复杂网络及其新近研究进展简介[J]. 力学进展, 2008, 38(6): 653-662.

[309] 刘建香. 复杂网络及其在国内研究进展的综述[J]. 系统科学学报, 2009, 17(4): 31-37.

[310] 马骏, 唐方成, 郭菊娥, 等. 复杂网络理论在组织网络研究中的应用[J]. 科学学研究, 2005, 23(2): 173-178.

[311] 吴俊, 谭跃进. 复杂网络抗毁性测度研究[J]. 系统工程学报, 2005, 20(2): 128-131.

[312] 于会, 刘尊, 李勇军. 基于多属性决策的复杂网络节点重要性综合评价方法[J]. 物理学报, 2013, 62(2): 54-62.

[313] 赵明, 汪秉宏, 蒋品群, 等. 复杂网络上动力系统同步的研究进展[J]. 物理学进展, 2005, 25(3): 273-295.

[314] 黄琳. 客户关系价值研究: 基于客户终生价值与客户推荐价值的分类比较[J]. 财贸经济, 2008, (8): 124-127, 129.

[315] 刘荣, 齐佳音. 基于文献萃取法的客户终生价值动态影响因素研究[J]. 中国管理科学, 2010, 18(1): 133-142.

[316] 刘英姿, 姚兰, 严赤卫. 基于价值链的客户价值分析[J]. 管理工程学报, 2004, 4: 99-101.

[317] 钱颖, 汪守金, 黄向宇, 等. 基于系统动力学的客户终生价值提升策略[J]. 系统管理学报, 2013, 22(5): 720-727.

[318] 王健康. 网络时代的客户关系管理价值链[J]. 中国软科学, 2001, (11): 73-76.

[319] 吴政, 覃正, 卢致杰. B2C 电子商务网站个体客户终生价值分析[J]. 系统工程学报, 2005, 20(5): 105-110.

[320] 谢家平. 客户资产度量的状态空间模型[J]. 中国管理科学, 2005, 13(2): 101-107.

[321] 张铁军, 雒兴刚, 蔡莉青, 等. 基于顾客选择行为的移动资费套餐优化模型[J]. 系统工程理论与实践, 2014, 34(2): 444-450.

[322] 郑浩. 基于马尔可夫链的间歇性购买个体客户终生价值预测模型[J]. 管理科学, 2006, 19(5): 39-44.

[323] 耿秀丽, 褚学宁, 张在房. 基于顾客需求满足度的产品总体设计方案评价[J]. 上海交通大学学报, 2009, 43(12): 1923-1929.

[324] Du G, Jiao R J, Chen M. Joint optimization of product family configuration and scaling design by Stackelberg game[J]. European Journal of Operational Research, 2014, 232(2): 330-341.

[325] Yang S J. Exploring complex networks by walking on them[J]. Physical Review E, 2005, 71: 016017.

[326] Strogatz S H. Exploring complex networks[J]. Nature, 2001, 410(6825): 268-276.

[327] Watts D J, Strogatz S H. Collective dynamics of "small-world" networks[J]. Nature, 1998, 393(6684): 440-442.

[328] Barabási A L, Albert R. Emergence of scaling in random networks[J]. Science, 1999, 286(5439): 509-512.

[329] Manna S S, Sen P. Statphys-Kolkata V. Proceedings of the international conference on statistical physics: complex networks: structure, function and processes - satyendra nath bose national centre for basic sciences, Kolkata, India - 27 June-1 July, 2004 - preface[J]. Physica A:Statistical Mechanics and its Applications, 2005, 346(1/2): XI-XII.

[330] Newman M E J. The structure and function of complex networks[J]. SIAM Review, 2003, 45(2): 167-256.

[331] Yang X H, Chen G, Sun B, et al. Bus transport network model with ideal n-depth clique network topology[J]. Physica A: Statistical Mechanics and its Applications, 2011, 390(23/24): 4660-4672.

[332] Luo X S, Zhang B. Analysis of cascading failure in complex power networks under the load local preferential redistribution[J]. Physica A: Statistical Mechanics and its Applications, 2012,391(8): 2771-2777.

[333] Braha D, Bar-Yam Y. The statistical mechanics of complex product development: Empirical and analytical results[J]. Management Science, 2007, 53(7): 1127-1145.

[334] 樊蓓蓓, 纪杨建, 祁国宁, 等. 产品族零部件关系网络实证分析及演化[J]. 浙江大学学报 (工学版), 2009, 43(2): 213-219.

[335] 樊蓓蓓, 祁国宁. 基于复杂网络的产品族结构建模及模块分析方法[J]. 机械工程学报, 2007, 43(3): 187-192, 198.

[336] 樊蓓蓓, 祁国宁, 纪杨建. 基于复杂网络的产品族模块化过程[J]. 农业机械学报, 2009, 40(7): 187-191.

[337] 杨格兰. 基于复杂网络理论的产品结构模块划分方法 [J]. 图学学报, 2012,33(6): 69-75.

[338] Li Y P, Chu X N, Chu D X, et al. An integrated module partition approach for complex products and systems based on weighted complex networks[J]. International Journal of Production Research, 2014, 52(15): 4608-4622.

[339] Cheng H, Chu X N. A network-based assessment approach for change impacts on complex product[J]. Journal of Intelligent Manufacturing, 2012, 23(4): 1419-1431.

[340] Jiao J X, Tseng M M. A requirement management database system for product definition[J]. Integrated Manufacturing Systems, 1999, 10(3): 146-154.

[341] Du X H, Jiao J X, Tseng M M. Identifying customer need patterns for customization and personalization[J]. Integrated Manufacturing Systems, 2003, 14(5): 387-396.

[342] 但斌, 经有国, 孙敏, 等. 在线大规模定制下面向异质客户的需求智能获取方法[J]. 计算机集成制造系统, 2012, 18(1): 15-24.

[343] 但斌, 王江平, 刘瑜. 大规模定制环境下客户需求信息分类模型及其表达方法研究[J]. 计算机集成制造系统, 2008, 14(8): 1504-1511.

[344] Wang C H. Incorporating customer satisfaction into the decision-making process of product configuration: a fuzzy Kano perspective[J]. International Journal of Production Research, 2013, 51(22): 6651-6662.

[345] Xu Y, Zeng X, Koehl L. An intelligent sensory evaluation method for industrial products characterization[J]. International Journal of Information Technology & Decision Making, 2007, 6(2): 349-370.

[346] 杨帆, 唐晓青. 基于特性关联的产品工程更改传播[J]. 北京航空航天大学学报, 2012, 38(8): 1032-1039.

[347] 杨帆, 唐晓青, 段桂江. 基于特性关联网络模型的机械产品工程更改传播路径搜索方法[J]. 机械工程学报, 2011, 47(19): 97-106.

[348] Li C G, Liao X F, Wu Z F, et al. Complex functional networks[J]. Mathematics and Computers in Simulation, 2001, 57(6): 355-365.

[349] Cornish-Bowden A, Cárdenas M L. Complex networks of interactions connect genes to phenotypes[J]. Trends in Biochemical Sciences, 2001, 26(8): 463-465.

[350] Albet R, Jeong N, Barabási A L. Error and attack tolerance of complex networks[J]. Nature, 2000, 406(6794): 378-382.

[351] Hirose A, Minami M. Complex-valued region-based-coupling image clustering neural networks for interferometric radar image processing[J]. IEICE Transactions on Electronics, 2001, 84(12): 1932-1938.

[352] Jaeger M. Complex probabilistic modeling with recursive relational bayesian networks[J]. Annals of Mathematics and Artificial Intelligence, 2001, 32: 179-220.

[353] Motter A E, Lai Y C. Cascade-based attacks on complex networks[J]. Physical Review E, 2002, 66(6): 065102.

[354] Abbasimehr H, Setak M, Soroor J. A framework for identification of high-value customers by including social network based variables for churn prediction using neurofuzzy techniques[J]. International Journal of Production Research, 2013, 51(4):

1279-1294.

[355] 郭国庆, 杨学成, 张杨. 口碑传播对消费者态度的影响: 一个理论模型[J]. 管理评论, 2007, 19(3): 20-26, 63.

[356] 陶晓波, 宋卓昭, 张欣瑞, 等. 网络负面口碑对消费者态度影响的实证研究: 兼论企业的应对策略[J]. 管理评论, 2013, 25(3): 101-110.

[357] 李斐, 杨育, 于鲲鹏, 等. 基于 UWG 的客户协同产品创新系统稳定性研究[J]. 科学学研究, 2014, 32(3): 464-472.

[358] 毛强, 郭亚军, 郭英民. 基于利益相关者视角的评价者权重确定方法[J]. 系统工程与电子技术, 2013, 35(5): 1008-1012.

[359] Kao C, Lin P H. Qualitative factors in data envelopment analysis: a fuzzy number approach[J]. European Journal of Operational Research, 2011, 211(3): 586-593.

[360] Opricovic S, Tzeng G H. Defuzzification within a multicriteria decision model[J]. International Journal of Uncertainty, Fuzziness and Knowledge-Based Systems, 2003, 11(5): 635-652.

[361] Strevens M. The role of the Matthew effect in science[J]. Studies in History and Philosophy of Science Part A, 2006, 37(2): 159-170.

[362] Rossiter M W. The matthew matilda effect in science[J]. Social Studies of Science, 1993, 23(2): 325-341.

[363] Jackson R. The matthew effect in science[J]. International Journal of Dermatology, 1988, 27(1): 16.

[364] Goldstone J A. Deductive explanation of the Matthew effect in science[J]. Social Studies of Science, 1979, 9(3): 385-391.

[365] 周宏明, 薛伟, 詹永照, 等. 面向产品配置的相似度计算模型及实现方法 [J]. 中国机械工程, 2007, 18(13): 1531-1535.

[366] Volchenkov D, Volchenkova L, Blanchard P. Epidemic spreading in a variety of scale free networks[J]. Physical Review E, 2002,66(4): 046137.

[367] Pastor-Satorras R, Vespignani A. Epidemic spreading in scale-free networks[J]. Physical Review Letters, 2001, 86(14): 3200-3203.

[368] Xu X J, Wu Z X, Chen G. Epidemic spreading in lattice-embedded scale-free networks[J]. Physica A: Statistical Mechanics and its Applications, 2007, 377(1): 125-130.

[369] Abe S, Rajagopal A K. Revisiting disorder and Tsallis statistics[J]. Science, 2003, 300(5617): 249-251.

[370] Latora V, Marchiori M. Economic small-world behavior in weighted networks[J]. European Physical Journal B:Condensed Matter and Complex Systems, 2003, 32(2): 249-263.

[371] 刘夫云, 祁国宁, 杨青海. 基于复杂网络的产品模块化程度比较方法[J]. 浙江大学学报 (工学版), 2007, 41(11): 1881-1885.

[372] 宋慧军, 林志航. 产品概念设计方案生成模型[J]. 计算机集成制造系统, 2002, 8(5): 342-346.

[373] Jiao J X, Tseng M M. Understanding product family for mass customization by developing commonality indices[J]. Journal of Engineering Design, 2000, 11(3): 225-243.

[374] Jiao J X, Zhang Y Y. Product portfolio planning with customer-engineering interaction[J]. IIE Transactions, 2005, 37(9): 801-814.

[375] 方辉, 谭建荣, 殷国富, 等. 基于改进不确定语言多属性决策的设计方案评价[J]. 计算机集成制造系统, 2009, 15(7): 1257-1261, 1269.

[376] Martin, M V, Ishii K. Design for variety: a methodology for developing product platform architectures[R]. Proceedings of the ASME 2000 International Design Engineering Technical Conferences and Computers and Information in Engineering Conference, 2000.

[377] Blecker T, Abdelkafi N. The development of a component commonality metric for mass customization[J]. IEEE Transactions on Engineering Management, 2007, 54(1): 70-85.

[378] 刘夫云, 祁国宁. 产品模块化程度评价方法研究[J]. 中国机械工程, 2008, 19(8): 919-924.

[379] 刘夫云, 杨青海, 祁国宁, 等. 基于复杂网络的产品族零部件通用性分析方法[J]. 机械工程学报, 2005, 41(11): 79-83.

[380] 方水良, 杨维学, 李金华. 自下而上产品设计中的自适应装配建模[J]. 计算机集成制造系统, 2008, 14(11): 2150-2154, 2260.

[381] Kreng V B, Lee T P. Modular product design with grouping genetic algorithm : a case study[J]. Computers & Industrial Engineering, 2004, 46(3): 443-460.

[382] Martin M V, Ishii K. Design for variety: developing standardized and modularized product platform architectures[J]. Research in Engineering Design, 2002, 13(4): 213-235.

[383] Sun D Z, Benekohal R F, Waller S T. Bi-level programming formulation and heuristic solution approach for dynamic traffic signal optimization[J]. Computer-Aided Civil and Infrastructure Engineering, 2006, 21(5): 321-333.

[384] Mokhlesian M, Zegordi S H. Application of multidivisional bi-level programming to coordinate pricing and inventory decisions in a multiproduct competitive supply chain[J]. The International Journal of Advanced Manufacturing Technology, 2014, 71(9): 1975-1989.

[385] Kristianto Y, Helo P, Jiao R J. Mass customization design of engineer-to-order products using benders' decomposition and bi-level stochastic programming[J]. Journal of Intelligent Manufacturing, 2013, 24(5): 961-975.

[386] Wang G M, Gao Z Y, Wan Z P. A global optimization algorithm for solving the bi-level linear fractional programming problem[J]. Computers & Industrial Engineering, 2012, 63(2): 428-432.

[387] 包北方, 杨育, 杨涛, 等. 产品定制协同制造资源优化配置[J]. 计算机集成制造系统, 2014, 20(8): 1807-1818.

[388] Bao B F, Yang Y, Chen Q, et al. Task allocation optimization in collaborative customized product development based on double-population adaptive genetic algorithm[J].

Journal of Intelligent Manufacturing, 2016, 27(5): 1097-1110.

[389] 肖剑, 但斌, 张旭梅. 供货商选择的双层规划模型及遗传算法求解[J]. 重庆大学学报 (自然科学版), 2007, 30(6): 155-158.

[390] Sharma S, Balan S. An integrative supplier selection model using Taguchi loss function, TOPSIS and multi criteria goal programming[J]. Journal of Intelligent Manufacturing, 2013, 24(6): 1123-1130.

[391] Liao C, Kao H. Supplier selection model using Taguchi loss function, analytical hierarchy process and multi-choice goal programming[J]. Computers & Industrial Engineering, 2010, 58(4): 571-577.

[392] 徐新胜, 陶西柱, 祝天荣, 等. 基于多重选择目标规划的产品变型设计[J]. 计算机集成制造系统, 2013, 19(1): 1-6.

[393] 张莉, 李宏, 冯大政. 求解混合整数规划的嵌入正交杂交的差分进化算法[J]. 系统工程与电子技术, 2011, 33(9): 2126-2132.

[394] 何国林, 丁康, 李林生, 等. 双弹性支撑的风电机组传动链振动测试与分析[J]. 华南理工大学学报 (自然科学版), 2014, 42(3): 90-97.

[395] 邱星辉, 韩勤锴, 褚福磊. 风力机行星齿轮传动系统动力学研究综述[J]. 机械工程学报, 2014, 50(11): 23-36.

[396] Artigues C, Michelon P, Reusser S. Insertion techniques for static and dynamic resource-constrained project scheduling[J]. European Journal of Operational Research, 2003, 149(2): 249-267.

[397] Lam F S C. Scheduling to minimize product design time using a genetic algorithm[J]. International Journal of Production Research, 1999, 37(6): 1369-1386.

[398] 曹健, 赵海燕, 张友良, 等. 产品协同设计中的任务调度方法研究[J]. 中国机械工程, 1999, 10(5): 489-492,600.

[399] Luh P B, Liu F, Moser B. Scheduling of design projects with uncertain number of iterations[J]. European Journal of Operational Research, 1999, 113(3): 575-592.

[400] Browning T R, Yassine A A. Resource-constrained multi-project scheduling: priority rule performance revisited[J]. International Journal of Production Economics, 2010, 126(2): 212-228.

[401] Gomez-Gasquet P, Rodriguez-Rodriguez R, Franco R D, et al. A collaborative scheduling GA for products-packages service within extended selling chains environment[J]. Journal of Intelligent Manufacturing, 2012, 23(4): 1195-1205.

[402] Krishnamoorthy M, Ernst A T, Baatar D. Algorithms for large scale shift minimisation personnel task scheduling problems[J]. European Journal of Operational Research, 2012, 219(1): 34-48.

[403] Kumar G M, Haq A N. Hybrid genetic-ant colony algorithms for solving aggregate production plan[J]. Journal of Advanced Manufacturing Systems, 2005, 4(1): 103-111.

[404] Aydin M E. Coordinating metaheuristic agents with swarm intelligence[J]. Journal of Intelligent Manufacturing, 2012, 23(4): 991-999.

[405] Li W D, Ong S K, Nee A Y C. Hybrid genetic algorithm and simulated annealing

approach for the optimization of process plans for prismatic parts[J]. International Journal of Production Research, 2002, 40(8): 1899-1922.

[406] Lei D. A genetic algorithm for flexible job shop scheduling with fuzzy processing time[J]. International Journal of Production Research, 2010, 48(10): 2995-3013.

[407] 刘爱军, 杨育, 邢青松, 等. 多目标模糊柔性车间调度中的多种群遗传算法[J]. 计算机集成制造系统, 2011, 17(9): 1954-1961.

[408] Tsai P F J, Teng G Y. A stochastic appointment scheduling system on multiple resources with dynamic call-in sequence and patient no-shows for an outpatient clinic[J]. European Journal of Operational Research, 2014, 239(2): 427-436.

[409] Glazebrook K D, Hodge D J, Kirkbride C, et al. Stochastic scheduling: a short history of index policies and new approaches to index generation for dynamic resource allocation[J]. Journal of Scheduling, 2014, 17(5): 407-425.

[410] 杨宏兵, 严洪森, 陈琳. 知识化制造环境下模糊调度模型和算法[J]. 计算机集成制造系统, 2009, 15(7): 1374-1382.

[411] 谢源, 谢剑英, 邓小龙. 模糊加工时间和/或模糊交货期下的单机调度问题[J]. 上海交通大学学报, 2005, 39(S1): 159-162.

[412] Dubois D, Prade H. Ranking fuzzy numbers in the setting of possibility theory[J]. Information Sciences, 1983, 30(3): 183-224.

[413] 包北方, 杨育, 李雷霆, 等. 产品定制协同开发任务分配多目标优化[J]. 计算机集成制造系统, 2014, 20(4): 739-746.

[414] 张峰, 杨育, 贾建国, 等. 协同生产网络组织的失效模式与脆弱性关联分析[J]. 计算机集成制造系统, 2012, 18(6): 1236-1245.

[415] Branke J, Mattfeld D C. Anticipation and flexibility in dynamic scheduling[J]. International Journal of Production Research, 2005, 43(15): 3103-3129.

[416] Conte T M, Sathaye S W. Optimization of VLIW compatibility systems employing dynamic rescheduling[J]. International Journal of Parallel Programming, 1997, 25(2): 83-112.

[417] Prakash A, Tiwari M K, Shankar R. Optimal job sequence determination and operation machine allocation in flexible manufacturing systems: an approach using adaptive hierarchical ant colony algorithm[J]. Journal of Intelligent Manufacturing, 2008, 19(2): 161-173.

[418] Yeh W C, Lai P J, Lee W C, et al. Parallel-machine scheduling to minimize makespan with fuzzy processing times and learning effects[J]. Information Sciences, 2014, 269: 142-158.

[419] Liang C J, Guo J Q, Yang Y. Multi-objective hybrid genetic algorithm for quay crane dynamic assignment in berth allocation planning[J]. Journal of Intelligent Manufacturing, 2011, 22(3): 471-479.

[420] Słowiński R. Multiobjective network scheduling with efficient use of renewable and nonrenewable resources[J]. European Journal of Operational Research, 1981, 7(3): 265-273.

[421] Slowinski R. Two approaches to problems of resource-allocation among project activities: a comparative-study[J]. Journal of the Operational Research Society, 1980, 31(8): 711-723.

[422] Weglarz J. On certain models of resource allocation problems[J]. Kybernetes, 1980, 9(1): 61-66.

[423] Weglarz J. Project scheduling with discrete and continuous resources[J]. IEEE Transactions on Systems, Man, and Cybernetics, 1979, 9(10): 644-650.

[424] Johansen S G, Thorstenson A. An inventory model with Poisson demands and emergency orders[J]. International Journal of Production Economics, 1998, 56/57: 275-289.

[425] Desmet S, Volckaert B, De Turck F. Design of a service oriented architecture for efficient resource allocation in media environments[J]. Future Generation Computer Systems, 2012, 28(3): 527-532.

[426] Gil J M, Kim S, Lee J H. Task scheduling scheme based on resource clustering in desktop grids[J]. International Journal of Communication Systems, 2014, 27(6): 918-930.

[427] Hong M Y, Garcia A. Mechanism design for base station association and resource allocation in downlink OFDMA network[J]. IEEE Journal on Selected Areas in Communications, 2012, 30(11): 2238-2250.

[428] Jiang H, Zhuang W H, Shen X M. Cross-layer design for resource allocation in 3G wireless networks and beyond[J]. IEEE Communications Magazine, 2005, 43(12): 120-126.

[429] Kim T Y, Kim T. Resource allocation and design techniques of prebond testable 3-D clock tree[J]. IEEE Transactions on Computer:Aided Design of Integrated Circuits and Systems, 2013, 32(1): 138-151.

[430] Li Y L, Zhao W, Hu L C. A process oriented hybrid resource integration framework for product variant design[J]. Journal of Computing and Information Science in Engineering, 2012, 12(4): 041005.

[431] Chen J Y, Lin Q Z, Hu Q B. Application of novel clonal algorithm in multiobjective optimization[J]. International Journal of Information Technology & Decision Making, 2010, 9(2): 239-266.

[432] Doumeingts G, Chen D, Marcotte F. Concepts, models and Methods for the design of production management-systems[J]. Computers in industry, 1992, 19(1): 89-111.

[433] 刘占伟, 邓四二, 滕弘飞. 复杂工程系统设计方案评价方法综述[J]. 系统工程与电子技术, 2003, 25(12): 1488-1491.

[434] Ramirez-Marquez J E, Rocco C M. Vulnerability based robust protection strategy selection in service networks[J]. Computers & Industrial Engineering, 2012, 63(1): 235-242.

[435] Latora V, Marchiori M. Vulnerability and protection of infrastructure networks[J]. Physical Review E, 2005, 71(1): 015103.